高 | 等 | 学 | 校 | 教 | 材

实验化学(II)

第三版

俞晔　熊焰　主编

化学工业出版社

·北京·

本书是面向 21 世纪工科化学系列课程改革新体系模式中的《实验化学》课程系列教材之一，本教材打破了传统的无机、分析、有机与物化等独立开设化学实验课的体系，将几门课的基础化学实验进行整体优化组合，以基本操作与技能为主线，内容主要包括有机化合物的分离、纯化和物性测定技术，有机化合物的制备与合成，物理和化学参数的测定。本书在教学实践基础上，增加了一些有代表意义的有机化合物的制备与合成，对一些实验方法和技术进行了修改，同时对于化学实验安全方面的知识，和《实验化学Ⅰ》进行了整合，以更加符合化学实验的实际教学要求。

本书为高等院校理工类专业的实验教材，也可供从事化学实验或化学研究的人员参考。

图书在版编目（CIP）数据

实验化学（Ⅱ）/俞晔，熊焰主编. —3 版. —北京：化学工业出版社，2016.7（2024.8 重印）

高等学校教材

ISBN 978-7-122-27102-0

Ⅰ．①实…　Ⅱ．①俞…②熊…　Ⅲ．①化学实验-高等学校-教材　Ⅳ．①O6-3

中国版本图书馆 CIP 数据核字（2016）第 106032 号

责任编辑：宋林青　　　　　　　　　　　　　　　文字编辑：刘志茹
责任校对：宋　夏　　　　　　　　　　　　　　　装帧设计：关　飞

出版发行：化学工业出版社（北京市东城区青年湖南街 13 号　邮政编码 100011）
印　　装：涿州市般润文化传播有限公司
787mm×1092mm　1/16　印张 12¼　字数 293 千字　2024 年 8 月北京第 3 版第 6 次印刷

购书咨询：010-64518888　　　　　　　　售后服务：010-64518899
网　　址：http://www.cip.com.cn
凡购买本书，如有缺损质量问题，本社销售中心负责调换。

定　　价：35.00 元

前　言

《实验化学（Ⅱ）》第一版于 1999 年 3 月出版，第二版于 2006 年 12 月出版，该书是《实验化学》课程系列教材之一。本着与时俱进的精神，针对实验教学过程中出现的一些新问题，在听取了使用本教材的部分学生和教师的建议和意见后，结合教学实际，再次对本书进行修订。本版在保持第一版和第二版风格的基础上，本着贴近实际教学，方便教师与学生使用的目的，对第二版作了如下修改：

1. 增加了部分新的实验内容，删除了一些与实验教学发展不相适应的实验；

2. 考虑到基础实验化学的特点和使用对象，删除了原第二版中的综合性实验，另行编写了综合化学实验教材；

3. 对第二版中的实验内容顺序重新进行了编排，使之更加符合实际教学情况，以便于教学开展与学生使用；

4. 根据教学仪器的更新与发展情况，对实验所涉及的仪器进行了重新梳理，同步更新了附录中仪器设备使用说明。

《实验化学（Ⅱ）》第三版中的有机化学实验部分由俞晔组织修订，物理化学实验部分由熊焰组织修订。有机化学教研室的许胜副教授、王朝霞副教授参与编写了部分实验内容，有机化学实验室的张健参与了部分新实验的开发工作，吴海霞、陈君琴、周佳玮也为有机化学实验部分的编写提供了一定的帮助。物理化学教研室全体参与实验教学的教师分工参与了物理化学实验内容的修订工作，宋江闯、赵会玲、朱洁、白金瑞等参与了部分新实验开发工作。在此一并向他们表示感谢。

本书初稿经国家级教学名师黑恩成教授审阅，提出了很多宝贵的意见，我们据此进行了修改。在此谨向黑恩成教授表示诚挚的谢意。

本次修订得到了华东理工大学教务处、化学与分子工程学院、化学工业出版社等的大力支持，在此表示感谢。感谢为本书第一版、第二版做出过贡献的同仁及在使用本书过程中提出过中肯意见和建议的教师与学生。

由于编者本身的水平限制，本书不可避免地会存在一定的不足和疏漏，敬请各位同仁和使用本书的读者提出宝贵的意见和修改建议，以便今后能在进一步修订时予以改正。

编者

于华东理工大学

2016 年 3 月

第一版前言

本书是华东理工大学工科化学系列基础实验课程改革教材。

据教育部教育发展研究中心报道，跨世纪的中国教育人才培养的历史性转变是从以学科为中心向以学习者为中心的转变。因此，要打破学科中心主义的课程结构，实行学科综合、知识与能力的综合。一些学科的严格分界将被整体优化组合的课程所代替，同时摒弃把知识分得过细，强调加强综合性与整体性的素质教育。考虑到基础的无机、分析、有机、物化与生化等化学实验课都统一于普遍性的化学原理和常用的实验测试手段与方法，不过是处理问题的方面与层次不同；同时，我校总结了多年来实验教学改革实践经验，已成立了化学实验教学中心这一新体制，所以，现在工科化学系列课程中开设一门广谱性的《实验化学》课程是顺理的，也是适时的。

《实验化学》课程整套教材包括《实验化学（Ⅰ）》、《实验化学（Ⅱ）》与《实验化学原理与方法》。这套教材力求以实验原理与方法为主线，把基础的无机、分析、有机、物化与生化等化学实验概括为物质性质与化合物制备、物质分离与提纯、物质组成分析与结构分析、物性常数与过程参数测定和综合研究等五种题材的实验内容，据此形成了不同的板块，将几门基础化学实验整体优化组合，有重点地由浅入深从第一学期安排到第五学期。第五学期后，结合高年级的化学选修课再开设《高等实验化学》课。

为了进一步加强实验原理的教学，提高实验课的理论思维以及使学生能比较系统地掌握实验方法与技术的共性，编写了《实验化学原理与方法》教材。每学期讲授其中与实验内容配套的相关章节。

参加本书编写的还有苏克曼、朱洁、孙瑛、徐苹、金丽萍、方国女、高永煜等。虞大红、张菊芳、王燕等为新实验开发做了许多工作，化学实验中心的叶汝强、张济新、邹文樵等在多方面给予积极支持与鼓励，并提出许多宝贵意见，在此表示衷心的感谢。

本书初稿经同济大学陈秉堄教授审阅，提出了很多宝贵的意见，我们据此进行了修改。在此谨向陈秉堄教授表示诚挚的谢意。

实验教学的改革是一项任重而道远的任务。我们期望在教学实践中经过教与学等多环节的努力，积极探索，不断总结，使之逐步臻于完善。

编者
1998 年 12 月

第二版前言

《实验化学(Ⅱ)》第一版于 1999 年 3 月出版，是《实验化学》课程的系列教材之一。为遵循教育部有关"大力改革实验教学的形式和内容，开设综合性、创新性实验"的改革精神，根据使用院校的反馈意见，特对本书进行了修订。本版在保持第一版编写指导思想和教材特色的基础上，本着提高学生独立分析与解决实际问题的能力和创新能力，对第一版做了如下修改。

1. 为使教材能反映科学技术的发展，更新了实验中所涉及的仪器，为此，书末新增"附录"，对这些仪器的工作原理和使用方法作了详细的阐述。

2. 对原有的章节内容及编排做了调整，开发并精选了一些与材料科学、环境保护、生活实践等有关的新实验，增加了综合性实验的内容，突出应用性和综合性，以体现化学在近代学科中的重要性。

第二版由虞大红、吴海霞修订。宋江闯参与了部分综合实验的开发，全书由虞大红统稿。

本次修订得到了华东理工大学教务处的大力支持，在此表示感谢。同时感谢为本书第一版做出过贡献的同仁及在使用本书时提出过中肯意见和建议的同行。

实验教学的改革是一项任重而道远的任务，我们期望在教学实践中经过教与学等多环节的努力，积极探索，不断总结，使实验教学逐步臻于完善。本书难免有疏漏和不妥之处，恳请同行和读者批评指正。

编者
2006 年 12 月

目 录

第3章　有机化合物的制备与合成　60

第4章　物理与化学参数的测定　100

附　录　162

参考文献　188

第1章

化学实验基本知识

化学实验是一门非常重要的实验科学，学好实验化学不但需要理解并掌握理论知识，同时也要和实践相结合，通过进入化学实验室进行相应的各类化学实验，验证和加深对化学的基本理论、化合物的基本性质和各类化学反应的认识，培养学生正确掌握化学实验的基本操作，无机、有机化合物的合成、分离和鉴定的方法，化合物物理性质的测定，化合物结构方面的表征，提高学生的实验动手技能和理论联系实际的能力，为今后从事与化学有关的工作打下良好的基础。

进入化学实验室，必须严格遵守化学实验室的有关规章制度，了解实验室安全操作环境，事故预防的措施和设施，熟悉实验室内的水、电、煤气的开关、阀门的位置和操作方法，按照实验要求进行资料查询、实验内容预习，明确实验的目的、原理、要求和方法，对于各类化学药品应了解其特点，做好有针对性的防范措施。

化学实验室规则及安全防护知识参见《实验化学（Ⅰ）》第一章。

1.1 化学实验室常用设备及仪器

为了顺利地进行有机化学实验，通常有机化学实验室都会配备一定的常规仪器和设备，常见的有如下几种。

1.1.1 称量仪器

为了称量实验中所需的药品，需要一定的称量仪器，而称量仪器根据称量的范围和精度一般有托盘天平、电子天平、精密电子天平（见图1-1）。

1.1.2 加热设备

实验室中需要加热的仪器设备很多，有的是需要提供热浴，使反应温度得到保证，促进反应速率的提高；也有的是通过提供热风，使需要干燥的玻璃仪器或反应产物快速脱水得到干燥。这些仪器设备主要有：电热碗、磁力搅拌器、油浴锅、恒温玻璃缸、电热鼓风干燥箱、红外灯干燥箱、气流干燥器等（见图1-2）。

(a) 托盘天平

(b) 电子天平

(c) 精密电子天平

图 1-1　称量仪器

(a) 普通电热套

(b) 带磁力搅拌的电热套

(c) 水/油浴锅

(d) 鼓风干燥箱

(e) 真空干燥箱

(f) 红外干燥箱

(g) 气流干燥器

图 1-2　加热设备

1.1.3 其他仪器设备

实验常见的其他仪器设备如图 1-3 所示。

(a) 超声波清洗器　　　　　　　(b) 真空循环水泵　　　　　　　(c) 旋转蒸发仪

图 1-3　实验室常见的其他仪器设备

1.2　实验室常用玻璃仪器及安装方法

1.2.1　常用玻璃仪器

化学实验室中有很多玻璃仪器，在进行实验之前，必须了解和熟悉自己柜中所配置的玻璃仪器品种和数量，并且在使用之前进行相应的清洗和干燥工作，以做好实验需要的准备。

玻璃仪器一般是由软质或硬质玻璃按照要求制作而成的，软质玻璃耐温性、硬度、耐腐蚀性较差，用它制作的玻璃仪器通常不耐温，如试剂瓶、普通漏斗、量筒、吸滤瓶、干燥器等；硬质玻璃具有较好的耐温性和耐腐蚀性，制成的玻璃仪器可以在温度变化较大的情况下使用，如烧瓶、烧杯、冷凝器等。除了一般化学实验室常见的烧杯、试管、量筒和玻璃棒外，有机实验室常用的玻璃仪器目前都是采用可以连接的标准磨口仪器和非磨口仪器，具体形状和类型见图 1-4。

标准磨口仪器的磨口口径分为 10、14、19、24、29、34、40、50 等号，同样磨口口径的母口和子口可以匹配连接，这样可以用于多个磨口仪器的拼接。当有不同磨口的玻璃仪器需要连接时，可以采用不同编号的子母磨口接头（大小头）。通常实验室采用的磨口仪器主要是 14、19 和 24 号磨口仪器。

玻璃仪器使用必须注意以下几点：

① 使用时要做到轻拿轻放；

② 不能用明火直接加热玻璃仪器，需要加热时必须垫以石棉网；

③ 不能加热不耐高温的玻璃仪器，如吸滤瓶、量筒、普通漏斗等；

④ 玻璃仪器使用后应及时清洗，尤其是有旋塞及磨口玻璃仪器，当经历了碱性反应、酯化反应等过程后，旋塞或者磨口处易发生黏结拆不开的现象，可采用热水煮黏结处或用热风吹母口处，使其膨胀而易于拆开。也可用木槌轻轻敲打黏结处，使其振动松开。如果

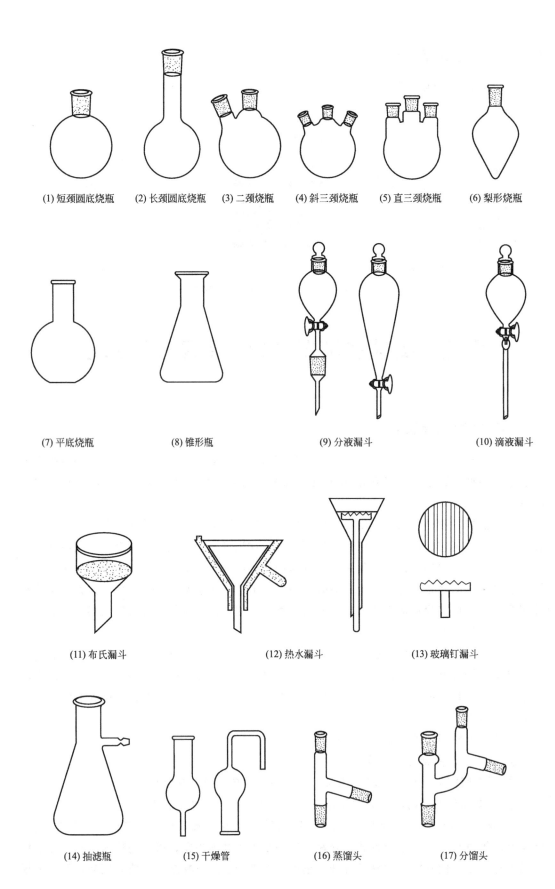

(1) 短颈圆底烧瓶　　(2) 长颈圆底烧瓶　　(3) 二颈烧瓶　　(4) 斜三颈烧瓶　　(5) 直三颈烧瓶　　(6) 梨形烧瓶

(7) 平底烧瓶　　　　(8) 锥形瓶　　　　(9) 分液漏斗　　　　(10) 滴液漏斗

(11) 布氏漏斗　　　　(12) 热水漏斗　　　　(13) 玻璃钉漏斗

(14) 抽滤瓶　　　　(15) 干燥管　　　　(16) 蒸馏头　　　　(17) 分馏头

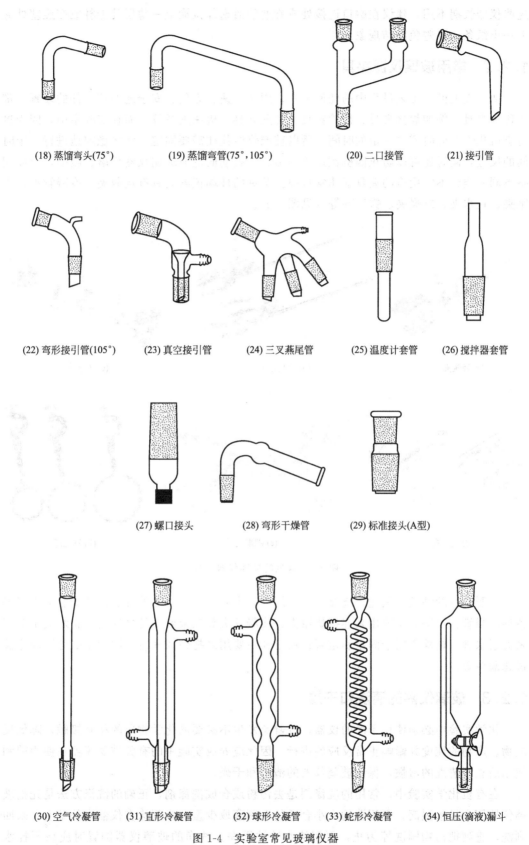

(18) 蒸馏弯头(75°)　　(19) 蒸馏弯管(75°,105°)　　(20) 二口接管　　(21) 接引管

(22) 弯形接引管(105°)　　(23) 真空接引管　　(24) 三叉燕尾管　　(25) 温度计套管　　(26) 搅拌器套管

(27) 螺口接头　　(28) 弯形干燥管　　(29) 标准接头(A型)

(30) 空气冷凝管　　(31) 直形冷凝管　　(32) 球形冷凝管　　(33) 蛇形冷凝管　　(34) 恒压(滴液)漏斗

图 1-4　实验室常见玻璃仪器

这些仪器长期不用，建议在磨口连接处或旋塞的活塞部位涂上一薄层凡士林或在旋塞处夹上一小纸条，以避免黏结现象。

1.2.2　常用玻璃仪器夹具

从广义上说，工艺过程中的任何工序，用来迅速、方便、安全地安装工件的装置，都可称为夹具。例如焊接夹具、检验夹具、装配夹具、机床夹具等。而在实验室中，因为进行有机化学反应时需要一定的时间，所以玻璃仪器往往需要固定，使之稳定地进行一定时间的反应，同时还可以防止因机械搅拌等引起的震动而造成玻璃仪器跌落、破损，所以配备不同种类、不同用途的夹具就非常重要。常见的玻璃仪器夹具有烧瓶夹、冷凝管夹、十字夹、止水夹、蝴蝶夹、铁三环等（见图1-5）。

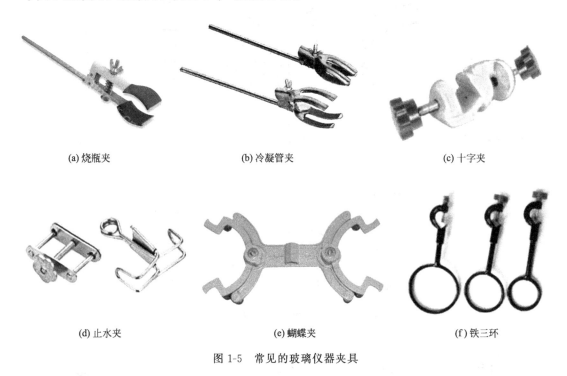

(a) 烧瓶夹　　　　　　　　(b) 冷凝管夹　　　　　　　　(c) 十字夹

(d) 止水夹　　　　　　　　(e) 蝴蝶夹　　　　　　　　(f) 铁三环

图 1-5　常见的玻璃仪器夹具

按照夹具的种类和用途，烧瓶夹主要用来固定各种大小不等的烧瓶；冷凝管夹用来夹各种冷凝管；十字夹主要用来连接烧瓶夹、冷凝管夹和铁架台，使之固定；止水夹主要用来夹紧水管；蝴蝶夹用于固定滴定管；铁三环主要用来托住或固定不同大小的分液漏斗及过滤漏斗等。

1.2.3　玻璃仪器的清洗和干燥

化学实验中必须使用干净的仪器，以避免发生不必要的化学物质的相互接触，降低反应物、产物的纯度并影响正常反应的进行。因此应养成实验中的有关玻璃仪器在使用前和使用后立即清洗的习惯，保证玻璃仪器的清洁和干燥。

在有机化学实验中，常用的洗涤剂是去污粉或合成洗涤剂，正确的洗涤方法是先把玻璃仪器用少量水湿润，再用湿的大小合适的毛刷蘸取少量洗涤剂涂在仪器内外壁上，来回刷洗，直到把污物刷洗掉为止，再用清水冲洗干净。洗净的玻璃仪器倒置时应该不挂水珠，无污物痕迹。

洗涤标准磨口仪器时，尽量采用合成洗涤剂进行洗涤，防止去污粉中可能的粗颗粒磨料（主要是碳酸钙）划伤磨口面和器壁，造成使用中碎裂。如果玻璃仪器污渍较重，可以把玻璃仪器浸泡在洗涤液中一定的时间后再清洗。

有时遇到较难洗刷的污垢，可以根据其来源和性质，选择合适的酸、碱溶液或有机溶剂，如乙醇、乙醚、丙酮、苯、甲苯、石油醚等进行洗涤。如污垢为酸性物质，可以采用稀的氢氧化钠水溶液浸泡清洗，如果是碱性污垢，可以采用稀盐酸或稀硫酸溶解浸泡清洗，有机污垢可以采用相似相溶的原则，选择合适的有机溶剂进行浸泡清洗。但是不管选择何种方法，一定要注意安全，避免性质不明的污垢和浸泡物质发生化学反应，同时应尽量少用纯净的有机溶剂或采用回收的有机溶剂，防止造成不必要的浪费和二次污染以及增加有机溶剂的再处理成本。

也可采用超声波清洗器进行清洗，超声波清洗器是利用声波的振动和能量来清洗玻璃仪器，能有效地除去很多顽固污垢，尤其是焦油状物质，既省力、省事还方便，是目前有机实验室常配置的清洗仪器。

玻璃仪器的干燥一般可以根据实验的具体要求来定，如果反应不需要在无水条件下进行，玻璃仪器不干燥也可以使用。但是大部分有机实验需要在无水条件下进行，就必须对洗涤完的玻璃仪器进行干燥处理，常见的干燥仪器有鼓风干燥箱、气流干燥器、红外干燥箱。干燥方法为：仪器洗涤干净后，瓶口朝下将水沥干，放在以上设备中烘干。如果时间紧张，需要快速干燥，可将水沥干后，加入少量 95% 乙醇或丙酮清洗，再用电吹风吹干即可。

1.2.4 实验装置安装方法

有机化学实验常用的玻璃仪器装置，一般采用相应的夹子固定在铁架上，使之在进行有机化学反应时保持稳定和安全，保证反应的正常进行。夹子的双钳内侧应有橡胶、绒布等软性物质，或缠上布条、套上橡胶管等，不能使夹子直接夹住玻璃仪器，因很多夹子都是铁质材料，夹紧容易使玻璃仪器损坏。

有机化学实验的装置很多，例如回流装置、蒸馏装置、搅拌装置等，如图1-6所示。

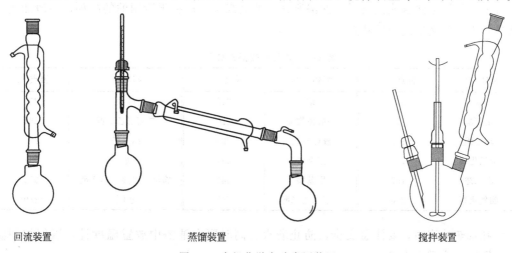

回流装置　　　　　　　　蒸馏装置　　　　　　　　搅拌装置

图 1-6　有机化学实验常用装置

在安装装置时，以回流装置为例，首先按照热源高低确定圆底烧瓶的位置，用烧瓶夹夹住圆底烧瓶的瓶颈，垂直固定于铁架上，然后将球形冷凝管下端正对烧瓶垂直固定在烧瓶上方，再放松夹子，将冷凝管放下，使冷凝管下端的磨口和烧瓶磨口紧密匹配后塞紧，再稍拧紧夹子，固定好冷凝管。选择合适的橡胶管，使冷凝管接好冷却水，注意进水口在下方，出水口在上方。

在有机化学实验中，因为各项单元操作，如回流、搅拌反应、蒸馏等，都需要一定的操作时间，所以整套仪器装置中的玻璃仪器固定非常重要。玻璃仪器的安装顺序要遵循"从前到后，先下后上"的基本原则，装置必须安装稳固，安装好的装置应该做到"横平竖直"，不能歪斜和接口松动。另外，实验结束时，拆卸装置时按照安装的反向步骤进行，即"从后到前，先上后下"进行，高度不够可以采用升降台等进行调节，切忌用书本、烧杯等去垫高，以免发生装置坍塌，玻璃仪器跌落造成破损等危险情况的发生。

1.3 实验室常用加热、冷却和干燥介质

实验时需要进行化学反应，对加热后或反应物进行冷却结晶提纯，或者需要对产品进行无水化处理得到干燥的纯净物质，就需要用到加热、冷却和干燥，很多化学实验室都需要用到，所以也是实验室的通用技术，除了仪器设备的采用，加热、冷却和干燥介质的使用对实验结果的好坏也具有一定的作用。

1.3.1 加热

化学实验室中常用的热源有煤气灯、酒精灯、电热套和电热炉等，为了安全起见，一般不使用带有明火的加热装置，除非需要，但必须做好相应的安全措施。

电热套是最常用的加热装置，另外还可根据所需加热温度的高低进行选择，如水浴、油浴等（见表1-1）。加热温度在80℃以下的采用水浴比较方便，加热温度超过100℃，通常就需要采用电热套或油浴了。油浴所达到的最高温度取决于所用油的品种，一般加热温度最好不要达到所用油的沸点。

表 1-1 常用加热浴液体的沸点

液体名称	沸点/℃	液体名称	沸点/℃	液体名称	沸点/℃
水	100	萘	218	硅油	250
正丁醇	118	一般植物油	220	二缩三乙二醇	282
环己酮	156	液体石蜡	220	丙三醇	290
十氢化萘	190	正癸醇	231	蒽	354
乙二醇	197	甲基萘	242	邻苯二甲酸二异辛酯	370
四氢化萘	206	一缩二乙二醇	245	蒽醌	380

在加热油浴时，要注意安全，防止着火，同时要在油浴中放置温度计，以便控制温度，同时防止溅入水滴。

1.3.2 冷却

有机化学实验经常需要在低温条件下进行反应或在低温下进行分离提纯，所以应根据不同要求，合理选择适用的冷却方法。

常用的冷却仪器设备有低温恒温槽、特制的冰柜等，但是价格昂贵，操作复杂，所以通常是采用冷却介质来进行冷却，以达到实验所需的冷却效果和所要求的温度（见表1-2）。

表1-2 常用的冷却介质

冷却剂组成	冷却温度/℃	冷却剂组成	冷却温度/℃
冰＋水	0	冰＋碳酸钾(100∶33)	−46
冰＋氯化铵(100∶25)	−15	冰＋六水氯化钙(100∶143)	−55
冰＋硝酸钠(100∶50)	−18	干冰＋乙醇	−78
冰＋氯化钠(100∶33)	−21	干冰＋丙酮	−78
冰＋六水氯化钙(100∶100)	−29	液氮	−196

需要注意的是干冰和液氮因为温度很低，操作时要戴好防护手套，以免冻伤。另外，当温度低于−38℃时，不能使用水银温度计，因此时水银要凝结，这时可采用低温温度计（内装甲苯、正戊烷等液体）。

1.3.3 干燥

在有机化学实验中，有些反应需要在无水条件下进行，如制备格氏试剂；液体有机物在蒸馏提纯前也需要干燥，以防止水和有机物形成共沸物；固体物质在测定熔点时也需要干燥，以免影响实验结果。因此干燥在有机化学实验中非常普遍，也十分重要。

干燥的方法主要有物理干燥和化学干燥。

物理干燥主要是加热、吸附等，加热可以使用烘箱等进行操作，吸附可以采用多孔性的物质，如分子筛或离子交换树脂脱水，这些脱水剂都是固体，利用晶体内部的孔穴吸附水分子，而一旦加热到一定温度时又释放出水分子，所以可以反复使用。

化学干燥是用干燥剂去水，主要是与水可逆地形成水合物，如氯化钙、硫酸镁和硫酸钠等；或者与水起化学反应，生成新的化合物，如金属钠、五氧化二磷和氧化钙等。

液体有机物干燥，一般是把干燥剂直接加入有机物中，因此干燥剂的选择必须考虑到：

① 与被干燥有机物不能发生化学反应；

② 不能溶解在该有机物中，要能够分离；

③ 吸水量大、干燥速率快、价格低廉。

干燥剂的用量可根据干燥剂的吸水量和水在有机物中的溶解度来估计，一般用量都要比理论量高，同时还要考虑到有机物分子的结构，如极性有机物和含亲水性基团的化合物干燥剂用量需稍多。干燥剂的用量要适当，用量少干燥不完全；用量过多，因干燥剂的表面吸附，也可能造成被干燥有机物的损失。一般用量为10mL液体需加0.5～1g干燥剂（见表1-3）。

表 1-3　常见干燥剂的性质

干燥剂	酸碱性	与水作用产物	适用物质		不适合的物质	特点
			气体	液体		
P_2O_5	酸性	HPO_3 H_3PO_4 $H_4P_2O_7$	氢、氧、氮 二氧化碳 一氧化碳 二氧化硫 甲烷、乙烯	烃 卤代烃 二硫化碳	碱 酮 易聚合物质	脱水效率高
CaH_2	碱性	H_2 $Ca(OH)_2$	碱性及中性物质		对碱敏感物质	效率高,作用慢
Na	碱性	H_2 NaOH		烃类 芳香族	对其敏感物质	效率高,作用慢
CaO 或 BaO	碱性	$Ca(OH)_2$ $Ba(OH)_2$	氨、胺类	烃类 芳香族	对碱敏感物质	快速有效,限于胺类
KOH 或 NaOH	碱性	溶液	氨、胺类	碱		快速有效,限于胺类
$CaSO_4$	中性	含结晶水	普通物质		乙醇、胺、酯	效率高,作用快
$CuSO_4$	中性	含结晶水		醚、乙醇		效率高,价格高
K_2CO_3	碱性	含结晶水		碱、酯 卤代物 腈、酮	酸性有机物	效率一般
H_2SO_4	酸性	H_3O^+ HSO_4^-	氢、氮、氯 二氧化碳 一氧化碳 甲烷	卤代烃 饱和烃	碱、酮、酚 乙醇 弱碱性物质	效率高
$CaCl_2$	中性	含结晶水	氢、氮 二氧化碳 一氧化碳 二氧化硫 甲烷、乙烯	醚、酯	酮、胺、酚 脂肪酸 乙醇	脱水量大,作用快,效率不高,易分离
$MgSO_4$	中性	含结晶水		普通物质		效率高,作用快
Na_2SO_4	中性	含结晶水		普通物质		脱水量大,作用慢,易分离

　　干燥前尽量把有机物中的水分离干净,加入干燥剂后,振荡片刻,静止观察,若发现干燥剂黏结在瓶壁上,应补加干燥剂。有些有机物在干燥前浑浊,干燥后变得澄清,这可认为水分基本除去。干燥剂的颗粒大小要适当,颗粒太大,表面积小,吸水缓慢;颗粒太小,吸附有机物较多,且难分离。

1.4　化学试剂的规格及取用

1.4.1　化学试剂的规格

　　化学试剂是用以研究其他物质组成、性状及其质量优劣的纯度较高的化学物质。化学试剂一般根据用途，分为通用试剂和专用试剂两类，又根据其纯度划分试剂的等级和规格。

在实验室领用试剂时，必须对化学试剂的类别和等级有一个明确的认识，做到合理地选择和使用试剂，既不超规格使用造成浪费，又不随意降低规格而影响实验结果的准确度。

实验室目前使用的试剂普遍为通用试剂，其规格以所含杂质的多少分为一级、二级、三级和四级（目前已很少采用）和生物试剂（见表1-4），除外还有标准试剂、高纯试剂和专用试剂。

表1-4 通用化学试剂的规格和适用分类

级别	名称	符号	适用范围	标签颜色
一级	优级纯	G. R.	精密分析研究	绿色
二级	分析纯	A. R.	精密定性定量分析	红色
三级	化学纯	C. P.	一般定性及化学制备	蓝色
四级	实验试剂	L. R.	一般化学制备实验	棕色或其他颜色
生物试剂	生化试剂	B. R.	生物、医学化学实验	黄色或其他颜色

标准试剂是适用于衡量其他待测物质化学量的标准物质，我国习惯上称其为基准物质。高纯试剂中杂质含量低于优级纯试剂或基准试剂。专用试剂是指具有专门用途的试剂，如仪器分析中专用试剂有色谱分析标准试剂、核磁共振分析标准试剂、光谱纯试剂等。

按照规定，试剂瓶的标签上应标示试剂名称、化学式、摩尔质量、级别、技术规格、产品标准号、生产批号、厂名等，危险品和毒品还应给出相应的标志。

1.4.2 化学试剂的取用

所有的试剂瓶上都应该有明确的标签，表明试剂的名称、规格等，没有标签的试剂在未查明前不能随便使用。如标签脱落，必须补贴上新的标签，标签纸上的字最好用绘图墨汁或打印，以免日久褪色。

（1）液体试剂的取用

液体试剂一般采用原瓶或滴瓶、细口瓶分装，取用时一般用滴管或用量筒倾斜法量取。用滴管量取时，应使用滴瓶滴管或专用滴管，按照用量吸取，滴加入接收容器，用完放回原处，切忌张冠李戴，造成试剂污染。

用量筒取用时，选择规格刻度合适的量筒，左手拿量筒，右手拿试剂瓶（试剂瓶标签朝上），使瓶口紧靠量筒边缘，慢慢倾斜倒出所需体积的试剂后，竖直试剂瓶，盖上盖子，放回原处。

（2）固体试剂的取用

固体试剂的取用一般用专用药勺，按照使用量的多少，用药勺从试剂瓶中取出，进行称量，用完盖上盖子。

无论是液体试剂还是固体试剂，在加入烧瓶或其他具有磨口的反应瓶中，最好用漏斗，以免沾污磨口，影响实验结果。

1.5 实验预习、记录和实验报告要求及范例

1.5.1 实验预习

实验预习是有机化学实验的重要环节，通过预习，可以使学生对实验原理、实验目的有个清楚的认识，另外，在实验操作中需要注意哪些事项、实验过程中会发生的现象以及可能遇到的问题有个心理准备，所以学生在进入有机化学实验室前，必须了解有关实验内容，做好预习工作，并写好预习报告。

预习的内容包括：本次实验的目的和原理，如有化学反应式的必须写出，并了解可能发生的副反应，一并列出，以了解有机化学反应的特点以及产品提纯中杂质的来源和性质；反应物、产物的物理常数查找并记录，熟悉有关化学品的性质和防护方法；实验所需装置的名称，各零部件的名称及装配方法；用简练的词句、箭头、图符以流程图的格式将操作过程和步骤简明扼要地表示出来，需要注明的地方做好标注；针对实验所提出的思考题进行预先思考，实验中进行相应的验证。

1.5.2 实验记录

进入实验室后，首先应该按照指导教师安排，确定自己的实验桌位，并注意黑板上有无临时通知或安排告示，一般每次实验之前，指导教师都会有个简短而又十分重要的讲解或者示范说明，学生要做到认真听讲，并将一些要点记录在报告本上。

实验过程中，学生应养成边做实验边记录的习惯，而且记录必须如实地反映实验过程中出现的各种现象（如反应温度的变化、体系颜色的改变、结晶或沉淀的产生或消失等），数据记录应该及时准确并注明实验日期和时间。要注意原始数据的完整和保留，如果发现记录错误或笔误，不要涂改，可以改在边上，以便备查。实验中要做到操作认真、观察仔细、思考积极，不要事后记录，造成实验数据不完整、有缺陷等。

实验结束，必须将实验记录交指导教师签字认可后，方可离开实验室。

1.5.3 实验报告要求

实验操作完成后，必须对实验结果和过程进行分析和总结。针对实验中观察到的现象、出现的问题以及原始数据进行整理和处理，对得到的产物性质、测定的结果进行解析等。善于归纳总结，就是通过化学实验来得到实验结果，再从实验结果得到的感性知识升华到化学理性知识的必经过程，而实验报告也是对学生归纳总结实验结果能力的一种训练手段。同时，在完成实验报告的同时，还应该完成本实验所指定的思考题以及提出自己对本实验的认识和改进建议。

实验报告大致有以下一些内容，可以根据不同的实验进行增减。

（1）实验目的

主要描述通过实验能够理解和掌握哪些操作技能和实验知识点。

（2）实验原理

主要是实验所运用到的化学知识点、操作涉及的物理化学方法的基本原理，对于合成实验，则是主要反应方程式和副反应方程式。

（3）主要原料和产物的物理常数

通常以表格的形式列出，如反应物和产物的名称、相对分子质量、性状、熔点、沸点、相对密度、折射率、溶解性（在水、醇、醚等溶剂中）等，以利于学生在实验之前对所涉及的化学品的基本性质有所了解。

（4）实验装置图

主要指在实验过程中，需要装配搭置的成套的玻璃仪器（如普通蒸馏、减压蒸馏、重结晶、回流冷凝、搅拌反应等），通过绘制实验装置图，让学生进一步巩固对玻璃仪器的认识和装置装配搭置的要求。

（5）实验步骤和实验现象记录

主要是记录实验的主要操作，实验中出现的现象，如有必要，还可以增加备注，对实验中出现不同于预期的现象和可能出现的问题做好记录。

（6）数据处理

针对实验中记录下的原始数据需要进一步处理的，应该有详细的处理过程，例如理论产量、实际产率的计算，折射率相对误差的计算等；另外，蒸馏时测定的馏分出现的初始温度和最终温度，形成沸程温度范围；还应该有产物的性状描述等等。

例如在合成实验中，理论产量是根据反应方程式计算得到的产物的质量，实际产量是在经过分离提纯后得到的纯净产物的质量，产率是指实际得到的纯净产物的质量和计算的理论产量的比值百分值，即

$$百分产率 = \frac{实际产量}{理论产量} \times 100\%$$

以乙酰苯胺的合成实验为例说明如下。

把 5mL（0.055mol）苯胺与 7.4mL（0.13mol）冰醋酸以及 0.1g 锌粉加热反应，经分离提纯得乙酰苯胺 5g，试计算其产率。

根据反应式：

苯胺在反应中，按投料比，其物质的量较小，因此在计算理论产量时以苯胺的物质的量为准，乙酰苯胺摩尔质量为 $135g \cdot mol^{-1}$。

$$理论产量 = 135 \times 0.055 = 7.4（g）$$

$$产率 = \frac{5}{7.4} \times 100\% = 67.6\%$$

（7）结果讨论与思考

对实验的结果进行分析讨论，如产量的多少，产物的性状与标准产物之间的异同，实验中出现的问题回顾与反思，操作步骤中可能影响反应结果的因素等，对本实验设计、安排提出科学合理的意见和建议。

本实验所给出的思考题的解答。

1.5.4 有机化学实验报告范例

实验名称　乙酰苯胺的重结晶

一、实验原理

重结晶是提纯固体有机化合物常用的方法之一。固体在溶剂中的溶解度一般随温度升高而增加。如果选择合适的溶剂，制成饱和溶液，然后冷却至室温，则由于溶解度下降大部分晶体析出；利用杂质在溶剂中的溶解度不同，不溶性杂质可在热过滤时除去；可溶性杂质在冷过滤时留在母液中，达到提纯目的。如有有色杂质，可加入活性炭煮沸吸附，热滤时与不溶性杂质一并除去。

二、有机化合物的物理常数

乙酰苯胺的溶解度

溶剂	水				乙醇	
温度/℃	20	50	80	100	20	60
溶解度/％	0.52	1.25	3.5	5.2	21	46

三、实验装置示意图

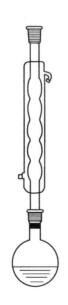

四、实验步骤及注意事项

1. 称 5g 粗样品加到 100mL 圆底烧瓶中，加入 15mL 15％乙醇水溶液，装上回流冷凝管，以防溶剂逸出。

2. 加沸石，由于乙醇易燃，用水浴加热。

3. 观察溶质溶解情况，如仍有固体不溶，再次添加 5mL 溶剂。添加时要将热源移去，待溶液稍冷，仔细观察。

4. 制得乙酰苯胺的饱和溶液，其间将布氏漏斗、吸滤瓶用水浴或烘箱预热。

5. 饱和溶液再过量 5mL 溶剂。稍冷后加入 0.5g 活性炭，并煮沸 10min，切忌沸腾时加入活性炭，以免暴沸。

6. 趁热过滤，过滤仪器必须是热的，以免结晶析出，滤纸大小要合适，不要将活性炭漏滤。

7. 自然冷却至室温,不可用冷水急冷,以免结晶中有杂质。

8. 过滤得白色结晶,要抽干。

9. 晾干或烘干后称重。

五、数据记录及处理

时间	操　作	现　象
8:20	称 5g 粗乙酰苯胺于烧瓶　加入 2 粒沸石,取 15%乙醇水 15mL	灰黄色固体
8:35	安装回流冷凝装置,加入 15mL 溶剂	固体不溶
8:40	水浴加热,同时在另一个水浴锅上预热布氏漏斗和抽滤瓶,剪好滤纸	沸腾回流,底部有不溶物
8:55	移去热源,加入 5mL 溶剂,再加热	有少量固体
9:00	移去热源,加入 5mL 溶剂,再加热	仍有少量固体
9:10	同上 再过量 5mL 溶剂	固体全溶为淡黄色溶液 ($V_总$＝30mL)
9:15	稍冷后,加入 0.5g 活性炭,继续加热	
9:25	停止加热,装好抽滤装置,取少量热水润湿,水泵抽滤使滤纸吸住	
9:27	快速趁热过滤 滤液倒入烧杯,自然冷却	得无色澄清溶液 有结晶析出
10:10	冷过滤、抽干	得白色片状结晶
10:55	烘干、称重	$w＝4.2g$

六、结果、思考及讨论

结果:得到白色片状结晶的乙酰苯胺,质量 4.2g。

$$重结晶回收率＝\frac{4.2}{5}×100\%＝84\%$$

思考(略)

讨论:

1. 本次实验的关键是热过滤,要点是过滤用的仪器要预热好,抽滤水泵的吸力要大(真空度大或绝对压力小),操作时要迅速;另外滤纸大小要合适,并用少量水湿润,使其紧贴在布氏漏斗内,避免活性炭被抽下去。

2. 制饱和溶液时,溶剂的量要适宜,太少溶解不完全,可能有油状物结块出来;太多,有部分乙酰苯胺损失在母液中。

3. 为了制好饱和溶液,每次均要使溶液沸腾数分钟,因为近沸腾时溶解度最大。

实验名称　1-溴丁烷的制备

一、实验原理

1-溴丁烷是由正丁醇与卤代试剂(本实验是溴化钠和浓硫酸生成的氢溴酸)通过亲核取代反应制备得到的。加入浓硫酸的作用一是作为反应物与溴化钠反应生成氢溴酸,二是浓硫酸作为一个强 Lewis 酸,能提供 H^+,使醇羟基质子化,变成一个较强的离去基团 H_2O,从而大大加快反应速率。正丁醇是伯醇,所以本实验是典型的酸催化的 S_N2 反应,在亲核取代反应的同时,常伴随有脱水、酯化等副反应。

二、主、副反应方程式

主反应：
$$NaBr + H_2SO_4 \longrightarrow HBr + NaHSO_4$$
$$CH_3CH_2CH_2CH_2OH + HBr \rightleftharpoons CH_3CH_2CH_2CH_2Br + H_2O$$

副反应：
$$C_4H_9OH \xrightarrow[\triangle]{H^+} C_4H_8 + H_2O$$
$$2C_4H_9OH \xrightarrow[\triangle]{H^+} C_4H_9OC_4H_9 + H_2O$$
$$C_9H_9OH + H_2SO_4 \rightleftharpoons C_4H_9OSO_3H + H_2O$$
$$2C_4H_9OH + H_2SO_4 \rightleftharpoons C_4H_9OSO_2OC_4H_9 + 2H_2O$$

三、主要试剂及主副产物的物理常数

名　称	分子量	性　状	熔点/℃	沸点/℃	相对密度	折射率	溶解性				
							水	醇	醚	苯	其他
正丁醇	74.12	无色液体	−89.5	117.2	$0.8098^{20/4}$	1.3993^{20}	溶	溶	溶	溶	丙酮
1-溴丁烷	137.02	液体	−112.4	101.6	$1.2758^{20/4}$	1.4401^{20}	不溶	溶	溶		丙酮 氯仿
				18.8^{30}							
1-丁烯	56.11	气体	−185.3	−6.3	$0.5951^{20/4}$液	1.3962^{20}		溶	溶	溶	
正丁醚	130.23	液体	−95.3	142	$0.7689^{20/4}$	1.3962^{20}		溶	溶	溶	

四、主要试剂规格及用量

名　　称	规　　格	用量/(g 或 mL)	物质的量
正丁醇	C. P.	7.4g/9.3mL	0.1mol
无水溴化钠	A. R.	12.5g	0.12mol
浓 H_2SO_4	C. P.（$d=1.84$）	15mL	0.28mol

五、反应、分离及提纯装置图

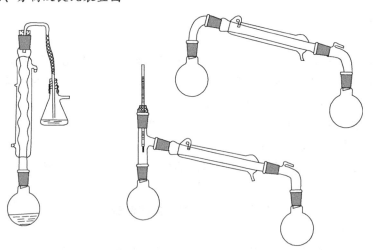

六、实验步骤及现象记录

时　　间	实验步骤	实验现象	备　注
第一次 8:25	称取 12.5g 溴化钠,研细 量取 9.3mL 正丁醇,2 粒沸石		正丁醇用定量 加料器

时　间	实验步骤	实验现象	备　注
8:35	在小锥形瓶中加入 15mL 水,慢慢加入 15mL 浓 H_2SO_4,冷水浴冷却	锥形瓶发热	配浓硫酸和水等体积稀释
8:50	加入 1∶1 硫酸约 10mL,振荡	固体逐渐消失,放热	
8:55	加 1∶1 硫酸,振荡	固体减少,反应液变淡黄色	
9:00	1∶1 硫酸全部加入,振荡,装上气体吸收装置	有少量固体、分层,上层棕色下层无色	
9:05	小火加热,回流 30min	分层、固体消失、沸腾、冷却	
9:50	安装简易蒸馏装置		接收瓶装 1/3 体积量的水
10:00	小火蒸馏	有馏出液(油状),烧瓶中上层减少,馏出液澄清,上层越来越少	
10:20	停止加热,蒸馏粗产物结束	分层,下层油上层为水	保存
第二次 8:15	分液、取下层	分层,下层为油状物	
8:20	下层用 2.5mL 浓 H_2SO_4 洗涤分液,重复一次	分出下层,取上层	
8:40	15mL 水洗涤,分液 7.5mL 10% Na_2CO_3 洗涤,分液 15mL 水洗涤,分液	分层,下层为产物 同上 同上,下层产物略浑	
9:00	产品放入小锥形瓶,加无水氯化钙干燥	澄清	
9:10	过滤、蒸馏	收集 $t=100℃$ 馏出液	
9:30	称重	$w_{液+瓶}=51.2g$	
9:40	测折射率	$n_D=1.4416(t=16℃)$	$w_{瓶}=44g$

七、相关数据计算(产率、折射率校正等)

反应物以 1∶1 进行反应,按照反应物摩尔数之比,应该以正丁醇的量来计算产物 1-溴丁烷的理论产量。

$$1\text{-溴丁烷的理论产量}=0.1×137.02=13.7 \text{(g)}$$
$$\text{产率}=(7.2/13.7)×100\%=52.6\%$$

八、实验结果

产品名称　1-溴丁烷　　物理状态　无色、透明液体

产量/g		产率/%	熔点/℃		沸点/℃		折射率		
理论	实际		文献值	实测值	文献值	实测值	文献值	实测值	相对误差
13.7	7.2	52.6			101.6	100	1.4401	1.4416	0.05%

九、讨论及思考

1. 本次实验操作内容较多,特别是分液有数次,先要搞清楚产品是在上层还是下层。在没有得到最后产品之前,切不可将分液得到的液体弃去,以免上下层搞错。

2. 实验结果较好,从沸点数据看,与文献值接近,产品外观为无色透明,折射率实测为 1.4416 ($t=16℃$),换算到 20℃ 为 $1.4416-4×14^{-4}×(20-16)=1.4409$,与文献

值 1.4401 接近，相对误差为 0.05%，说明产品的质量较好。

3.本反应中浓硫酸起着反应物和催化剂的作用，使用 1:1 硫酸，这是因为浓硫酸有氧化性，太浓易导致副反应增加。

4.反应装置采用气体吸收装置，这是由于反应中有 HBr 气体逸出，可用水或稀碱作为吸收液，为了尽量减少 HBr 的逸出，加热时火不宜太大，而且火太大也会导致脱水等副反应增加，使产率下降。

1.6 有机实验常用数据的查找、文献检索和相关网络资源

化学文献是有关化学方面的科学研究、生产实践等的记录和总结，在进行化学实验之前必须了解有关反应物、产物、副产物的物理常数以及涉及的反应等有关资料，这对研究反应特点、指导反应过程和产物的分离等都具有重要的意义，所以文献查阅是科学研究的一个重要组成部分，也是培养实验理论与实践相结合，发展实验化学理论和技术的一个重要方面，因此学会查阅文献、运用各类化学手册、辞典和参考书是很有必要的，能促使实验工作开展得更好。

1.6.1 工具书

(1)《化工辞典》（第五版），姚虎卿主编，化学工业出版社，2014 年

中国影响力最大的化工专业工具书。1969 年出版第一版，1979 年出版第二版，1989年出版第三版，1999 年出版第四版，2014 年出版第五版。

《化工词典》是主要用于查找化学和化学工业或与其相关信息的工具书。对于石油化工专业名词，主要说明其理化性质、制备原理、过程方法及其应用。对于化学基本名词，着重讲述其基本概念，并适当举例说明。对于石油化工产品、原料、材料和中间体的名词，除说明其物理性质、化学性质、分子式和结构式外，还突出介绍了其用途和制法。对于生产方法和化工过程名词，除阐述原理和过程外，还着重说明其应用范围，并酌情举例。对于石化机械和仪表自动化的名词，除讲明其结构和特点外，还具体介绍使用方法和应用范围，通用设备还附有插图。通过该书可以了解化学化工各专业的概况及术语，确切地知道词汇所包含的概念和定义、基本性质、用途、制备方法等知识。

(2) CRC Handbook of Chemistry and Physics

这是一本英文版的化学和物理手册，1913 年出版第一版，目前已经出版到第 95 版（2014 年出版）。内容从第 71 版开始分为 16 部分。

Section 1：Basic Constants, Units, and Conversion Factors。

Section 2：Symbols, Terminology, and Nomenclature。

Section 3：Physical Constants of Organic Compounds。

Section 4：Properties of the Elements and Inorganic Compounds。

Section 5：Thermochemistry, Electrochemistry, and Kinetics。

Section 6：Fluid Properties。

Section 7：Biochemistry。

Section 8：Analytical Chemistry。

Section 9：Molecular Structure and Spectroscopy。

Section 10：Atomic，Molecular，and Optical Physics。

Section 11：Nuclear and Particle Physics。

Section 12：Properties of Solids。

Section 13：Polymer Properties。

Section 14：Geophysics，Astronomy，and Acoustics。

Section 15：Practical Laboratory Data。

Section 16：Health and Safety Information。

可以说该手册是世界上从事物理、化学以及相关领域研究都要依赖其提供的权威的、更新及时的工具书。

（3）Sigma-Aldrich 化学试剂手册

美国 Sigma-Aldrich 化学试剂公司出版，是一本化学试剂目录，以一个化合物为一个条目，内容有相对分子质量、分子式、沸点、折射率、熔点等数据，还给出了每个化合物的不同包装的价格，是从事有机合成、采购试剂和了解各类试剂价格很好的一本手册，每年更新，如果需要，可以向该公司免费索取。

（4）The Merck Index 化学和药物索引

The Merck Index（《默克索引》）是美国 Merck 公司出版的一本在国际上享有盛名的化学药品大全。第一版在 1889 年出版，该书最初只是 Merck 公司化学品、药品的目录，只有 170 页，现已发展成为一本 2000 多页的化学药品、药物和生理性物质的综合性百科全书。它介绍了一万多种化合物的性质、制法以及用途，注重对物质药理、临床、毒理与毒性研究情报的收集，并汇总了这些物质的俗名、商品名、化学名、结构式，以及商标和生产厂家名称等资料。

该索引目前有印刷版、光盘版和网络版三种出版形式。

光盘版《默克索引》只需作一下简单安装即可使用，为快速查找相关信息提供了极大方便。该光盘可作文本检索（text search）和结构式检索（structure search）。结构式检索可用物质的全结构（structures）或者亚结构（sub structures）检索。文本检索提供了快速检索（quick search）、菜单检索（menu search）、指令检索（command search）三种检索方式。还可以进行逻辑组配（AND、OR、NOT）和截词（＊、?）检索。文本检索条目包括化合物的各种名称、商品代号、CAS 登记号、来源、各种物理常数、性质、用途、毒性及参考文献等。

检索条目包括物质名称、各种物理常数，主要有通用名（Generic Name）、化学文摘名（CA Name）、商品名（Trade Name）、俗名（Synonym Name）、衍生物（Derivative Type）等，名称可以是全称（Names）或者部分名称（Partial Names）；分子量（Molecular Weight）、密度（Density）、沸点（Boiling Point）、熔点（Melting Point）、折射率（Refractive Index）、旋光性（Optical Rotation Values）、紫外吸收值（UV Absorption Values）、毒性（Toxicity）等。结构式（Structure）、分子式（Molecular Formula）、药品代码（Drug Code）、CAS 登记号（CAS Registry Number）、生产厂家名称（Manufacturer Name）等《默克索引》光盘提供的检索条目表。

另外，还有一个命名反应库（Name Reactions），收集了 400 多个有机化学反应。在"Tables"下面提供了 5 个数据表：Amino acid abbreviations（氨基酸缩写表）、Cancer Chemotherapy Regimens（癌症化学疗法）、Company Code letters（公司代码字母）、Company register（公司注册号）和 Glossary（术语表）。

（5）Lange's Handbook of Chemistry

兰氏化学手册是一部资料齐全、数据翔实、使用方便、供化学及相关科学工作者使用的单卷式化学数据手册，在国际上享有盛誉，自 1934 年第 1 版问世以来，一直受到各国化学工作者的重视和欢迎。

本书第 1 至第 10 版由 N. A. Lange 主持编纂，原名《Handbook of Chemistry》。N. A. Lange 逝世后，从第 11 版开始至第 15 版由 J. A. 迪安（Dean）任主编，并更为现名，以纪念 N. A. Lange。最新版第 16 版于 2004 年 12 月 20 日出版，由 J. G. 斯佩特，(JAMES G. SPEIGHT) 任主编，仍保持和前版相同的格式。全书英文版共 1600 余页，分 11 部分，内容包括有机化合物，通用数据，换算表和数学，无机化合物，原子、自由基和键的性质，物理性质，热力学性质，光谱学，电解质、电动势和化学平衡，物理化学关系，聚合物、橡胶、脂肪、油和蜡及实用实验室资料等。本书所列数据和命名原则均取自国际纯粹化学与应用化学联合会最新数据和规定。

1.6.2 参考书

（1）Organic Synthesis

世界上最具权威性的有机化学工具书之一，于 1921 年创刊，该手册坚持免费服务，用户可以登录 Organic Syntheses 网站免费检索自己感兴趣的化合物合成方法。手册最重要的特点是所提供的合成方法真实可信，每个反应都经检查证实具有重现性，因此被认为是化学工作者必备的工具书。

（2）Organic Reactions

一套介绍著名有机反应的综述丛书，1942 年初版，目前已出版 85 卷（2015 年）。该书主要介绍有机化学中有理论意义或实用价值的重要反应，每个反应都由在这方面做了大量工作，有丰富经验的人撰写。书中对每个被介绍的反应的提出、机理、应用范围、反应条件等都进行了详尽的综述讨论，列出了大量的参考文献，并有图表指出对该反应进行哪些工作，对于了解某些重要反应是一本很好的参考书。

1.6.3 化学文摘

化学文摘（Chemical Abstracts，简称 CA）是世界最大的化学文摘库，也是目前世界上应用最广泛，最为重要的化学、化工及相关学科的检索工具。CA 创刊于 1907 年，由美国化学协会化学文摘社（CAS of ACS，Chemical Abstracts Service of American Chemical Society）编辑出版，CA 报道的内容几乎涉及了化学家感兴趣的所有领域，其中除包括无机化学、有机化学、分析化学、物理化学、高分子化学外，还包括冶金学、地球化学、药物学、毒物学、环境化学、生物学以及物理学等诸多学科领域。CA 的特点是：收藏信息量大、收录范围广。

自 1975 年第 83 卷起，CA 的全部文摘和索引采用计算机编排，报道时差从 11 个月缩短到 3 个月，美国国内的期刊及多数英文书刊在 CA 中当月就能报道。网络版 SciFinder 更使用户可以查询到当天的最新记录。CA 的联机数据库可为读者提供机检手段，大大提高了检索效率。

SciFinder 是 CA 的网络版，CAS 这一获奖的研究工具，让人轻点鼠标就可进入全世界最大的化学信息数据库 CAPLUS。有了 SciFinder，可以从世界各地的数百万的专利和科研文章中获取最新的技术和信息。

1.6.4　网络资源

随着计算机技术和网络通讯技术的发展，通过 Internet 检索各类化学信息与资源已经成为一种趋势。由于化学化工专业网站的数目和内容不断更新，一般可以通过网络搜索引擎去寻找有关资源，下面列举了几个国内和国外的相关网站。

（1）国内

中国化学会，www. chemsoc. org. cn

化学通报，www. hxtb. org

化学教育，www. hxjy. org

大学化学，http：//www. dxhx. pku. edu. cn/CN/volumn/current. shtml

化学学报，http：//sioc-journal. cn/CN/volumn/current. shtml

化学学科信息门户，http：//chin. csdl. ac. cn/

中国化工网，http：//china. chemnet. com/

中国化工信息网，www. cheminfo. cn

中国化学品安全网，http：//www. nrcc. org. cn/

中国万维化工城，www. chem. com. cn

（2）国外

IUPAC，www. iupac. org

American Chemical Society，www. acs. org

ChemWeb，www. chemweb. com

ChemSpy，www. chemspy. com

Chem. com，www. chem. com

ChemIndustry，http：//www. chemindustry. com/index. html

PerkinElmer，www. cambridgesoft. com

Organic Synthesis，http：//www. orgsyn. org/

ChemExper，www. chemexper. com

Spectral Database for Organic Compounds SDBS，http：//sdbs. db. aist. go. jp/sdbs/cgi-bin/cre _ index. cgi? lang＝eng

第2章

化学物质分离、纯化和物性测定技术

实验一 简单蒸馏及液体沸点测定

一、实验目的

1. 了解简单蒸馏的基本原理和用途。
2. 掌握简单蒸馏的操作方法。
3. 利用简单蒸馏测定液体化合物的沸点。

二、实验原理

蒸馏是根据混合物中各组分的蒸气压不同而将液体混合物分离和纯化的重要分离方法。简单蒸馏（也称普通蒸馏）常用于除去挥发性溶剂，从离子型化合物或其他非挥发性物质中分离挥发性液体或者分离沸点相差较大的液体混合物。

液体的蒸气压是该液体的分子通过挥发或蒸发进入气相倾向大小的客观量度。在一定温度下，该液体的蒸气压是一定的，并不受液体表面压力——大气压的影响。当液体的温度不断升高时，液体的蒸气压也随之增加，直至该液体的蒸气压等于液体表面的大气压力，这时，就有大量气泡从液体内部逸出，即液体发生了沸腾，沸腾时的温度就是该液体在此大气压下的沸点。一个纯净液体的沸点，在一定外界大气压下是一个常数，如纯水在一个标准大气压下的沸点是 100℃。

沸点是鉴定液体化合物的特征物理常数，纯粹液体的沸点固定，且沸程一般不超过 1～2℃，因此可以利用沸点即沸程定性地检验物质的纯度。

沸点的测量方法有常量法和微量法两种。

（1）常量法（蒸馏法）

实验装置和操作方法见下面的简单蒸馏方法。用简单蒸馏法测定液体化合物的沸点所需样品至少为 5～10mL。当液体不纯时，沸程很长，无法准确确定沸点，这时应先把液体化合物用其他方法提纯后再测定沸点。

（2）微量法

微量法测沸点的优点在于样品用量少，实验装置如图 2-1 所示。

将待测沸点的样品滴入外管中，液柱高度约 1cm，将一端封闭的熔点毛细管封闭端朝上倒插入待测液中，用橡胶圈将外管固定在温度计上，插入热浴中，热浴可用测熔点的 Thiele 管或烧杯。当待测液体受热时，毛细管中有气泡经液面缓慢逸出，继续加热至接近液体沸点时有连续小气泡经液面逸出，此时停止加热，热浴温度持续下降，逸出的气泡速度逐渐减慢，这时注意当气泡不再冒出而液体刚要进入毛细管瞬间（即最后一个气泡刚要缩回毛细管时），此时毛细管的蒸气压和外界的压力相等，记下此时温度计的读数，即为该液体的沸点。

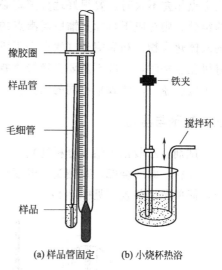

图 2-1　微量法测定沸点装置

当一种纯净液体中混有一种非挥发性物质（杂质）时，非挥发性物质会降低液体的蒸气压，如图 2-2 所示，曲线 1 是纯液体的蒸气压与温度的关系，曲线 2 时含有非挥发性物质的同一液体的蒸气压与温度的关系。由于杂质的存在，使任一温度的蒸气压都以相同数据下降，导致液体混合物的沸点升高（溶液的依数性）。但在蒸馏时，蒸气的温度和纯液体的沸点一致，因为温度计指示的是化合物的蒸气与其冷凝液平衡时的温度，而不是沸腾液体的温度。经过蒸馏可以得到纯粹的液体化合物，从而将非挥发性杂质除去。

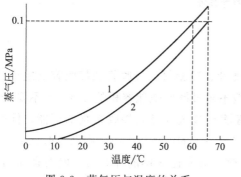

图 2-2　蒸气压与温度的关系

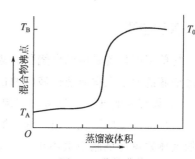

图 2-3　蒸馏曲线

对于一个均相液体混合物，如果组成混合溶液的各组分都是挥发性的，则液体混合物总的蒸气压等于每个组分的分压之和（道尔顿分压定律），即：

$$p_总 = p_1 + p_2 + p_3 + \cdots\cdots \tag{2-1}$$

这种混合溶液的蒸气相中就含有易挥发的每个组分，很明显，通过简单蒸馏不能得到纯的化合物，在蒸气相中沸点越低的组分含量越高。对于一个二元均相混合液，如果两者沸点相差较大（如大于 100℃），且体积相近，则经过小心蒸馏可以将其较好地分离，得到如图 2-3 所示的蒸馏曲线。当温度恒定时，收集到的馏出液中的馏分是沸点较低的纯组分，第一个馏分被蒸出后，继续加热，蒸气温度将上升，随后第二个组分又以恒定温度被蒸出。如果混合液中高沸点组分很少，且沸点相差 30℃ 以上，也可以将两者很好地分离。

当沸点相差不大时，要很好地分离就必须采用分馏。如果在蒸馏体系中存在多种不同沸点的组分，则对应于目标蒸馏所需沸点的馏分来说，就存在前馏分（沸点低于所需馏分沸点的液体化合物）和后馏分（沸点高于所需馏分沸点的液体化合物），所以在蒸馏单一液体有机化合物时，一般不需要更换接收瓶，如果在蒸馏多种不同沸点的液体混合物时，需要多个接收瓶，以便收集不同的馏分。

三、试剂与器材

试剂：乙酸正丁酯（分析纯）。

器材：圆底烧瓶，蒸馏头，温度计，温度计套管，直形冷凝管，接收管，沸石，电热套，简单蒸馏装置（见图 2-4）。

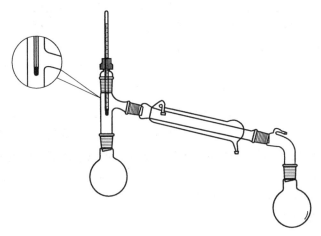

图 2-4 简单蒸馏装置

四、实验步骤

简单蒸馏装置是由圆底烧瓶、蒸馏头、温度计、冷凝管、接收管和接收容器组成的。圆底烧瓶的大小根据所蒸馏液体的量决定，一般不超过圆底烧瓶容积的 2/3，也不要少于 1/3。如果装入的液体量过多，在沸腾时溶液雾滴有被蒸气带到接收系统的可能；同时，沸腾强烈时，液体可能冲出，混入馏出液中。如果装入的液体量太少，在蒸馏时就会有较多的液体残留在烧瓶中蒸不出来。温度计的选择一般应比液体的沸点高，但不宜高出太多，以免降低测温精度。温度计水银球的上限应与蒸馏头侧管的下限在同一水平线上。冷凝管一般选用直形冷凝管（蒸馏对象沸点低于 140℃）或空气冷凝管（蒸馏对象高于 140℃）。接收容器可用合适容量的小口锥形瓶或圆底烧瓶。冷凝水采取下进上出的方式，以使冷凝水充满直形冷凝管的夹套中，提高冷凝效果。每次蒸馏前至少准备 2 个已经称量的洁净干燥的接收容器，以备接收不同的馏分。

蒸馏装置的安装顺序一般是按照蒸馏液体化合物的流向过程从前往后、自下而上进行安装，各个玻璃仪器的接口必须塞紧，以防漏气。玻璃仪器必须用烧瓶夹或冷凝管夹固定，以免在蒸馏操作过程中松脱、掉落，造成危险。实验结束后装置拆除顺序与安装顺序相反，从后往前，从上到下。整套蒸馏装置搭置完毕后，应做到"横平竖直"，即左右在一个平面内，上下竖直一条线，总体做到稳妥端正。

① 在 50mL 圆底烧瓶中通过玻璃漏斗小心加入 20mL 乙酸正丁酯，再加入 3 粒沸石，安装好蒸馏装置，插好温度计，接好冷凝水管。

② 开启电热套进行加热，通入冷凝水，调节冷凝水的流量适中。

③ 注意观察烧瓶中液体的变化情况和温度计读数的变化。

④ 当烧瓶内液体开始沸腾时，蒸气前沿（蒸气环）逐渐上升，待接近温度计时，温度计读数急剧上升，这时应调节加热速率，控制使温度计水银球上的液滴和蒸气达到平衡，并使馏出的液滴以每秒 1～2 滴为宜，当温度计达 124℃时，换一个已称重的洁净锥形瓶作接收瓶，收集 124～127℃馏分。

⑤ 当烧瓶中仅剩下少量液体（约 0.5～1mL）时，即可停止蒸馏，不要将烧瓶内液体蒸干。

⑥ 蒸馏完毕，先切断加热电源，关闭冷凝水。待烧瓶冷却后，拆除蒸馏装置。

⑦ 称量所收集馏分的质量，记录实际蒸馏时的沸点或沸程，计算回收率。

五、安全提示及注意事项

1. 一般在简单蒸馏时，为了防止烧瓶中的液体暴沸，必须加入沸石，如果在加热后发现忘记加沸石，应将液体稍冷后再补加，切忌将沸石直接加到已受热接近沸腾的液体中，因为这时液体会突然放出大量蒸气而使液体大量从烧瓶中喷出，造成损失和危险。如果中途停止加热，重新加热前也需补加沸石，因为这时沸石内部孔隙已经吸附了冷却的液体，失去了形成汽化中心的功能。

2. 蒸馏时的冷凝水量应加以控制，一方面要达到能够使被蒸馏液体冷凝成液体流出，另一方面也应考虑节水。通常液体化合物沸点较低（如低于 60℃），冷凝水量需略大，以利于充分冷却；如果液体沸点在 100℃左右，冷凝水可控制在中等大小；如果液体沸点在接近 140℃时，冷凝水量要小，能使冷凝管中的气雾冷凝成液体即可；液体沸点超过 140℃时，为了防止冷凝管接头处因温差大而造成爆裂，应改用空气冷凝管或不通冷凝水进行空气冷凝。

3. 当所需馏分蒸出后，温度计读数会显著下降，即使这时瓶中剩余的少量液体是所需化合物时，也不能蒸干，尤其是蒸馏硝基化合物以及容易产生过氧化物的液体时，严禁蒸干，以免发生烧瓶破裂、爆炸等意外事故。

六、思考题

1. 什么叫沸点？液体的沸点和大气压有什么关系？

2. 蒸馏时为什么烧瓶中液体不应超过烧瓶容积的 2/3？

3. 沸石是一种什么物质？蒸馏时加入沸石的作用是什么？蒸馏时加入沸石必须注意什么？

4. 蒸馏时，温度计应该放在什么位置？过高、过低对蒸馏结果有什么影响？

5. 蒸馏时为什么最好控制馏出液的速度为每秒 1～2 滴。

实验二 乙醇–水溶液的分馏及乙醇溶液浓度的测定

一、实验目的

1. 了解分馏的原理及应用。

2. 掌握简单分馏的操作方法。

3. 利用酒精密度计测定乙醇-水溶液中乙醇的含量。

二、实验原理

蒸馏和分馏是分离、提纯液体有机物最重要最常用的方法之一。简单蒸馏主要用于分离两种以上沸点相差较大的液体混合物，而分馏可分离和提纯沸点相差较小的液体混合物。

简单蒸馏一般只能对沸点差异较大（至少要相差30℃）的液体混合物进行有效的分离，要用普通蒸馏分离沸点相差较小的液体混合物，从理论上讲，只要对蒸馏的馏出液经过多次的反复蒸馏，就可以达到分离目的。但这样操作既繁琐、费时，又浪费较大，而用分馏则能克服这些缺点，提高分离效果。

分馏操作是使沸腾的混合物蒸气通过分馏柱，在柱内蒸气中高沸点组分被柱外冷空气冷凝变成液体，流回到烧瓶中，使继续上升的蒸气中低沸点组分含量相对增加，冷凝液在回流途中与上升的蒸气进行热量和质量的交换。上升的蒸气中，高沸点组分又被冷凝下来，低沸点组分继续上升，在柱中如此反复地汽化、冷凝，当分馏柱效率足够高时首先从柱顶出来的是纯度较高的低沸点组分，随着温度的升高，后蒸出来的主要是高沸点组分，留在蒸馏烧瓶中的是一些不易挥发的物质。

分馏柱的种类很多，但其作用都是提供一个从蒸馏烧瓶通向冷凝管的垂直通道，这一通道要比常压蒸馏长得多，为了使气液两相充分接触，常用的方法是在柱内填充上惰性材料，以增加表面积。填料包括玻璃、陶瓷或螺旋形、马鞍形等各种形状的金属小片。当分馏少量液体时，也可使用不加填充物，但柱内有许多"锯齿形"的分馏柱，称为韦氏分馏柱，也叫刺形分馏柱。其特点是简单，沾附的液体少，但缺点是较同样长度的填充柱的分馏效率低。

分馏原理也可通过二元混合物的沸点-组成的汽液相图来说明（见图2-5），图中表示在同一温度下，与沸腾液体相平衡时的蒸汽的组成。例如某混合物在90℃沸腾，其液体含化合物A 58%（摩尔分数）、化合物B 42%（摩尔分数），见图中C_1，而与其相平衡的蒸汽相含A 78%（摩尔分数）、B 22%（摩尔分数），见图中V_1，该蒸汽冷凝后为C_2，而

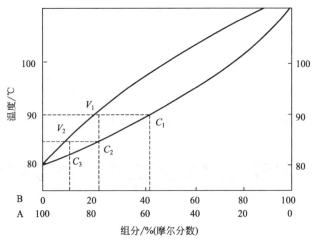

图2-5　二元混合物的沸点-组成的汽液相图

与 C_2 相平衡的蒸汽相 V_2，其组成为 A 90％（摩尔分数）、B 为 10％（摩尔分数）。由此可见，在任何温度下汽相总是比与之相平衡的沸腾液相有更多的易挥发组分，若将 C_2 继续多次汽化、多次冷凝，最后可将 A 和 B 分开。但必须指出，凡能形成共沸组成的混合物具有固定沸点，这样的混合物不能用分馏方法分离。

影响分馏效率的因素主要有理论塔板和回流比。

（1）理论塔板

分馏柱中的混合物经过一次汽化和冷凝的热力学平衡过程，相当于一次简单蒸馏所达到的理论浓缩效率，当分馏柱达到这一浓缩效率时，那么分馏柱就具有一块理论塔板，柱的理论塔板数越多，分离效果就越好。其次，还要考虑理论塔板层的高度，在高度相同的分馏柱内，理论塔板层高度越小，则柱的分离效率也越高。一般来说，分馏柱越高，分馏效果越好。但是如果分馏柱过高，则会影响馏出速度和增加耗能。

（2）回流比

在单位时间内，由柱顶冷凝返回柱中液体的量与蒸出物的量之比称为回流比。若全回流中，每 10 滴收集 1 滴馏出液，则回流比为 9∶1。回流比的大小可根据物料系统和具体操作情况而定，一般回流比控制在 4∶1，即冷凝液流回烧瓶为每秒 4 滴，柱顶馏出液为每秒 1 滴。

另外，在分馏过程中，为了始终保证分馏柱中具有一定的温度和维持温度平衡，需要在分馏柱外面包裹上一定的保温材料。

三、仪器与试剂

试剂：60％乙醇水溶液。

器材：圆底烧瓶，刺形分馏柱，温度计，温度计套管，直形冷凝管，接收管，沸石，电热套，酒精密度计，分馏装置（如图 2-6 所示）。

四、实验步骤

1. 将 100mL 浓度为 60％的乙醇水溶液倒入 250mL 圆底烧瓶中，加入 3 粒沸石，安装好分馏装置，加热方式采用加热套，分馏柱上包上石棉绳保温。

2. 打开冷凝水，开启电热套电源开关，加热圆底烧瓶，至瓶内溶液沸腾，蒸汽慢慢升入分馏柱，此时要严格控制加热温度，使蒸汽缓慢上升到柱顶。

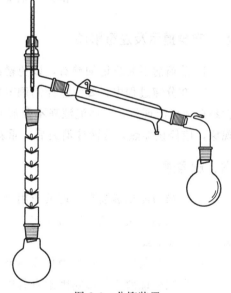

图 2-6　分馏装置

3. 蒸气温度为 78～80℃，此时有蒸汽进入冷凝管，经过冷凝后成液体馏入接收容器，收集馏出液，并保持馏出液的速度为每秒 1～2 滴。

4. 在外界条件不变时，当蒸汽温度经过一个恒定的阶段后开始持续下降，可停止加热，所得馏出液约为 50～60mL。

5. 用酒精密度计测定馏出液的质量百分含量。酒精密度计测定酒精溶液的含量方法：将蒸馏出的乙醇注入装有酒精比重计的干燥量筒或大试管中，加到酒精在量筒或试管中自然浮起（溶液体积大约为 50mL），待静止后（见图 2-7），读取乙醇含量。乙醇含量和密度的关系可参见附录三。

　　6.记录馏出液的馏出温度范围、质量分数、馏出液体积。

　　7.馏出液倒入回收瓶回收，烧瓶中残留液加水稀释冷却，倒入废液桶。

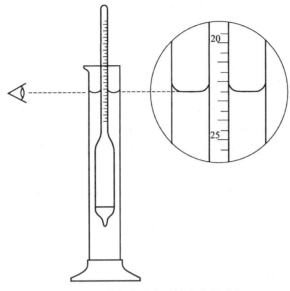

图 2-7　酒精密度计在量筒中自然浮起

五、安全提示及注意事项

　　1.蒸馏前不要忘记加沸石，以免暴沸，造成损失和危险。

　　2.在分馏过程中，要注意控制调节加热温度，使馏出速度适中。如果馏出速度太快，就易造成液泛现象，即回流液来不及流回烧瓶，并逐渐在分馏柱中形成液柱。若出现这种现象，应停止加热，待液柱消失后，重新加热，使汽液达到平衡，再恢复收集馏分。

六、思考题

　　1.分馏与简单蒸馏在原理及应用上有何不同？

　　2.若加热太快，馏出液的馏速超过每秒1～2滴，用分馏法分离两种液体的能力会显著下降，为什么？

　　3.什么是共沸混合物？为什么不能用分馏法分离共沸混合物？

　　4.影响分馏效率的影响因素有哪些？

　　5.可否用反复分馏得到 100% 的乙醇？为什么？可采用什么方法制取 100% 的无水乙醇？

实验三　苯甲酸乙酯的减压蒸馏

一、实验目的

　　1.了解减压蒸馏的原理和应用。

2. 掌握减压蒸馏仪器的安装和操作方法。

二、实验原理

高沸点有机化合物或在常压下蒸馏易发生分解、氧化或聚合的有机化合物，常可采用减压蒸馏进行分离、提纯。

液体的沸点随外界压力的变化而变化，若系统的压力降低了，则液体的沸点温度也随之降低，要了解物质在不同压力下的沸点，可从有关文献中查阅压力-温度关系图或计算表，也可依照化合物的沸点与压力之间的函数关系按照下面公式估算，求出在给定压力下沸点的近似值：

$$\lg p = A + \frac{B}{T} \tag{2-2}$$

式中，p 为系统压力；T 为沸点（热力学温度）；A、B 为常数。以 $\lg p$ 为纵坐标，$1/T$ 为横坐标作图，可以近似得到一条直线。因此可从两组已知的压力和温度数据算出 A 和 B 的数值，再将所选择的压力代入上式计算出液体的沸点。

但实际上，许多物质的沸点变化并不符合上述公式，可从下面的经验曲线图 2-8 中近似地推算其在不同压力下的近似沸点。

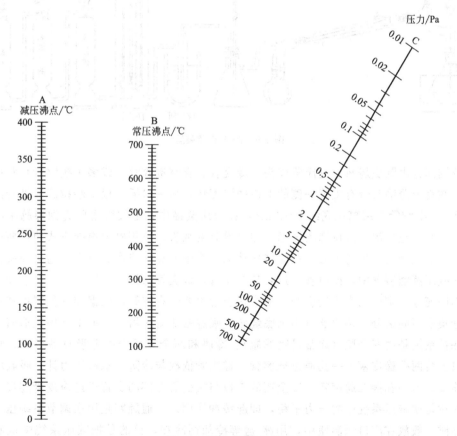

图 2-8 压力-温度直线图

如苯甲酸乙酯在常压下的沸点为 213℃，需要知道其在 2.666kPa（20mmHg）压力下的沸点，可在图 2-8 中的 B 线上找出相当于 213℃ 的点，将此点与 C 线上 2.666kPa 处的点连成一直线，此直线延长与 A 线相交，此交点即为该化合物在 2.666kPa 时的沸点，约为 100℃。

沸点和压力之间通常有一些经验规律。

① 压力降低到 2.67kPa（20mmHg），大多数有机物的沸点比常压（0.1MPa，760mmHg）沸点低 100～120℃。

② 压力在 1.33～3.33kPa（10～25mmHg）之间，大致压力每相差 0.133kPa（1mmHg），沸点约相差 1℃。

③ 压力在 3.33kPa（25mmHg）以下，压力每降低一半，沸点下降约 10℃。

三、试剂与器材

试剂：苯甲酸乙酯（20mL）。

器材：减压蒸馏装置由蒸馏、抽气、测压和保护四部分组成，见图 2-9。

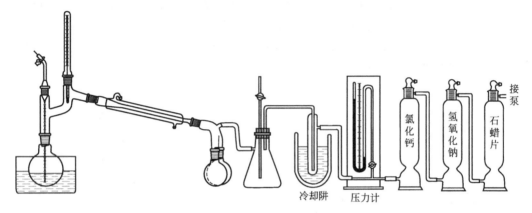

图 2-9　减压蒸馏装置

蒸馏部分由圆底烧瓶、克氏蒸馏头、冷凝管、真空接收管（或多头接收管）和接收器组成。在克氏蒸馏头带有支管一侧的上口插温度计，另一口插一根末端拉成毛细管的厚壁玻璃管 1，毛细管下端离瓶底约 1～2mm，在减压蒸馏中，毛细管主要起到沸腾中心、搅动作用，并防止暴沸，保持沸腾平稳。如果没有毛细管，可用磁力搅拌方式使烧瓶中的液体旋动，形成稳定的沸腾中心，这时减压蒸馏装置中的克氏蒸馏头可用普通蒸馏头代替。

在减压蒸馏装置中，接引管一定要带有支管，该支管与抽气系统连接，在蒸馏中若要收集不同馏分，则可用多头接引管。多头接引管也要带有支管，根据馏程范围可转动多头接引管集取不同馏分。接收器可用圆底烧瓶、吸滤瓶等耐压器皿，但不能用锥形瓶。

保护系统是由安全瓶（通常是吸滤瓶）、冷阱和两个或两个以上吸收塔组成。吸滤瓶的瓶口上装两孔橡皮塞，一孔通过玻璃管、橡皮管依次与冷阱、水银压力计、吸收塔和油泵相连接，另一孔接二通旋塞。安全瓶的支口与接引管上部的支管通过橡皮管连接。安全瓶的作用是使减压系统中的压力平稳，即起缓冲作用。二通旋塞是用来调节系统压力和放空。冷阱一般放在广口保温瓶中，用冰-盐等冷却剂冷却，目的是把减压系统中低沸点有机溶剂充分冷凝下来，以保护油泵。泵前装有两个或三个吸收塔，吸收塔内吸收剂的种类常由蒸馏液体的性质而定。一般有无水氯化钙、固体氢氧化钠、粒状活性炭、石蜡片和分子筛等。其目的是吸收酸性气体、水蒸气和有机蒸气。若用水泵减压，则不需要吸收装置。

测量减压系统的压力可用水银压力计。一般有一端封闭的封闭式 U 形压力计和开口式压力计，见图 2-10。压力计的使用：开口 U 形压力计，一端接在安全瓶或冷阱上，另一端通大气，当减压系统压力稳定时，先读下两臂水银柱高度之差（注意 1mmHg＝133.322Pa），然后用实测的大气压力减去该差值，即为系统的压力或真空度。封闭式 U 形压力计其两水银柱差即为系统的压力，也可用数字式真空压力计测压，表上有两挡可选读数拨钮，分别对应 mmHg 或 kPa 读数，两个读数可相互切换，表上显示的读数为负值，将大气压和表上读数相加，就得到了系统的压力。

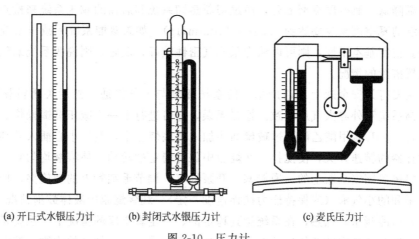

(a) 开口式水银压力计　　(b) 封闭式水银压力计　　(c) 麦氏压力计

图 2-10　压力计

虽然水银压力计测量系统压力精确度高，操作简单，但是由于需要灌装水银，操作要求高，而且水银蒸气有毒，一旦操作不慎，容易造成玻璃管破损，引起水银泄漏，增加实验室安全隐患。因此目前实验室在测定系统压力时，经常采用数字式压力计或数字式真空测压仪来测量系统的压力。

图 2-11 所示为一种典型的数字式真空测压仪，它可取代水银 U 形管压力计，无汞污染，从而可以消除汞蒸气的污染，增加实验的安全性。同时在实验时读取数据更方便、直观，操作更容易。

数字式真空测压仪测定时读出的数据为系统的真空度，仪器可以适用两种单位，即mmHg 或 kPa，视具体使用情况而定。系统压力可由下式计算：

图 2-11　数字式真空测压仪

系统压力＝实验时的大气压值＋真空度值

因仪器读出的真空度为负值，即真空度是一种负压状态，因此计算时注意正、负号。

抽气减压，实验室常用水泵或油泵减压。水泵因结构、水压和水温等因素，不易得到较高的真空度。油泵可得到较高的真空度，好的可抽真空至 13.3Pa。油泵结构较为精密，如果有挥发性的有机溶剂、水或酸性蒸汽进入，会损坏油泵的机械结构和降低真空泵油的质量。如果有机溶剂被油吸收，则增加了蒸气压而降低了抽真空的效能；若水蒸气被吸入，会使油乳化，使泵油品质变坏；酸性蒸汽的吸入能腐蚀机械，因此使用油泵时必须十分注意。

四、实验步骤

有机化学实验室进行减压蒸馏通常有两种方式：普通减压蒸馏和旋转蒸发仪。

1. 普通减压蒸馏操作

（1）按照减压蒸馏装置要求安装好减压装置，蒸馏部分磨口连接要紧密配合，也可在装置的各个磨口处适当地涂一点真空脂。

（2）检查系统气密性，慢慢关闭安全瓶二通旋塞，打开油泵电源开关，抽气，这时系统压力逐渐降低，真空度逐渐上升，通过切断蒸馏系统和后面的减压系统来检查装置的气密性，系统的真空度至少要达到1.3kPa（10mmHg）。如果蒸馏系统和减压系统在接通和切断之间真空度基本不变，则可以认为系统气密性较好；反之，则说明系统漏气，需要重新检查装置搭置的情况。

（3）慢慢打开安全瓶上二通旋塞，使系统逐渐与大气接通，然后关闭机械真空泵电源，使蒸馏系统和外界大气压一致。检漏无误，方可进行下一步减压蒸馏操作。

（4）将20mL苯甲酸乙酯通过玻璃漏斗加入圆底烧瓶中，然后小心插入毛细管（或开启磁力搅拌器的转速开关，使搅拌子在烧瓶中保持稳定的转动，使溶液均匀）。

（5）慢慢关闭安全瓶上的二通旋塞，开泵抽气，调节毛细管上的螺旋夹，使液体中产生连续而平和的小气泡（或保持磁力搅拌速度一定）。观察烧瓶中液体鼓泡情况是否正常。

（6）开启冷凝水，加热，在系统达到稳定的、一定真空度的情况下，系统基本维持一定的压力，这时烧瓶中的液体达到在此压力情况下的沸点，液体开始沸腾，控制馏出液馏速为每秒1～2滴，记下这时的真空计和温度计读数。在蒸馏过程中，密切注意系统压力数据的变化和温度计的读数，如有变化及时记录。

（7）待烧瓶中液体还剩1～2mL时，停止蒸馏。蒸馏结束后，一定要先移去热源，旋开毛细管上端的螺旋夹子（或关闭搅拌速度旋钮），再慢慢打开安全瓶上的旋塞，使水银压力计恢复原状，再关闭真空泵，切断冷凝水。等烧瓶冷却后再拆卸实验装置。用数字式真空压力计测压时，将压力计与蒸馏系统断开后，再开泵抽1～3min，即用空气置换压力表中的有机物气氛，可使压力计的使用寿命延长。

（8）对照苯甲酸乙酯在不同压力下的沸点数据（见表2-1），作苯甲酸乙酯的压力-沸点关系图，在图上标示出实验点，并与理论沸点值比较相对误差的大小。

表2-1 苯甲酸乙酯压力与沸点的关系

压力	mmHg	1	5	10	20	40	60	100	200	400	760
	kPa	0.133	0.66	1.33	2.66	5.33	7.99	13.3	26.6	53.3	101.1
沸点		44.0	72.0	86.0	101.4	118.2	129.0	143.0	164.8	188.4	213.4

2. 旋转蒸发仪

在有机化学实验中，常常遇到的情况是需要蒸除大量的溶剂，这是一项繁琐费时的工作。遇到这种情况，可以采用旋转蒸发仪来解决这个问题。图2-12所示为旋转蒸发仪装置。

旋转蒸发仪是由电机带动可旋转的蒸发瓶、冷凝器和收集瓶组成，可在减压下使用。用热浴（通常是水浴）加热蒸发瓶，由于蒸发瓶在不断旋转，溶液在旋转过程中不断附着于瓶壁形成薄膜，蒸发面积增大，在减压条件下极易蒸发，而且因为蒸发瓶在不断旋转，所以不加入沸石也不会产生暴沸现象。

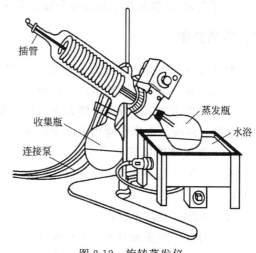

图 2-12　旋转蒸发仪

使用旋转蒸发仪时，首先应将所有仪器连接并固定好，容易松脱滑落的如蒸发瓶和收集瓶应用特殊的夹子夹住。在冷凝器中通入冷凝水，然后打开减压的油泵或水泵，关闭旋转蒸发仪上的放气旋塞，使系统压力降低。将装有蒸馏液的蒸发瓶浸入热浴中，打开电机开关，使蒸发瓶旋转，加热热浴，使蒸馏液达到一定温度时沸腾蒸发，经冷凝器冷凝进入收集瓶。热浴温度根据被蒸溶剂在系统压力下的沸点确定，温度不宜太高，蒸发瓶旋转速度不宜过快，以免造成冲液等现象。蒸馏结束，先关闭电机，调节蒸发瓶离开热浴，再解除真空，最后拆下蒸发瓶，切断冷凝水，回收收集瓶中的溶剂。

五、安全提示及注意事项

1. 在减压蒸馏前，安全瓶二通旋塞处于打开状态，以使系统和外界大气平衡；减压蒸馏结束时，也要先缓慢打开安全瓶的二通旋塞，否则会因为系统压力的急剧变化，水银压力计中的水银柱急速起落，有冲破玻璃的危险。

2. 减压蒸馏的操作要点是"开始时先调压，再加热"，"结束时先冷却，再放气，后关泵"。

3. 使用旋转蒸发仪时，要按照旋转蒸发仪使用说明书要求进行操作，蒸发瓶位置升降调节必须缓慢小心，防止意外发生。

六、思考题

1. 什么是减压蒸馏？有什么实际意义？

2. 如何检查减压系统的气密性？

3. 油泵减压和水泵减压时是否都需要吸收保护装置？为什么？

4. 开始减压蒸馏时，为什么先抽气再加热？而结束时为什么先停止加热，再关泵？顺序能否颠倒？为什么？

5. 采用同样大小的烧瓶，为什么采用旋转蒸发仪时蒸发面积显著大于普通减压蒸馏？

实验四　苯甲酸乙酯的水蒸气蒸馏及液–液萃取

一、实验目的

1. 了解水蒸气蒸馏的原理及应用。

2. 掌握水蒸气蒸馏装置和操作方法。

3. 了解液-液萃取基本原理和分液漏斗的使用和保养方法。

二、实验原理

水蒸气蒸馏是有机化合物分离提纯常用的一种方法，特别对天然植物中有机物的提取，它主要用于与水互不相溶，不反应，并且具有一定挥发性的有机物的分离。萃取（洗涤）也是实验室常用的分离提纯方法，按照萃取相的不同，可分为液液萃取、液固萃取和气液萃取，液液萃取操作常用分液漏斗进行。

1. 水蒸气蒸馏原理

水蒸气蒸馏是分离和提纯有机化合物的常用方法，但被提纯的物质必须具备以下条件：

（1）不溶或难溶于水；

（2）与水一起沸腾时不发生化学变化；

（3）在 100℃ 左右该物质蒸气压至少在 10mmHg（1.33kPa）以上。

在难溶或不溶于水的有机物中通入水蒸气或与水共热，使有机物和水一起蒸出，这种操作称为水蒸气蒸馏。根据分压定律，这时混合物的蒸气压应该是各组分蒸气压之和，即：

$$p_{总} = p_{H_2O} + p_A \tag{2-3}$$

式中，$p_{总}$ 是混合物总蒸气压；p_{H_2O} 为水的蒸气压；p_A 为不溶或难溶于水的有机物的蒸气压。

当 $p_{总}$ 等于 101.325kPa 时，该混合物开始沸腾。显然，混合物的沸点低于任何一个组分的沸点，即该有机物在比其正常沸点低得多的温度下，可被蒸馏出来。馏出液中有机物的质量 w_A 与水的质量 w_{H_2O} 之比，应等于两者的分压 p_A、p_{H_2O} 与各自相对分子质量 M_A 和 M_{H_2O} 乘积之比。

$$\frac{m_A}{m_{H_2O}} = \frac{p_A M_A}{p_{H_2O} M_{H_2O}} \tag{2-4}$$

2. 液-液萃取原理

萃取和洗涤是分离和提纯有机化合物的常用操作。它们的基本原理都是利用物质在互不相溶（或微溶）的溶剂中溶解度不同而达到分离。萃取是从液体或固体化合物中提取所需物质，洗涤是从混合物中提取出不需要的少量杂质，所以洗涤实际上也是一种萃取。

液-液萃取是以分配定律为基础，在一定温度、一定压力下一种物质在两种互不相溶的溶剂 A、B 中的分配浓度之比是一个常数 K，即分配系数：

$$K = \frac{c_A}{c_B} \tag{2-5}$$

式中，c_A、c_B 分别为每毫升溶剂中所含溶质的质量，g，应用分配定律可以计算出每次萃取后被萃取物质在原溶液中的剩余量。

对某一化合物而言，当 $c_B > c_A$，其 K 值恒小于 1。如果用溶剂 B 对其萃取时，该化合物的绝大部分将进入萃取剂中，而分配系数较大的化合物则仍留在原溶液中，于是可以将它们分开。在温度恒定时，萃取效率的高低取决于被萃取物的分配系数、萃取溶剂的体积和萃取次数等。设有体积为 V 的水溶液，其中含有某有机溶质 m_0，每次用体积为 S 的有机溶剂萃取，经第一次萃取后，残留在水溶液中的溶质的质量为 m_1，根据分配系数的定义，第一次萃取后：

$$\frac{\dfrac{m_1}{V}}{\dfrac{m_0-m_2}{S}}=K \tag{2-6}$$

所以：

$$m_1=m_0\left(\frac{KV}{KV+S}\right) \tag{2-7}$$

第二次萃取后，原溶液中的残留溶质的质量为 m_2，则：

$$\frac{\dfrac{m_2}{V}}{\dfrac{m_1-m_2}{S}}=K \tag{2-8}$$

$$m_2=m_1\left(\frac{KV}{KV+S}\right)=m_0\left(\frac{KV}{KV+S}\right)^2 \tag{2-9}$$

萃取 n 次以后，原溶液中的溶质残留量为 m_n，则：

$$m_n=m_0\left(\frac{KV}{KV+S}\right)^n \tag{2-10}$$

由上可见，每次萃取的溶剂量 V 越大，重复的次数越多，残留在原溶液中的溶质量越少。但是式中 n 对 m_0 的影响比 V 大得多，所以在溶剂总量一定时，采用少量多次的萃取方法，效果要比一次性萃取好得多。所以用相同量的溶剂分 n 次萃取比一次萃取好，即少量多次萃取效率高。但并非是萃取次数越多越好，一般综合考虑以萃取三次为宜。

此外，萃取效率还与萃取剂的性质有关。选择的萃取剂要求：与原溶剂不相混溶，对被提取物质溶解度大、纯度高、沸点低、毒性小、价格低。

萃取方法用得最多的是从水溶液萃取有机物，常用的萃取剂有：乙醚、苯、四氯化碳、氯仿、石油醚、二氯甲烷、正丁醇、乙酸酯等。洗涤常用于在有机物中除去少量酸、碱等杂质，这类萃取剂一般用 5％氢氧化钠溶液、5％或 10％碳酸钠或碳酸氢钠溶液、稀盐酸、稀硫酸等。酸性萃取剂主要是除去有机溶剂中的碱性杂质，碱性萃取剂主要是除去混合物中的酸性杂质，总之是使这些杂质成盐溶于水而被分离。

萃取和洗涤常在分液漏斗中进行，选用分液漏斗的容积一般要比液体的体积大一倍以上。分液漏斗使用前必须检查塞子和旋塞，确定不漏水时方能使用。将漏斗放置在固定于铁架的铁圈中，关闭旋塞，将被萃取液或需洗涤溶液倒入分液漏斗中，加入萃取剂（一般为溶液的 1/3），塞紧塞子，取下漏斗，右手握住漏斗口颈，并用手掌顶住塞子；左手握在漏斗旋塞处，用拇指压紧旋塞，把漏斗放平，前后小心振荡（见图 2-13）。开始振荡要慢，振荡几次后把漏斗倾斜，使下口向上倾斜，开启旋塞放气，重复几次上述操作直至无气体释放出。将漏斗置于铁圈中，静置分层。打开塞子，下层液体由下口放出，上层液体从上口倒出。

三、试剂与器材

试剂：粗苯甲酸乙酯 10mL，无水氯化钙。

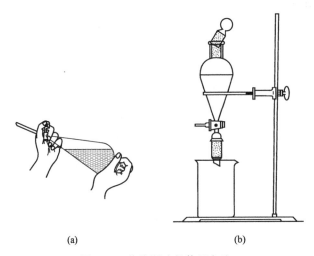

<table>
<tr><td>(a)</td><td>(b)</td></tr>
</table>

图 2-13　分液漏斗的使用方法

　　器材：分液漏斗，量筒，锥形瓶，水蒸气蒸馏装置（由水蒸气发生器和简易蒸馏装置两部分有机组合而成，见图 2-14）。

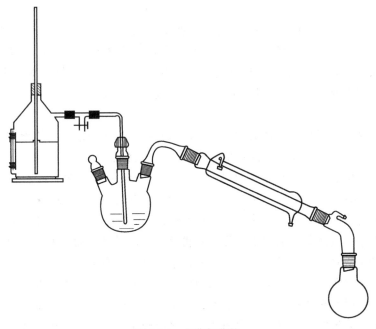

图 2-14　水蒸气蒸馏

四、实验步骤

　　1. 在水蒸气发生器中注入其容积 1/2 左右的水，加 10mL 粗苯甲酸乙酯于三口烧瓶中，按水蒸气蒸馏装置安装好实验装置。打开 T 形管上的夹子。

　　2. 加热水蒸气发生器使水沸腾。待 T 形管上有蒸汽冲出时，开启冷凝水，将 T 形管夹子关闭，让蒸汽通入三口烧瓶中，三口烧瓶中的苯甲酸乙酯溶液由于水蒸气的导入，搅拌开始变得浑浊，不久即有浑浊的苯甲酸乙酯和水混合液通过冷凝管流入接收器，调节馏出速度为每秒 2～3 滴。

3. 三口烧瓶中的溶液随着蒸馏的进行，逐渐从浑浊变得澄清，待馏出液透明澄清时，可停止蒸馏。先打开 T 形管上的夹子，再停止加热。

4. 分液漏斗在使用前要检漏，旋塞处必须均匀涂抹一层凡士林，以保持旋转润滑，但切忌将旋塞口堵上。静置分层时需用铁圈固定在铁架台上。

5. 将馏出液转入分液漏斗中，静置分层，分出有机相，置于小锥形瓶中，加适量干燥剂无水氯化钙至透明，用三角漏斗滤去干燥剂，用量筒量取体积。计算回收率后将馏出物倒入指定的回收瓶中。

五、安全提示及注意事项

1. 水蒸气发生器的水量不要太多，一般在 1/2 左右，太少，实验过程中可能会蒸干；太多，加热产生蒸气时间太长，影响实验效率。

2. 因为水蒸气温度较高，在操作 T 形管夹子时，最好戴上纱手套，便于操作和防止烫伤。

3. 当分液操作时，处理的液体混合物具有刺激性和毒性时，必须在通风橱中进行，并戴好防护眼镜和手套。

4. 使用分液漏斗在放气时，注意下口朝上并对着没有人的地方，以防压力太大，液体冲出造成伤害。

5. 分液漏斗使用后及时清洗，尤其是旋塞处容易粘连，可以拆开清洗并涂好凡士林，缚以橡皮筋，防止掉落。

六、思考题

1. 水蒸气蒸馏分离的原理是什么？有什么实用意义？
2. 安全管和 T 形管各起什么作用？
3. 如何判断水蒸气蒸馏的终点？
4. 停止水蒸气蒸馏时的操作顺序是什么？为什么？
5. 使用分液漏斗应注意些什么？

实验五 折射率测定

一、实验原理

折射率（refractive index）是液体有机化合物的物理常数之一。通过测定折射率可以判断有机化合物的纯度，也可以用来鉴定未知物。

在不同介质中，光的传播速度是不同的，当光从一种介质射入到另一种介质中时，其传播方向会发生改变，这就是光的折射现象（见图 2-15）。根据折射定律，光线自介质 A 射入介质 B 时，其入射角 α 与折射角 β 的正弦之比和两种介质的折射率呈正比：

$$\frac{\sin\alpha}{\sin\beta} = \frac{n_B}{n_A} \tag{2-11}$$

若设定介质 A 为光疏介质，介质 B 为光密介质，则 $n_A < n_B$。也就是说，折射角 β 必

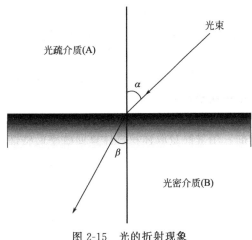

图 2-15　光的折射现象

小于入射角 α。

如果入射角 $\alpha = 90°$，即 $\sin\alpha = 1$，则折射角为最大值（称为临界角，以 β_c 表示）。折射率的测定都是在空气中进行的，但仍可近似地视作在真空状态之中，即 $n_A = 1$。故有：

$$n = \frac{1}{\sin\beta_c} \qquad (2\text{-}12)$$

因此，通过测定临界角 β_c，即可得到介质的折射率 n。通常，折射率采用阿贝折光仪来测定，其工作原理就是基于光的折射现象。

由于入射光的波长、测定温度等因素对物质的折射率有显著影响，因而其测定值通常要标注操作条件。例如，在 20℃ 条件下，以钠光 D 线波长（589.3nm）的光线作入射光所测得的四氯化碳的折射率为 1.4600，记为 $n_D^{20}1.4600$。由于所测数据可读至小数点后四位，精度高，重复性好，因而以折射率作为液态有机物的纯度标准甚至比沸点还要可靠。另外，温度对折射率的影响呈反比关系，通常温度每升高 1℃，折射率将下降 $3.5 \times 10^{-4} \sim 5.5 \times 10^{-4}$。为方便起见，可以用下面的公式通过实测值来计算校正值：

$$n_D^{20} = n_D^{室温} + (t_{室温} - 20) \times 0.0004 \qquad (2\text{-}13)$$

一般认为误差范围在 ±0.0010 内为合格产品，±0.0005 为优质产品。

测定液体化合物折射率常用的仪器是阿贝折光仪，其结构见图 2-16。阿贝折光仪主要组成部分是两块直角棱镜，上面一块是磨砂的棱镜，下面一块是光滑的棱镜。进光棱镜能打开和关闭，当两棱镜座密合并用手轮锁紧时，两棱镜之间保持一均匀的间隙，被测液体应充满此间隙。上面有一目镜，可观察折光情况及刻度盘，其内还安装有消色散棱镜，因此可直接使用白光测定折射率，其测得的数据和用钠光测得的结果相同。

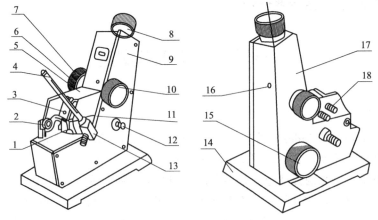

图 2-16　阿贝折光仪结构

1—反射镜；2—转轴；3—遮光板；4—温度计；5—进光棱镜座；6—色散调节手轮；7—色散值刻度圈；
8—目镜；9—盖板；10—手轮；11—折射棱镜座；12—照明刻度盘聚光镜；13—温度计座；
14—底座；15—刻度调节手轮；16—小孔；17—壳体；18—恒温器接头

二、实验方法

有条件的话，可以通过超级恒温槽来控制测试时的温度。如控制在20℃，则测得的读数就是20℃的折射率值。如果标准折射率也是20℃，则可以不需进行温度校正。如果没有超级恒温槽进行控温测定，则测定值需要进行温度校正。

① 将折光仪与恒温槽相连接，装好温度计，控制恒温20℃左右，打开棱镜，上下镜面分别用蘸有少量无水乙醇和乙醚（1:1）混合清洗液（清洗液也可采用丙酮）的擦镜纸擦拭干净，晾干。

② 读数的校正。为保证测定时仪器的准确性，对折光仪读数要进行校正。校正的方法是将2~3滴蒸馏水滴在毛玻璃棱镜面上，合上棱镜，打开遮光板使镜筒内视场明亮，旋转折射率刻度调节手轮，使该度盘读数与蒸馏水的折射率一致，再转动色散调节手轮，使明暗界线清晰，再转动折射率刻度调节手轮使界线恰好通过"×"字交叉点，见图2-17，记下读数与温度，重复两次，将测得蒸馏水的平均折射率与纯水的标准值比较，$（n_D^{20}\ 1.33299）$，可求得仪器的校正值。折射率读数还可用标准折光玻璃块校正。

 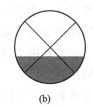 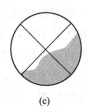 

(a)　　　　　(b)　　　　　(c)　　　　　(d)

图 2-17　测定折射率时目镜中常见的图案

③ 打开折光仪的棱镜，先用擦镜纸蘸清洗液擦净棱镜的镜面，然后加1~2滴待测样品于棱镜面上，合上棱镜。旋转反光镜，让光线入射至棱镜，使两个镜筒视场明亮。再转动棱镜调节旋钮，直至在目镜中可观察到半明半暗的图案。若出现彩色带，可调节消色散棱镜（棱镜微调旋钮），使明暗界线清晰。接着再将明暗分界线调至正好与目镜中的十字交叉中心重合［图2-17(d)］。记录读数，重复2次，取其平均值。测定完毕，打开棱镜，用清洗液擦净镜面，晾干，合上棱镜，将折光仪放回原位。

三、安全提示及注意事项

1. 由于阿贝折光仪设置有消色散棱镜，可使复色光转变为单色光。因此，可直接利用日光测定折射率，所得数据与用钠光时所测得的数据一样。

2. 要注意保护折光仪的棱镜，不可测定强酸或强碱等腐蚀性液体。

3. 测定之前，一定要用擦净纸蘸少许易挥发性溶剂将棱镜擦净，以免其他残留液的存在而影响测定结果。

4. 如果测定易挥发性液体，滴加样品时可由棱镜侧面的小孔加入。

5. 在测定折射率时常见情况如图2-17所示，其中（d）是读取数据时的图案。当遇上（a）即出现色散光带，则需调节棱镜微调旋钮，直至彩色光带消失呈（b）图案，然后再调节棱镜调节旋钮直至呈（d）图案；若遇到（c）图案时，则是由于样品量不足所致，需再添加样品，重新测定。

6. 如果读数镜筒内视场不明，应检查小反光镜是否开启。

实验六　乙酰苯胺的重结晶

一、实验目的

1. 了解重结晶法提纯固体有机物的原理和意义。
2. 掌握重结晶的基本操作法（包括回流、抽滤、热过滤、脱色等）。

二、实验原理

重结晶法是提纯固体有机物的常用方法。固体有机化合物中往往含有各类杂质，从有机反应物或天然有机化合物中要得到纯的固体有机化合物往往需要通过重结晶的方法来实现。

固体有机化合物在溶剂中的溶解度随温度的变化而改变，一般温度升高，溶解度也增加，反之，溶解度也降低。如果把固体有机物溶解在热的溶剂中制成饱和溶液，然后冷却到室温以下，则溶解度降低，原溶液变成过饱和溶液，这时就会有结晶固体析出。利用溶剂对被提纯物质和杂质的溶解度的不同，使杂质在热滤时被除去或冷却后被留在母液中，从而达到提纯固体化合物的目的。重结晶提纯方法主要用于提纯杂质含量小于5％的固体有机化合物，杂质过多会影响结晶速度或妨碍结晶的生长。

重结晶的关键是选择适宜的溶剂。合适的溶剂必须具备以下条件。

① 与被提纯的物质不起化学反应。

② 被提纯物质在热溶剂中溶解度大，冷却时溶解度小，而杂质在冷、热溶剂中的溶解度都较大，杂质始终留在母液中。或者杂质在热溶剂中不溶解，这样在热过滤时也可把杂质除去。

③ 溶剂易挥发，但沸点不宜过低，便于与结晶分离。

④ 价格低、毒性小，易回收，操作安全。

常用的重结晶溶剂及有关性质见表2-2。

表 2-2　常用的重结晶溶剂

溶剂	沸点/℃	冰点/℃	相对密度	与水的混溶性[①]	易燃性[②]
水	100	0	1.0	＋	0
甲醇	64.96	＜0	0.7914[20]	＋	＋
95％乙醇	78.1	＜0	0.804	＋	＋＋＋
冰醋酸	117.9	16.7	1.05	＋	＋
丙酮	56.2	＜0	0.79	＋	＋＋＋
乙醚	34.51	＜0	0.71	－	＋＋＋＋＋
石油醚	30 60	＜0	0.64	－	＋＋
乙酸乙酯	77.06	＜0	0.90	－	＋＋
苯	80.1	5	0.88	－	＋＋＋＋
氯仿	61.7	＜0	1.48	－	0
四氯化碳	76.54	＜0	1.59	－	0

① "＋"表示混溶；"－"表示不混溶。

② "0"表示不燃；"＋"表示易燃；"＋"越多，表示易燃程度越大。

选择溶剂的具体试验方法为：取0.1g结晶固体于试管中，用滴管逐滴加入溶剂，并不断振荡试管，待加入溶剂约为 1mL 时，注意观察是否溶解，若完全溶解或间接加热至沸完全溶解，但冷却无结晶析出，表明该溶剂是不适用的；若此物质完全溶解于 1mL 沸腾的溶剂中，冷却后析出大量结晶，这种溶剂一般认为是合适的；如果试样不溶于或未完全溶于 1mL 沸腾的溶剂中，则可逐步添加溶剂，每次约加 0.5mL，并继续加热至沸，当溶剂总量达 4mL 加热后样品仍未全溶（注意未溶的是否是杂质），表明此溶剂也不适用。若该物质能溶于 4mL 以内热溶剂中，冷却后仍无结晶析出，必要时可用玻璃棒摩擦试管内壁或用冷水冷却，促使结晶析出，若晶体仍不能析出，则此溶剂也是不适合的。

按上述方法对几种溶剂逐一试验、比较，可选出较为理想的重结晶溶剂。当难以选出一种合适的溶剂时，常使用混合溶剂。混合溶剂一般由两种彼此可互溶的溶剂组成，其中一种较易溶解结晶，另一种较难或不能溶解。常用的混合溶剂有：乙醇-水、乙醇-乙醚、乙醇-丙酮、乙醚-石油醚、苯-石油醚等。

为了安全，一般重结晶加热方式采用电热套或油浴。但是如果有机物在水中的溶解度随温度的变化较大，则采用水做溶剂，可以节约有机溶剂，实验装置也可以简化为用烧杯做容器，在石棉网上用煤气灯加热进行。

三、试剂与器材

试剂：粗乙酰苯胺（5g），15％乙醇-水（约 50mL）。

器材：回流冷凝装置和抽滤装置（见图 2-18）。

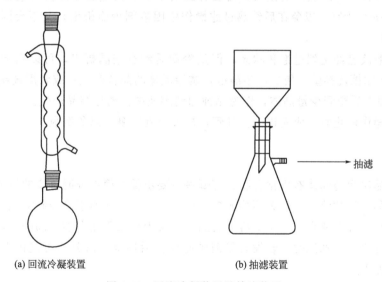

(a) 回流冷凝装置   (b) 抽滤装置

图 2-18　回流冷凝装置及抽滤装置

四、实验步骤

1. 称取 5g 粗乙酰苯胺放入 100mL 圆底烧瓶中，加入 15％的乙醇溶液约 30mL，投入 3 粒沸石，装上回流冷凝管，打开冷却水。

2. 水浴加热，保持乙醇回流，观察固体溶解情况，若烧瓶底部仍有固体或黄色油状物，可从冷凝管上口逐次补加乙醇溶液，每次 5mL，直至固体恰好完全溶解，再过量 5mL。

3. 移去水浴，待反应液稍冷后，取下圆底烧瓶，加入少许活性炭脱色，继续在水浴上加热，保持回流5～10min。

4. 在制备饱和溶液的同时，剪好滤纸并将布氏漏斗和吸滤瓶放在水浴中预热（或放在烘箱中加热）。

5. 按图2-18所示安装好热的抽滤装置。放上滤纸，用热水润湿，抽紧，将热溶液趁热抽滤，并尽快将滤液倒入干净的烧杯中。

6. 滤液自然冷却至室温，晶体析出后，再进行抽滤，用少量水洗涤晶体，挤压晶体抽干。

7. 产品自然晾干或在烘箱中100～105℃烘干，称重，计算收率。

8. 因为乙酰苯胺在水中的溶解度随温度的变化较大（见表2-3），故本实验也可用水做溶剂，回流冷凝装置改用烧杯，在石棉网上用煤气灯进行。

表2-3　乙酰苯胺在水中的溶解度

温度/℃	20	25	50	80	100
溶解度/g·100mL^{-1}	0.46	0.56	0.84	3.45	5.50

五、安全提示与注意事项

1. 加活性炭脱色前要移去热源，待溶液冷却后再加活性炭，切忌在溶液沸腾时加入，以免引起暴沸。

2. 操作过程中为防止溶剂损失，需要补加溶剂，加入量以恰好使溶液形成饱和溶液再过量5～10mL为宜，以免在后续热过滤操作中因溶剂少而析出，又不会因溶剂太多而影响结晶效率。

3. 如果溶液已经达到过饱和状态，但是冷却后没有结晶析出，可以用干净的玻璃棒在溶液液面下摩擦烧杯壁，使之产生静电，诱导晶体的晶核产生；或者用玻璃棒蘸一些溶液，待溶液挥发后得到少量晶体，作为晶种加到溶液中，诱导结晶产生。

4. 抽滤操作停止时，应先拔去抽气管，再关闭真空泵，以免倒吸。

六、思考题

1. 重结晶法提纯固体有机化合物，有哪些主要步骤？简单说明每步的目的。

2. 重结晶所用的溶剂为什么不能太多，也不能太少？如何正确控制溶剂量？

3. 活性炭为什么要在固体全部溶解后加入？又为什么不能在溶液沸腾时加入？

4. 在活性炭脱色抽滤时，若发现母液中有少量活性炭，试分析可能由哪些原因引起的？应如何处理？

5. 停止抽滤后，发现水倒流入吸滤瓶放中（真空泵为水循环式），这是什么原因引起的？

实验七　熔点测定

一、实验原理

在大气压力下，化合物受热由固态转化为液态的温度即该化合物的熔点（melting

point，简记 m. p.）。熔点是固体有机化合物的物理常数之一，通过测定熔点不仅可以鉴别不同的有机化合物，而且还可以判断其纯度。

用提勒熔点测定管测定熔点是实验室中常用的一种测定熔点的方法。此外，还可采用显微熔点仪或数字熔点仪来进行熔点测定。其中，用显微熔点仪测定熔点具有使用样品少、可测高熔点样品、可观察样品在受热过程中的变化等特点。

通常纯的有机化合物都具有确定的熔点，而且从固体初熔到全熔的温度范围（称熔程或熔距）很窄，一般不超过 0.5～1℃。但是，如果样品中含有杂质，就会导致熔点下降、熔距变宽。因此通过测定熔点，观察熔距，可以很方便地鉴定未知物，并判断其纯度。显然，这一性质可用来鉴别两种具有相近或相同熔点的化合物究竟是否为同一化合物。方法十分简单，只要将这两种化合物混合在一起，并观测其熔点。如果熔点下降，而且熔距变宽，那必定是两种性质不同的化合物。需要指出的是，有少数化合物，受热时易发生分解，因此即使其纯度很高，也不具有确定的熔点，而且熔距较宽。

二、实验方法

1. 提勒（Thiele）管法

将干燥过的待测样品置于干燥、洁净的表面皿上，用玻璃塞将其研细。然后用测熔点毛细管开口的一端垂直插入粉末状的样品中，当有些许样品进入毛细管时，将毛细管开口朝上，让毛细管封口端在实验台上轻击几下，样品便落入毛细管底部，如此反复操作几次，然后让毛细管封口端朝下，通过一根直立在表面皿上的长约 50cm 的玻璃管中自由落下，反复操作几下，使毛细管中的样品装得致密均匀。样品高约 2～4mm。然后将装有样品的毛细管用细橡皮圈固定在温度计上，并使毛细管装样部位位于水银球处（见图 2-19）。

将提勒熔点测定管固定在铁架台上，注入导热液（液体石蜡），使导热液液面位于提勒熔点测定管交叉口处。

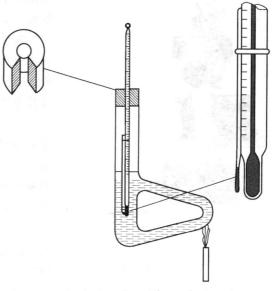

图 2-19 提勒熔点测定管装置

管口配置开有小槽的软木塞或橡皮塞，将带有测熔毛细管的温度计插入其中，使温度计的水银球位于提勒熔点测定管两支管的中间。

粗测时，用煤气灯小火在提勒熔点测定管底部加热，升温速度以 5℃·min^{-1} 为宜。仔细观察温度的变化及样品是否熔化。记录样品熔化时的温度，即得样品的粗测熔点。移去火焰，让导热液温度降至粗测熔点以下约 30℃，即可参考粗测熔点进行精测。

精测时，将温度计从提勒熔点测定管中取出，换上第二根熔点毛细管便可加热测定。初始升温可以快一些，约 5℃·min^{-1}；当温度升至离粗测熔点约 10℃时，要控制升温速度在 1℃·min^{-1} 左右。如果熔点管中的样品出现塌落、湿润，甚至出现小液滴，即表明固体样品开始熔化，记录此时的温度（即初熔温度）。继续缓慢地升温，直至样品全熔，记录全熔（即管中绝大部分固体已熔化，只剩少许即将消失的细少晶体）时的温度。固体熔化过程的现象可参见图 2-20。

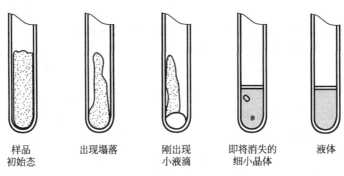

| 样品
初始态 | 出现塌落 | 刚出现
小液滴 | 即将消失的
细小晶体 | 液体 |

图 2-20　固体样品的熔化过程

2. 显微熔点仪法（以 X-4 型为例，见图 2-21）

使用显微熔点仪法测定有机化合物的熔点，毛细管和样品准备同提勒管法。

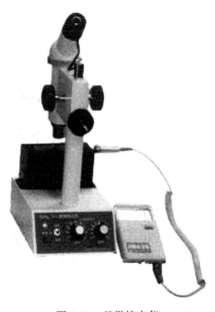

图 2-21　显微熔点仪

显微熔点仪采用热台控制系统和显微镜组合成一体的结构，简单可靠，使用方便。通过目视显微镜来观察物质在加热状态下的形变、色变及物质三态转化等物理变化过程。

在显微熔点仪上采用毛细管法测熔点，尤其对深色样品，如医药中间体、颜料、橡胶促进剂等，能自始至终观察其熔化的全过程。也可用载玻片方法测定物质的熔点、形变、色变等。

显微熔点仪采用 LED 数字显示熔点温度值，也可外接测温探头测试热台温度而显示熔点温度值。升温速率连续可调，建议采用 $1℃·min^{-1}$ 的升温速率测量熔点的温度值。在第一次使用时记录下 $1℃·min^{-1}$ 的升温速率时的波段开关和电位器的编号，则以后用此位置就能得到所要求的升温速率。请注意：①室温的影响，在同样波段开关和电位器的编号下，室温越低，升温速率越慢；②电子元件的影响，因电子元件的老化，升温速率一定时，其电位器的编号会有所变化，只要进行微调即可。编号越大，升温速率越快。

仪器主要技术参数如下。

① 显微镜采用 4 倍物镜，10 倍目镜。

② 测量范围：室温～320℃。

③ 测量精密度：室温～200℃的误差±1℃，200～320℃的误差±2℃。

④ 电源：220V，50Hz，功率：80W。

操作方法：接通电源，开关打到加热位置，从显微镜中观察热台中心光孔是否处于视场中，若左右偏，可左右调节显微镜来解决。前后不居中，可以松动热台两旁的两只螺钉，注意不要拿下来，只要松动就可以了，然后前后推动热台上下居中即可，锁紧两只螺钉。在推动热台时，为了防止热台烫伤手指，把波段开关和电位器扳到编号最小位置，即逆时针旋到底。

升温速率调整，可用秒表式手表来调整。在秒表某一值时，记录下此时的温度值，秒表转一圈（1min）时再记录下温度值。这样连续记录下来，直到达到要求测量的熔点值时，其升温速率为 $1℃·min^{-1}$。太快或太慢可通过粗调和微调旋钮来调节。注意即使粗调和微调旋钮不动，但随着温度的升高，其升温速率也会变慢。

将测温的传感器探头插入热台孔到底即可，若其位置不对，将影响测量的准确度。

要得到准确的熔点值，先用熔点标准物质进行测量标定。求出修正值（修正值＝标准值－所测熔点值），作为测量时的修正依据。注意：标准样品的熔点值应和所要测量的样品熔点值越接近越好。这时，样品的熔点值＝样品实测值＋修正值。

对待测样品要进行干燥处理，或放在干燥缸内进行干燥，粉末要进行研细。

当采用载玻片测量时，建议将盖玻片（薄的一块）放在热台上，放上待测样品粉末，再放上载玻片测量。

在数字温度显示最小一位（如 8 或 7 之间跳动时）时应读为 8.5℃。

先将显微熔点仪控制面板上的开关打到加热状态，粗调旋钮设在 50，微调旋钮设在 4，进行快速升温。

调节显微镜锁紧旋钮和调焦旋钮，使视场中出现如图 2-22 所示的清晰画面。

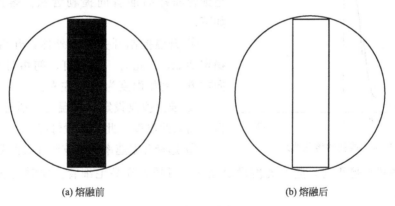

(a) 熔融前　　　　　　　　　　　　(b) 熔融后

图 2-22　显微熔点测定仪所示画面

当温度距理论值约 10℃时，将微调旋钮转到 0，降低升温速率。

当局部有点发亮时，为熔程的初值，当全部熔化发亮时，为熔程的终值。

在重复测量时，开关处于中间关的状态，这时加热停止。自然冷却到比所测样品熔点至少低 10℃时，放入样品，开关打到加热时，即可进行重复测量。为达到快速冷却的目的，也可将开关置于向下，即用风扇强制冷却。

测试完毕，应启动风扇，当热台冷却到室温时，再切断电源，方可完成实验。

3. 数字式熔点仪法（以 WRS-1B 为例，见图 2-23）

工作原理：物质在结晶状态时反射光线，在熔融状态时透射光线。因此，物质在熔化过程中随着温度的升高会产生透光度的跃变。图 2-24 所示为典型的熔化曲线，图中 A 点所对应的温度 T_a 称为初熔点；B 点所对应的温度 T_b 称为终熔点（或全熔点）；AB 称为熔距（即熔化间隔或熔化范围）。

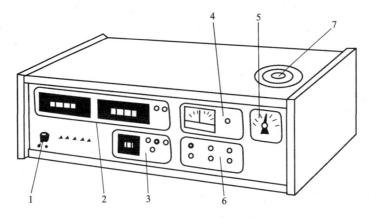

图 2-23　数字熔点仪

1—电源开关；2—温度显示单元；3—起始温度设定单元；4—调零单元；5—速率选择单元；

6—线性升降温控制单元；7—毛细管插口

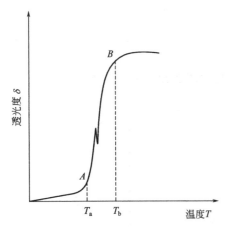

图 2-24　典型的熔化曲线

数字熔点仪采用光电方式自动检测熔化曲线的变化。当温度达到初熔点和终熔点时，显示初熔温度及终熔温度，并保存至检测下一样品。

使用数字式熔点仪测定有机化合物的熔点，毛细管和样品准备同提勒管法。熔点测定步骤如下。

① 升温控制开关扳至外侧，开启电源开关，稳定 20min。此时，保温灯、初熔灯亮，电表偏向右方，初始温度为 50℃左右。

② 通过拨盘设定起始温度，通过起始温度按钮，输入此温度，此时预置灯亮。

③ 选择升温速率，将波段开关扳至需要位置。

④ 当预置灯熄灭时，起始温度设定完毕，可插入样品毛细管。此时电表基本指零，初熔灯熄灭。

⑤ 调零，使电表完全指零。

⑥ 按动升温钮，升温指示灯亮（注意：如忘记插入带有样品的毛细管就按下了升温钮，读数屏将出现随机数提示纠正操作）。

⑦ 数分钟后，初熔灯先闪亮，然后出现终熔读数显示，欲知初熔读数，按初熔钮即得。

⑧ 只要电源未切断，上述读数值将一直保留至测下一个样品。

三、安全提示及注意事项

1. 待测样品一定要经充分干燥后再进行熔点测定，否则含有水分的样品会导致其熔点下降，熔距变宽。另外，样品还应充分研细，装样要致密均匀。因为样品不均匀，颗粒间传热不均，也会使熔距变宽。

2. 导热介质的选择可根据待测物质的熔点而定。若熔点在 95℃以下，可以用水作导热液；若熔点在 95～220℃，可选用液体石蜡油；若熔点温度再高些，可用浓硫酸（250～

270℃），但需注意安全。

3. 向提勒熔点测定管中注入导热液时不要过量，要考虑导热液受热后体积膨胀的因素。另外，用于固定熔点毛细管的橡皮圈尽量不要浸入导热液中，以免溶胀脱落，如果发现橡皮圈较松，不能较好地固定毛细管时，要及时更换橡皮圈。

4. 使用数字式熔点仪测定时，某些样品起始温度高低对熔点测定结果是有影响的。应确定一定的操作规范。建议提前 $3\sim5$min 插入毛细管，如线性升温速率选 $1℃\cdot min^{-1}$，起始温度应比熔点低 $3\sim5℃$，速率选 $3℃\cdot min^{-1}$，起始温度应比熔点低 $9\sim15℃$，一般应以实验确定最佳测试条件。

5. 线性升温速率不同，测定结果也不一致，要求制定一定规范。一般速率越大，读数值越高。各挡速率的熔点读数值可用实验修正值加以统一。未知熔点值的样品，可先快速升温，得到初步熔点范围后再精测。

6. 样品测定后经冷却又会转变为固态，由于结晶条件不同，会产生不同的晶型。同一化合物的不同晶型，它们的熔点常常不一样。因此每次测定熔点都应该使用新装样品的熔点毛细管。

四、思考题

1. 提勒管中的导热液为什么不能加得太多？也不能加得太少？
2. 接近熔点时升温速度为什么要放慢？快了又有什么后果？
3. 有 A、B 两种样品，测定熔点后熔点范围都是 $149\sim150℃$，用什么方法可以判断它们是否为同一物质？

实验八　旋光度测定

一、实验目的

1. 了解旋光仪的构造。
2. 学习使用旋光仪测定物质的旋光度的方法。

二、实验原理

旋光性不是所有化合物都具有的特性，具有旋光性（光学活性）的化合物在一定的条件下都有一定的旋光度，通过测定物质的旋光度，了解其旋光的大小和使偏振光发生左右偏转的特性，理解左旋体和右旋体的概念。

1. 旋光度和比旋光度

具有手性的有机化合物能使偏振光的偏振面发生旋转，这类物质称为旋光性物质。旋光性物质能使偏振光的偏振面向左或向右旋转一定的角度叫做该物质的旋光度。旋光度的大小不仅取决于物质的分子结构，而且还和被测溶液的浓度、温度、光的波长、溶剂、旋光管的长度（液层的厚度）等因素都有关系。因此，常用比旋光度来表示物质的旋光能力。比旋光度和旋光度之间的关系如下：

$$[\alpha]_{\lambda}^{t}=\frac{\alpha}{lc} \tag{2-14}$$

式中，t 为测量时的温度；λ 为光源的波长，通常为钠光，$\lambda=589nm$，用 D 表示；l 为样品管的长度，dm；c 为样品的质量浓度，$g \cdot mL^{-1}$；α 为测得的旋光度。在实验室中一般利用旋光仪来测量物质的旋光度，再进一步计算出比旋光度。比旋光度是物质的特征物理常数，用于旋光物质的鉴定、溶液浓度的测量等。

如果被测样品为液体，可直接测定而不需配成溶液。求算比旋光度时，只要将相对密度（d）代替上式中的浓度值（c）即可：

$$[\alpha]_\lambda^t = \frac{\alpha}{dl}$$

除了比旋光度外，还可用光学纯度、左旋和右旋对映体的百分含量以及对映体过量值（enantiomer excess，缩写为 $e.e.$）等来表示光活性物质的纯度。

若设 S 为旋光异构体混合物中的主要异构体含量，R 为其对映异构体含量，则对映体过量 $e.e.$ 值可用下式计算：

$$e.e. = \frac{S-R}{S+R} \times 100\%$$

若设（-）对映体光学纯度为 $x\%$，则

$$（-）对映体百分含量 = [x+(100-x)/2] \times 100\%$$
$$（+）对映体百分含量 = [(100-x)/2] \times 100\%$$

光学纯度（P）定义为

$$P = \frac{[\alpha]_{D样品}^t}{[\alpha]_{D标准}^t} \times 100\%$$

例如，已知样品（S）-（-）-2-甲基丁醇的相对密度 $d_4^{23}=0.8$，在 20cm 长的盛液管中，其旋光度测定值为 $-8.1°$，且其标样 $[\alpha]_D^{23}=-5.8°$（纯），则有：

$$比旋光度[\alpha]_{D样品}^{23} = \alpha^{23}/(cl) = -8.1°/(2 \times 0.8) = -5.1°$$

$$光学纯度 P = \frac{[\alpha]_{D样品}^{23}}{[\alpha]_{D标准}^{23}} \times 100\% = \frac{-5.1°}{-5.8°} \times 100\% = 88\%$$

$$（-）对映体百分含量 = \left(88 + \frac{100-88}{2}\right) \times 100\% = 94\%$$

$$（+）对映体百分含量 = \frac{100-88}{2} \times 100\% = 6\%$$

$$e.e. = \frac{S-R}{S+R} \times 100\% = \frac{94\% - 6\%}{94\% + 6\%} \times 100\% = 88\%$$

2. 旋光仪的构造和工作原理

旋光仪的构造及工作原理如图 2-25 所示。

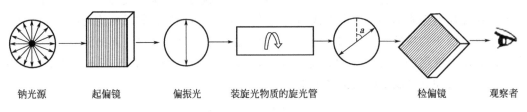

钠光源　　起偏镜　　偏振光　　装旋光物质的旋光管　　检偏镜　　观察者

图 2-25　旋光仪的结构及工作原理

钠光灯为光源，提供测量时的入射光；起偏镜是一个棱镜，其作用是将入射光转变为偏振光；样品管是一个盛放样品的玻璃管；检偏镜和一个刻度盘连在一起，用于检测偏振面旋转的角度和方向。

从光源发出的光线，经过起偏镜变为偏振光，偏光通过样品管，如果其中盛放的液体为非旋光性物质，偏振面没有发生改变，偏光可以直接通过检偏镜，这时在目镜中看到明暗一致的视场，刻度盘上的读数为 0（或 0 附近），这就是零点。当样品管中盛放旋光性物质时，偏光通过样品管后，偏振面发生改变，向右或向左旋转了一定的角度 α，因此，偏光不能完全通过检偏镜，目视视场变为明暗不一致（有明有暗），为了使偏光完全通过检偏镜，必须使检偏镜旋转相同的角度 α，这时，视场重新变为明暗一致的视场（和零点时一样）。从刻度盘上可以读出旋转的角度 α，就是该物质的旋光度。

为了准确判断旋光度的大小，测定时通常在视野中分出三分视场，见图 2-26。当偏振镜的偏振面与通过棱镜的光的偏振面平行时，通过目镜可观察到图 2-26 中的（b）（中间明亮，两边较暗）；当检偏镜的偏振面与起偏镜的偏振面平行时，可观察到图 2-26 中的（a）（中间较暗，两边明亮）；只有当检偏镜的偏振面处于半暗角的角度时，视场内明暗相等，这一位置作为零度。

(a)，(b) 不均衡视场　　　　　(c) 半暗视场

图 2-26　旋光仪三分视场的观测

三、试剂与器材

试剂：葡萄糖（分析纯），果糖（分析纯）。

器材：WXG-4 型圆盘旋光仪，WZZ-2 型数字式自动旋光仪，见图 2-27。

(a) 圆盘式旋光仪　　　　　　　　　(b) 数字式自动旋光仪

图 2-27　旋光仪

四、实验步骤

1. 溶液配制

准确称取 0.1～0.5g 样品，置于 25mL（或 10mL）容量瓶中，加入合适的溶剂至刻度，常用的溶剂有水、乙醇、氯仿、四氢呋喃等。配制好的溶液应该透明无机械杂质，否

则需要过滤除去杂质，重新定量。如果待测物质为纯液体，则可以直接测试，在测试前确定其相对密度。

2. 测定方法一（以 WXG-4 型圆盘旋光仪为例）

（1）零点校正　在测定样品旋光度之前要先校正旋光仪的零点，以提高测量的准确性。

用蒸馏水将样品管洗净，然后装满蒸馏水，使管口液面凸出，将玻璃盖片沿着管口边缘轻轻平推盖好，不能带入气泡，然后旋上螺丝帽盖，拧紧不漏水，但不能过紧。将样品管擦干，放入镜筒中，罩上筒盖，开启钠光灯，大约 5min 后，钠光灯发光正常，将刻度盘调至 0 刻度，转动手论，使视场内明暗一致，计下刻度盘上读数，重复操作 3 次，取平均值即为零点数值。

注意：零点时三分视场亮度均匀，明暗一致，并非非常明亮的视场，视场的亮度较弱。

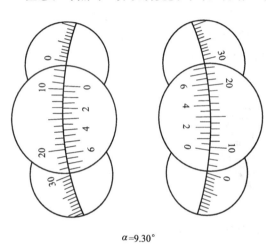

$\alpha = 9.30°$

图 2-28　旋光仪读数方法示意

读数方法：刻度盘分为两部分，外部是一个可以转动的圆盘，分 360 等份，每格 1°，内部有一个固定的游标，分为 20 等份。读数时，先看游标的 0 刻度线指在刻度圆盘上的位置，记下整数值，再看它的刻度线与圆盘上刻度线重合的那一条线所对应的数，记下此数作为小数部分。读数方法如图 2-28 所示。

如果旋转方向为顺时针，则旋光度为右旋"＋"；如逆时针旋转，则旋光度为左旋"－"。

（2）样品旋光度的测定　倒去样品管中的水，用少量待测样品溶液洗涤两次，然后装满待测溶液，盖好盖子，旋上螺帽，样品管放入镜筒中，按照校正零点时的操作方法重复操作 3 次，记下刻度盘的读数，取平均值，所得数值与零点的差值即为样品的旋光度。

（3）计算比旋光度　将测得的旋光度数值及其他有关数值代入公式进行计算，求得比旋光度值。

3. 测定方法二（以 WZZ-2 型数字式自动旋光仪为例）

（1）开机预热，打开电源开关，这时钠光灯应该启动发亮，经过 5min 后，钠光灯发光稳定。

（2）打开光源开关，仪器预热 20min，如光源开关打开后，钠光灯熄灭，则再将光源开关上下重复扳动一两次，使钠光灯在直流下点亮为正常。

（3）按"测量"键，这时数显窗应有数字显示。注意：开机后"测量"键只需按一次，如果误按该键，则仪器停止测量，液晶屏无显示。要再次按"测量"键，液晶屏重新显示，此时需重新校零。

（4）零点校正：选用适当长度的旋光管，测定纯液体样品时，用空的旋光管进行校正。测定溶液时，装入蒸馏水或其他用来配制待测样品溶液的溶剂，将旋光管放入样品室，盖上箱盖，待示数稳定后，按"清零"键，使数字显示为零。一般情况下，本仪器若不放旋光管时，读数为零，则放入溶剂后也应为零。但需防止光束通路上有小气泡或沾有油污，旋光管中若有气泡，应先让气泡浮在凸颈处；通光面两端的雾状水滴应用软布擦干。旋光管螺帽不宜旋得过紧，以免产生应力，影响空白读数。如果读数不是零，则随后所测数据必须校正。旋光管安放时应注意标记的位置和方向。

（5）测试：取出旋光管，测定纯液体样品可直接加入。测定溶液，需用待测样品溶液洗涤 3 次后，再注入待测样品溶液至旋光管的凸颈处，注意除去气泡，按与空白相同的位置和方向放入样品室内，盖好箱盖。仪器读数窗将显示出该样品的旋光度，待数字显示屏读数稳定后读数。再次按"复测"键，至少复测两次。按"1""2""3"键，可切换显示各次测量的旋光度值。按"平均"键，显示平均值，取平均值作为样品的测定结果。

（6）数据处理：记录旋光管的长度、溶剂、溶液浓度和测试时的温度，再根据公式计算比旋光度、光学纯度、旋光物质在溶液中的浓度及对映体过量值等。

（7）仪器使用完毕，应依次关闭光源、电源开关，拔下插头，盖上防尘布，同时洗净旋光管，以备以后测定。

五、安全提示及注意事项

1. 旋光仪的整体结构随生产厂家的不同而有差异，但是仪器的基本结构和工作原理都是相同的。本实验仪器采用 WXG-4 型圆盘旋光仪和 WZZ-2 型数字式自动旋光仪，可根据实验室具体的仪器情况选用各自的使用方法。

2. 在操作时注意样品管螺帽与玻璃盖之间都附有橡胶垫圈，装卸时不要丢失。同时螺帽旋紧程度以溶液流不出来为宜，太紧易使玻璃盖产生张力，使管内产生空隙，影响测定结果。

3. 读数一定要准确，尤其是零点的判断。

六、思考题

1. 什么是旋光度？一个外消旋体的光学纯度是多少？

2. 某旋光性物质，用旋光仪测定旋光度读数为 $+60°$，但也可能是 $240°$ 或 $+420°$，也可能是 $-120°$，这个问题如何通过实验加以解决？

实验九　茶叶中咖啡因的提取（液-固萃取及升华）

一、实验目的

1. 学习从茶叶中提取咖啡因的原理和方法，理解研究天然产物的意义。
2. 掌握液固萃取、升华等实验技术。

二、实验原理

茶叶中含有多种生物碱，其中以咖啡因（caffeine）为主，约占 $1\%\sim5\%$。另外茶叶中还有单宁酸（又名鞣酸）、没食子酸及色素、纤维素、蛋白质等。咖啡因是杂环化合物嘌呤的衍生物，其结构式和化学名称如下：

嘌呤　　　　　咖啡因(1,3,7-三甲基-2,6-二氧嘌呤)

萃取是从液体或固体混合物中提取所需物质，原理是利用物质在互不相溶（或微溶）

的溶剂中的溶解度不同而达到分离。液-固萃取通常是借助于索氏（Soxhlet）提取器（见图2-29），将被提取的固体置于由滤纸做成的套筒中，圆底烧瓶放有低沸点溶剂，加热回流，溶剂蒸汽通过左边的蒸汽导管上升到冷凝管并被冷凝液化，液滴滴入放有固体的套筒中，溶剂就会把所需的化合物从固体中溶解提取出来。当套筒中的溶液液面超过右边的虹吸管上端时，则发生虹吸作用，提取液自动流回烧瓶中，溶剂再受热回流、冷凝、提取、虹吸，如此不断循环，直到大部分所需物质被提取出来为止。由于被提取物的沸点比溶剂高，故每次提取都是由纯溶剂对被提取物溶解，可以充分利用被提取物在固体和液体之间的浓度差而得到很好的提取效果。

含结晶水的咖啡因为无色针状结晶，能溶于氯仿、水、乙醇、苯等。在100℃时失去结晶水并开始升华，至178℃升华很快。据此，可先用适当溶剂从茶叶中进行提取，再用升华法加以提纯。咖啡因具有刺激心脏、兴奋大脑神经和利尿等作用，因此可用于有关药物的配方中。

图 2-29　索氏提取器

三、试剂与器材

试剂：茶叶（5g），乙醇（95％，60mL），生石灰粉（2g），沸石。

器材：索氏抽提装置一套（见图2-29），蒸馏装置，烧杯，蒸发皿，滤纸，玻璃漏斗，棉花。

四、实验步骤

1. 称取5g左右的茶叶，将其装入滤纸套筒中，把套筒小心地放入索氏提取器中。取60mL 95％乙醇加入圆底烧瓶中，放入几粒沸石，搭好装置，用电热套加热，连续进行提取，等套筒中提取液颜色变得较淡时，待溶液刚刚虹吸流回烧瓶时，停止加热，冷却5～10min。

2. 拆除索氏抽提装置的冷凝管和套筒，在烧瓶中补加几粒沸石，安装好简易蒸馏装置，进行蒸馏，蒸出大部分乙醇并回收乙醇。残液（约10～15mL）倒入蒸发皿中，加入2g研细的生石灰粉，在玻璃棒不断搅拌下于蒸汽浴上将溶剂蒸干，再将固体不断焙炒至干成粉末状。

3. 取一只合适的玻璃漏斗，罩在隔以刺有许多小孔的滤纸的蒸发皿上，用小火小心加热升华［见图2-30(a)］，若漏斗上有水汽应用滤纸或干净的脱脂棉花及时擦干。当滤纸小孔处出现白色针状物时，可暂停加热，稍冷后仔细收集滤纸正反面的咖啡因晶体。残渣经拌和后可用略大的火再次升华。合并升华产品。也可采取如图2-30(b)的方法进行升华操作。

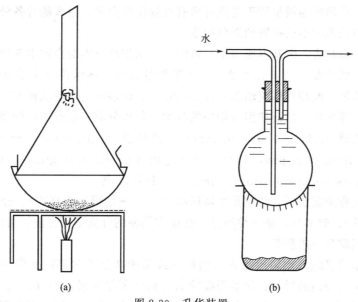

(a)   (b)

图 2-30　升华装置

产品用精密电子天平称量，记下数据，将产品回收在指定的回收瓶中。

纯咖啡因为白色针状结晶，熔点 238℃。

五、安全提示及注意事项

1. 抽提操作时沸石可以多加几粒，防止在反复虹吸后的沸石失效，造成暴沸。另外电热套的温度只要调节到乙醇沸腾回流即可，不要太高。

2. 蒸馏乙醇后的残液保留不要太少，以免因溶液黏度太大而无法转移至蒸发皿中。

3. 在蒸汽浴上蒸干时在通风橱中进行，保持空气流通。

4. 升华操作时如果滤纸比蒸发皿略大，操作时煤气灯火焰不要太大，以免烧燃滤纸。

5. 升华完毕后，要等蒸发皿冷却后再把残渣倒至指定地点，清洗干净。

六、思考题

1. 茶叶中除了咖啡因外还有什么物质？升华前加入生石灰粉起什么作用？

2. 升华前要将水分除尽？为什么在升华操作中，加热温度一定要控制在被升华物熔点以下？

实验十　偶氮苯的薄层色谱测定

一、实验目的

1. 了解色谱法分离有机化合物的基本原理。

2. 学习并掌握薄层色谱法分离顺、反偶氮苯的操作。

二、实验原理

色谱法（chromatography）也称色层法或层析法，是分离、提纯和鉴定有机化合物的重要方法之一。色谱法因最早用于提纯有色有机物质而得名，后来随着各种显色、鉴定技术的引入，其应用范围早已扩展到无色物质。

色谱法有许多种类，但基本原理是一致的，即利用待分离混合物中各组分在某一物质中（此物质称作固定相）的亲和性差异，如吸附性差异、溶解性（或称分配作用）差异等，让混合物溶液（此相称作流动相）流经固定相，使混合物在流动相和固定相之间进行反复吸附或分配等作用，从而使混合物中的各组分得以分离。根据不同的操作条件，色谱法可以分为柱色谱（column chromatography）、纸色谱（paper chromatography）、薄层色谱（thin layer chromatography，TLC）、气相色谱（gas chromatography，GC）和高压液相色谱（high pressure liquid chromatography，HPLC）等。

薄层色谱又称薄层层析，特点是所需样品少（几毫克到几十毫克）、分离时间短（几分钟到几十分钟）、效率高，是一种微量、快速和简便的分离鉴别方法。可用于精制样品、化合物鉴定、跟踪反应进程等。

薄层色谱是将吸附剂均匀地涂在玻璃板（或某些高分子薄膜）上作为固定相，经干燥、活化后点上待分离的样品，用适当极性的有机溶剂作为展开剂（即流动相）。当展开剂在吸附剂上展开时，由于样品中各组分对吸附剂的吸附能力不同，发生了无数次吸附和解吸过程，吸附能力弱的组分（即极性较弱的）随流动相迅速向前移动，吸附能力强的组分（即极性较强的）移动慢。利用各组分在展开剂中溶解能力和被吸附剂吸附能力的不同，最终将各组分彼此分开。如果各组分本身有颜色，则薄层板干燥后会出现一系列高低不同的斑点；如果各组分本身无色，则可用各种显色方法使之显色，以确定斑点位置。在薄板上混合物的每个组分上升的高度与展开剂上升的前沿之比称为该化合物的比移值，记作 R_f（见图 2-31）。对于一个特定化合物，当实验条件相同时，其 R_f 值是一样的。

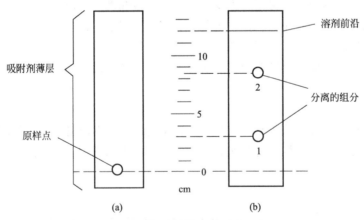

图 2-31　计算 R_f 值示意

$$R_f = \frac{\text{溶质的最高浓度中心至原点中心的距离}}{\text{溶剂前沿至原点中心的距离}} = \frac{d_{斑点}}{d_{溶剂}} \tag{2-15}$$

本实验是利用反式偶氮苯经光照后，部分转化为顺式偶氮苯。由于顺式偶氮苯和反式偶氮苯分子的极性差异较大，所以可以利用薄层色谱法对这两种异构体进行分离鉴别。

三、试剂与器材

试剂：偶氮苯（光照和未光照样品各一），硅胶 G（薄层色谱用），去离子水，环己烷，苯。

器材：玻璃薄板（可用医用载玻片代替），展开槽（带盖，见图 2-32），点样毛细管。

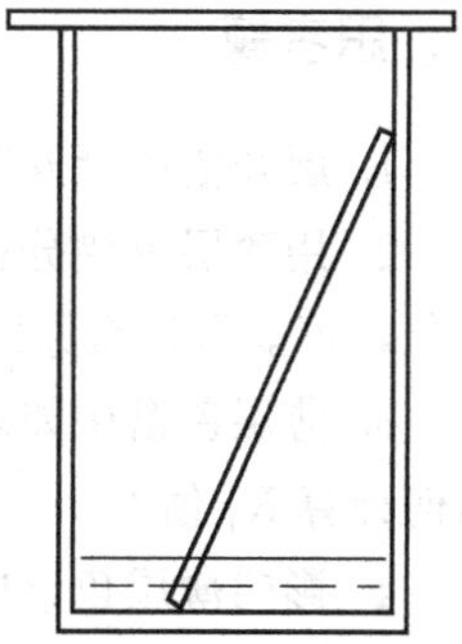

四、实验步骤

1. 铺板：将 1.5g 硅胶 G，慢慢加入盛有 5mL 去离子水的小烧杯中，用玻璃棒充分调匀，采用倾注法快速制备湿板两块，做到薄板上有均匀的一层硅胶 G 悬浮液，放平晾干。

2. 活化：晾干的薄板放在 105～110℃烘箱 30min。

图 2-32　薄层色谱展开示意

3. 点样：取出薄板，冷却后，在薄板下端约 1cm 处轻轻用铅笔划一横线（不要划破固定相），作为点样基线。用点样毛细管分别吸取经光照和未经光照的偶氮苯溶液，在同一块薄板的基线上点样，两者相距约 1～1.5cm。一般斑点直径不大于 2mm。干燥后就可以进行展开。

4. 展开：把环己烷和苯以体积比 3：1 配制成混合展开剂 8mL，放入展开槽中，待展开槽中充满溶剂蒸气后（也可在展开槽中插入一长的滤纸片观察溶剂上升情况来判断溶剂蒸气饱和状态），将已经点样的薄板放入其中，并盖上盖子。观察薄板上溶剂上升的高度，当溶剂前沿距薄板上端约 1cm 时，取出薄板，并立即用铅笔划出溶剂前沿的位置（也可采用环己烷和乙酸乙酯混合溶剂作为展开剂，取 8mL 环己烷加上 0.5mL 乙酸乙酯体积比进行展开，则效果更好）。

5. 用直尺测量出薄板上有色斑点的位置，计算出顺、反偶氮苯的比移值 R_f，填入表 2-4。

表 2-4　顺、反偶氮苯的 R_f 的测量与计算

试样	未光照样品		光照样品	
溶剂前沿距离				
样品斑点爬升距离				
反式偶氮苯 R_f				
顺式偶氮苯 R_f				

五、安全提示及注意事项

1. 展开剂苯有毒，易致癌，所以在取用时戴好防护手套和眼镜，并在通风橱中进行，展开时也在通风橱中进行，实验结束时回收在指定的回收瓶中。

2. 制取薄板的载玻片应洗净擦干，不被手污染。

3. 点样用的毛细管应专用，不能混用，以免污染样品。点样时，使毛细管液面刚刚接触到薄层即可，切忌点样过重，破坏薄层。

4. 展开剂各组分的挥发程度不同，最好现配现用，保证比例正确。展开时要注意展开剂的液面一定要在点样线以下，以防样品溶解在展开剂中，另外不要在展开时让展开剂的前沿上升到薄板的前沿，无法准确测量展开剂的上升高度，影响 R_f 值的正确性。

六、思考题

1. 展开槽中展开剂高度超过薄层板上点样线时，对薄层色谱有什么影响？

2. 用薄层色谱分析混合物时，如何确定各组分在薄板上的位置？如果斑点出现拖尾现象，可能是什么原因引起的？

3. 薄层色谱中如果样品斑点形状不规则，呈现月牙形、扁圆形或纺锤形等情况，应如何计算 R_f 值？

4. 影响薄层色谱中样品斑点大小的因素有哪些？

实验十一 柱色谱分离荧光黄和亚甲基蓝

一、实验目的

1. 学习并掌握色谱法的原理及其应用。
2. 学习并掌握柱色谱的实验操作技能。

二、实验原理

柱色谱是分离、提纯复杂有机化合物的重要方法，也可分离量较大的有机物。图 2-33 是一般柱色谱装置。柱内装有表面积很大而又经过活化的吸附剂（固定相），如氧化铝、

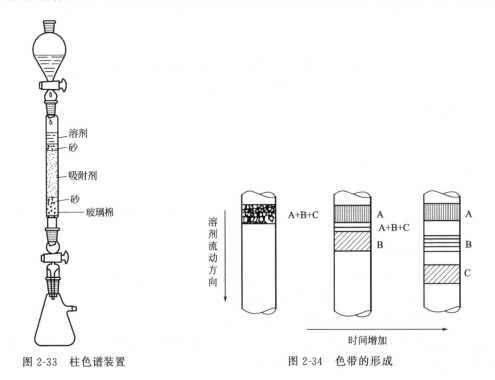

图 2-33 柱色谱装置

图 2-34 色带的形成

硅胶等。从柱顶加入样品溶液,当溶液流经吸附柱时,各组分被吸附在柱的上端,然后从柱上方加入洗脱剂,由于各组分吸附能力不同,在固定相上反复发生吸附-解吸-再吸附的过程,它们随着洗脱剂向下移动的速度也不同,于是就形成了不同的色带,如图2-34所示。继续用溶剂洗脱时,吸附能力最弱的物质,首先随着溶剂流出,极性强的后流出。分别收集洗脱剂,如各组分为有色物质,则可按色带分开;如果是无色物质,则可用紫外灯照射后是否出现荧光来检查,也可通过薄层色谱逐个鉴定。

常用的吸附剂有氧化铝、硅胶、氧化镁、碳酸钙和活性炭等。选择的吸附剂绝不能与被分离的物质和洗脱剂发生化学作用。吸附剂要求颗粒大小均匀。颗粒太小,表面积大,吸附能力强,但溶剂流速太慢;若颗粒太大,流速快,分离效果差。柱色谱中应用最广泛的是氧化铝,其颗粒大小以通过 $100\sim150$ 目筛孔为宜。色谱用的氧化铝可分为酸性、中性和碱性 3 种。酸性氧化铝是用 1‰盐酸浸泡后,用蒸馏水洗至颗粒悬浮液的 pH 值为 $4\sim4.5$,适用于分离酸性物质,如有机酸类的分离;中性氧化铝 pH 值为 7.5,适用于分离中性物质,如醛、酮、醌和酯等类化合物;碱性氧化铝 pH 值为 $9\sim10$,适用于分离烃类、生物碱、胺等化合物。

吸附剂的活性与其含水量有关,大多数吸附剂都有较强的吸水作用,而且水又不易被其他化合物置换,因此含水量低的吸附剂活性较高。氧化铝的活性分为 5 级,见表 2-5。

表 2-5 氧化铝的活性分级

活性等级	Ⅰ	Ⅱ	Ⅲ	Ⅳ	Ⅴ
氧化铝含水量/%	0	3	6	10	15
硅胶含水量/%	0	5	15	25	38

制备的方法是将氧化铝放在高温炉($350\sim400℃$)内烘 3h,得无水氧化铝,然后加入不同量的水分,即得不同活性的氧化铝。

化合物的吸附性和分子的极性有关,分子极性越强,吸附能力越大。氧化铝对各类物质的吸附能力按以下顺序递减:

酸、碱>醇、胺、硫醇>酯、醛、酮>芳香族化合物>卤代物、醚>烯>饱和烃

溶剂的选择通常是从被分离化合物中各种成分的极性、溶解度和吸附剂的活性等因素来考虑,溶剂选择合适与否直接影响到柱色谱的分离效果。

先将待分离的样品溶解在非极性或极性较小的溶剂中,从柱顶加入,然后用稍有极性的溶剂,使各组分在柱中形成若干谱带,再用极性更大的溶剂或混合溶剂洗脱被吸附的物质,常用洗脱剂的极性次序与薄层色谱展开剂的极性大小一致。极性溶剂对于洗脱极性化合物是有效的,反之非极性溶剂对洗脱非极性化合物是有效的。对分离组分复杂的混合物,用单一溶剂分离效果往往不理想,需要使用混合溶剂。常用洗脱剂的极性由大到小的顺序为:

乙酸>吡啶>水>甲醇>乙醇>正丁醇>乙酸乙酯>二氧六环>2-丁酮>乙醚>三氯甲烷>二氯甲烷>甲苯>四氯化碳>环己烷>石油醚。

柱色谱操作方法如下。

1. 装柱

色谱柱的大小要根据处理吸附剂的性质而定,柱的长度与直径比一般为 7.5:1,吸附剂用量一般为被分离样品的 $30\sim40$ 倍,有时还可再多些。

装柱之前，先将空柱洗净干燥，垂直固定在铁架上，在柱底铺一层玻璃棉或脱脂棉，再在上面覆盖一层厚0.5~1cm的石英砂。装柱的方法有湿法和干法两种。

湿法是先将溶剂倒入柱内约为柱高的3/4，然后将一定量的溶剂和吸附剂调成糊状，从柱的上面倒入柱内，同时打开柱下旋塞，控制流速每秒1滴，用木棒或套有橡皮管的玻璃棒轻轻敲击柱身，使吸附剂慢慢而均匀地下沉，装好后再覆盖0.5~1cm厚的石英砂。在整个操作过程中，柱内的液面始终要高出吸附剂。干法是在柱子上端放一个干燥的漏斗，使吸附剂均匀地连续通过漏斗流入柱内，同时轻轻敲击柱身，使装填均匀，加完后，再加入溶剂，使吸附剂全部润湿，在吸附剂上面盖一层0.5~1cm厚的石英砂，再继续敲击柱身，使砂子上层成水平，在砂子上面放一张与柱内径相当的滤纸，一般湿法比干法装得结实均匀。

2. 加样和洗脱

当溶剂已降至吸附剂表面时，把已配成适当浓度的样品，沿着管壁加入色谱柱（也可用滴管滴加），并用少量溶剂分几次洗涤柱壁上所沾的样品。开启下端旋塞，使液体慢慢流出，当溶液液面与吸附剂表面相齐时，即可打开安置在柱上装有洗脱剂的滴液漏斗进行洗脱，控制洗脱液流出速度。洗脱速度太慢可用减压或加压方法加速，但一般不宜过快。当样品各组分有颜色时，洗脱液的收集可直接观察，分别收集各组分洗脱液。若各组分无颜色，则一般采用等份收集方法收集。

三、试剂与器材

中性氧化铝（色谱级），亚甲基蓝，荧光黄，95％乙醇。
色谱柱，锥形瓶，长颈漏斗，滴液漏斗。

四、实验步骤

1. 采用干法装柱，取少许脱脂棉放于干净的色谱柱底，关闭旋塞。向柱中加入10mL95％乙醇，打开旋塞，控制流速为每秒1~2滴。此时从柱上端放入一长颈漏斗，慢慢加入5g色谱用的中性氧化铝，轻轻敲打柱身下部，使装填紧密。上面再加一层0.5cm厚的石英砂。在整个过程中一直保持乙醇流速不变，并注意保持液面始终高于吸附剂氧化铝的顶面。

2. 当乙醇液面刚好降至石英砂面时，立即沿柱壁加入1mL已配好的含有1mg亚甲基蓝和1mg荧光黄的95％乙醇溶液。开至最大流速，当加入的溶液流至石英砂面时，立即用0.5mL 95％乙醇洗下管壁的有色物质，重复此操作2~3次，直至洗净为止。

3. 加入10mL 95％乙醇进行洗脱。亚甲基蓝首先向柱下移动，荧光黄则留在柱上端，当第一个色带快流出来时，更换另一个接收瓶，继续洗脱。当洗脱液快流完时，应补加适量的95％乙醇。当第一个色带快流完时，不要再补加95％乙醇，等到乙醇流至吸附剂液面时，轻轻沿柱壁加入1mL水，然后加满水。取下此接收瓶进行蒸馏，回收乙醇。更换另一个接收瓶接收第二个色带，直至无色为止。这样两种组分就被分开了。

五、安全提示及注意事项

1. 色谱柱装填紧密与否对分离效果有很大的影响，如松紧不均，特别是有断层时，会影响流速和色带的均匀，但如果装填时过分敲击，色谱柱装填过紧，又会使流速太慢。

2. 在装填时要始终保持液面高于吸附剂的顶面，如出现吸附剂高于液面，应立即补加乙醇溶液。

3. 如果对复杂的混合物进行洗脱分离，应先用非极性或弱极性的洗脱剂，然后再用较强极性的洗脱剂进行洗脱。

六、思考题

1. 装柱时，柱中有气泡裂缝或装填不均匀，对分离效果有什么影响？

2. 如何选择柱色谱分离某化合物的合适的洗脱剂？

3. 柱色谱中的吸附剂为什么一定要被溶剂或脱附剂浸没？

4. 为什么洗脱的速度不能太快，也不能太慢？

第3章

有机化合物的制备与合成

实验十二 环己烯

一、实验目的

1. 了解实验室烯烃的制备方法和环己烯的绿色合成方法。
2. 巩固液-液萃取、蒸馏、分馏和干燥等基本操作。

二、实验原理

绿色化学，又称环境友好化学、清洁化学，是以环境保护为主旨，设计和研究对环境危害少，在技术上和经济上可行的化学和化工生产过程，包括原料和试剂的充分利用，减少或消除对人类健康、社区安全和生态环境有害的反应原料、催化剂、溶剂、产物以及副产物的产生，实现"原子经济性"的理念，即通过科学、高效和经济的有机合成反应最大限度地利用反应原料中的每一个原子，使之结合到目标分子中，达到原子零排放。

目前实现绿色有机合成的途径有如下几种方式。

① 微量、半微量合成有机化合物，减少化学试剂用量，缩短反应时间，减少污染和节约能源；

② 使用环境友好催化剂，缩短反应步骤，提高反应效率；

③ 使用环境友好介质，改善有机合成条件，采用水做溶剂或实现无溶剂反应等；

④ 运用高效的合成技术，减少过程中的浪费，如"一锅法"、超声波、微波等新颖合成技术；

⑤ 发展和应用安全的化学品，减少或禁用有毒、有害的试剂和溶剂，寻找并合成绿色安全的替代产品。

环己烯（cyclohexene）是一种非常有用的有机合成原料，如合成赖氨酸、环己酮、苯酚、聚环烯树脂、氯代环己烷、橡胶助剂、环己醇原料等，另外还可用作催化剂溶剂和石油萃取剂，高辛烷值汽油稳定剂。

实验室通常采用醇在浓硫酸作用的情况下脱水制备烯烃，也可采用在碱性条件下用卤代烃脱去卤化氢制备。前者由于采用了浓硫酸，反应过程中炭化严重，而且硫酸腐蚀性强，目前也有使用磷酸代替硫酸催化脱水制备。后者由于产物中产生卤化氢，受热逸出易对环境造成影响，需要安装尾气吸收装置。所以为了体现绿色化学理念，本实验采用三氯化铁为催化剂催化环己醇来制备环己烯。

合成反应式如下：

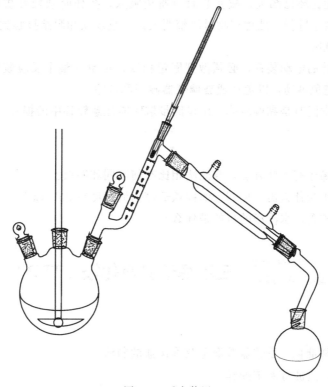

本实验产物环己烯为无色黏稠液体。

三、试剂与器材

试剂：环己醇，六水合三氯化铁，饱和食盐水，无水氯化钙。

器材：电动搅拌器，聚四氟乙烯包裹的活动锚式搅拌桨，100mL 三口烧瓶，分馏柱，直形冷凝管，接收管，锥形瓶，分液漏斗，量筒，搅拌桨套管，空心塞等。

反应装置见图 3-1。蒸馏装置同实验一中的简单蒸馏装置。

图 3-1　反应装置

四、实验步骤

1. 测试电动搅拌机是否能正常工作，检查搅拌桨和套管塞是否与三口烧瓶口径配套。

2. 安装固定带搅拌桨和套管塞的三口烧瓶于电动搅拌机的立柱上，旋紧固定搅拌桨杆的螺母，启动电动搅拌机的转速开关，调整至整个装置垂直、稳定不晃动。搅拌桨桨叶接近三口烧瓶底部并能正常运转。

3. 安装分馏柱并固定，分馏柱上插温度计，分馏柱支管连接直形冷凝管、接收管和接收瓶，接收瓶置于冰水浴中。

4. 在三口烧瓶另一口中加入 30mL 环己醇、4g 六水合氯化铁和 3～4 粒沸石，塞上塞子。

5. 开启冷凝水，加热，采用边反应边蒸馏收集产物的方式。控制分馏柱顶部馏出温度不超过 90℃，馏出液馏速为 2～3s 1 滴，慢慢蒸出生成的环己烯和水的浑浊液体，直到没有馏出物为止（或接收瓶中出现白色烟雾），停止加热。等装置冷却，拆除反应装置。

6. 将馏出的混合液倒入分液漏斗，分去下面的水层。

7. 上层油层用等体积的饱和食盐水洗涤，然后用无水氯化钙干燥。

8. 搭置简单蒸馏装置，蒸馏收集 81～83℃ 的馏分。

9. 产品称重，计算产率，测定折射率，检测其纯度。

10. 产品回收在指定的回收瓶中。

五、安全提示及注意事项

1. 环己烯有麻醉作用，吸入后引起恶心、呕吐、头痛和神志丧失。对眼和皮肤有刺激性。环己醇毒性比环己烯大，故实验时应避免吸入，操作时须戴好防护手套和防护眼镜，取用在通风橱中进行，处理产物时严禁明火。一旦皮肤和眼睛接触到，迅速用流动清水冲洗，并及时就医。

2. 搭置带搅拌的电动装置，必须做到固定稳妥，尽量使整个反应装置和电动搅拌机形成一个整体，避免晃动，以免造成玻璃仪器破损和危险。

3. 环己烯在常温时是黏稠液体，用量筒量取时需注意转移中的损失。

六、思考题

1. 制备环己烯还有哪些方法，与此法相比有何不同和特点？

2. 反应过程中为什么需要控制分馏柱顶部馏出液温度在 90℃ 以下？

3. 油层用饱和食盐水洗涤的目的是什么？

实验十三 三乙基苄基氯化铵（TEBA）

一、实验目的

1. 了解相转移催化、季铵盐等概念及季铵盐的制法。

2. 掌握回流、过滤等基本操作。

二、实验原理

三乙基苄基氯化铵（triethyl benzyl ammonium chloride，TEBA）是一种季铵盐，工业上常用作阳离子表面活性剂，在有机合成中也用作多相反应中的相转移催化剂（phase transfer catalyst，PTC）。它具有盐类的特性，是结晶形的固体，能溶于水。在空气中极易吸湿分解。

TEBA 可由三乙胺和氯化苄直接作用制得。反应为：

$$\text{C}_6\text{H}_5\text{CH}_2\text{Cl} + (\text{C}_2\text{H}_5)_3\text{N} \xrightarrow[83\sim84℃]{\text{ClCH}_2\text{CH}_2\text{Cl}} \text{C}_6\text{H}_5\text{CH}_2\overset{+}{\text{N}}(\text{C}_2\text{H}_5)_3\overset{-}{\text{Cl}}$$
TEBA

一般反应可在二氯乙烷、苯、甲苯等溶剂中进行。生成的产物 TEBA 不溶于有机溶剂而以晶体析出，过滤即得产品。

本实验产物三乙基苄基氯化铵（TEBA）为白色结晶。

三、试剂与器材

试剂：氯化苄（2.8mL，0.025mol），三乙胺（3.5mL，0.025mol），1,2-二氯乙烷。

器材：圆底烧瓶（100mL），球形冷凝管，布氏漏斗，吸滤瓶，烧杯，培养皿，真空干燥箱。

本反应装置须采用回流冷凝装置（见图 3-2）。

四、实验步骤

1. 将圆底烧瓶、球形冷凝管烘干。

2. 在干燥的 100mL 圆底烧瓶中，依次加入 2.8mL（0.025mol）新蒸馏过的氯化苄、3.5mL（0.025mol）三乙胺和 10mL 1,2-二氯乙烷。把反应装置搭建好。用电热套加热，小心调节温度升至液体沸腾回流，回流 1.5h。期间间歇振荡反应瓶。

3. 反应毕，将反应液倒入小烧杯中，冷却后析出白色结晶。抽滤，用少量 1,2-二氯乙烷洗涤，得到白色结晶。产品在 100℃下真空干燥。

4. 滤液倒入指定的回收瓶中。

5. 产品称重，计算产率。

本实验有条件改用机械搅拌装置进行反应，则效果更好。

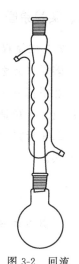

图 3-2　回流冷凝装置

五、安全提示及注意事项

1. 原料氯化苄在通常情况下为无色或微黄色有强烈刺激性气味的液体，有催泪性。有毒！可燃，久置的氯化苄常因水解混有苄醇和水，因此在使用前应当采用新蒸馏过的氯化苄。

2. 1,2-二氯乙烷易燃，吞食有害，刺激眼睛、呼吸系统和皮肤。

3. 三乙胺易燃，易爆，有毒，具强刺激性。以上三种化学试剂取用必须在通风橱中进行，并戴好防护眼镜和手套。一旦接触，立即用流动清水清洗。

4. 产物 TEBA 对眼睛和皮肤略有刺激性，不要直接接触。TEBA 为季铵盐类化合物，极易在空气中受潮分解，需隔绝空气保存。

5. 真空干燥操作按照真空干燥箱的要求顺序操作。

六、思考题

1. 查阅文献，了解什么是表面活性剂？这类化学品有什么性质和作用？

2. 什么是相转移催化？为什么季铵盐能作为相转移催化剂？

3. 反应容器为什么需要干燥?

实验十四 7,7-二氯双环[4.1.0]庚烷(相转移催化反应)

一、实验目的

1. 了解相转移催化、卡宾的生成及加成反应。
2. 巩固机械搅拌装置的安装和调试。
3. 掌握萃取、蒸馏、减压蒸馏等操作。

二、实验原理

7,7-二氯双环[4.1.0]庚烷是一种桥环化合物,通过环己烯和卡宾的加成得到。

碳烯(又称卡宾 carbene)是一类活性中间体的总称,其通式为 $R_2C:$,最简单的卡宾是亚甲基 $:CH_2$,卡宾存在的时间很短,一般是在反应过程中产生,然后立即进行下一步反应。卡宾是缺电子的,可以与不饱和键发生亲电加成反应。

二氯卡宾 $:CCl_2$ 是一种卤代卡宾。氯仿和叔丁醇钾作用,发生 α-消除反应,即得二氯卡宾。

$$CHCl_3 + t\text{-}BuO^-K^+ \rightleftharpoons {}^{\ominus}:CCl_3 + t\text{-}BuOH + K^+$$

$$^{\ominus}:CCl_3 \longrightarrow :CCl_2 + Cl^-$$

二氯卡宾与环己烯作用,即生成7,7-二氯双环[4.1.0]庚烷:

上述反应是在强碱而且高度无水的条件下进行的。若利用相转移催化技术可使反应条件温和,在水相中进行,并提高产率。

相转移催化(phase-transfer catalysis,PTC)是20世纪60年代发展起来的一项新实验技术,对提高互不相溶两相间的反应速率、简化操作、提高产率有很好效果。在有机合成中常常遇到有机相和水相参加的非均相反应,其反应速率慢,产率低,甚至很难发生反应。此时利用相转移催化剂进行催化,使得互不相溶的两相物质发生反应或者加速反应的进行。

相转移催化剂一般应具备两个基本条件:
① 能够将一个试剂由一相转移到另一相中;
② 被转移的试剂具有一定的活性,能促进反应的进行。

目前发现能够用作相转移催化剂的有季铵盐类、冠醚、聚乙二醇等。

本反应在相转移催化剂(如季铵盐,三乙基苄基氯化铵 TEBA)存在下,氯仿与浓氢氧化钠水溶液起反应,产生的 $:CCl_2$ 立即与环己烯作用,生成 7,7-二氯双环[4.1.0]庚烷。一般认为该反应的机理为:

$$(C_2H_5)_3\overset{+}{N}CH_2C_6H_5Cl^- \xrightarrow[\text{水相}]{OH^-} (C_2H_5)_3\overset{+}{N}CH_2C_6H_5OH^- + Cl^-$$

$$(C_2H_5)_3\overset{+}{N}CH_2C_6H_5OH^- + CHCl_3 \xrightarrow{\text{相界面}} (C_2H_5)_3\overset{+}{N}CH_2C_6H_5\overset{-}{CCl_3} + H_2O$$

$$(C_2H_5)_3\overset{+}{N}CH_2C_6H_5CCl_3^- \xrightarrow{\text{有机相}} :CCl_2 + (C_2H_5)_3\overset{+}{N}CH_2C_6H_5Cl^-$$

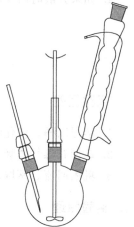

在相转移催化剂存在下，在有机相中原位产生的 :CCl₂ 立即和环己烯作用，生成 7,7-二氯双环［4.1.0］庚烷，产率可达 60%。

为使相转移反应顺利进行，反应必须在强烈搅拌下进行。

纯 7,7-二氯双环［4.1.0］庚烷为无色液体，沸点为 198℃。

三、试剂与器材

试剂：环己烯（7.5mL，0.074mol），氯仿（20mL，0.25moL），TEBA（0.4g），氢氧化钠，乙醇，浓盐酸，无水硫酸镁。

器材：三口烧瓶（100mL），球形冷凝管，温度计，烧杯，分液漏斗，锥形瓶（50mL），电动搅拌器，减压蒸馏系统。

反应采用搅拌回流装置（见图 3-3）。

四、实验步骤

1. 100mL 三口烧瓶上，按照实验装置依次装配好电动搅拌器、回流冷凝管及温度计，调试无误后在三口烧瓶中加入 7.5mL 环己烯、20mL 氯仿和 0.4g TEBA。将 16g NaOH 溶于 16mL 水中，制得 1:1 的氢氧化钠水溶液。启动电动搅拌调速开关，转速先控制在低速挡，使物料混合。

2. 将氢氧化钠溶液分 4 次从冷凝管上口加入，提高搅拌速度。此时反应液温度慢慢上升至 60℃ 左右（温度不能太高，否则易导致乳化增加，可用电热套稍作加热）。反应液渐变成棕黄色并伴有固体析出，当温度开始下降时，可控制温度使反应溶液维持在 55～60℃（温度下降太多会降低反应产率），回流 1h。

图 3-3　搅拌反应装置

3. 降低搅拌速度，将反应液冷至室温，加入 50mL 水，使固体尽量溶解。

4. 将混合液倒入分液漏斗，静置分层，如界面上有絮状物，可过滤除去。

5. 分出的有机层（下层），用 25mL6%（2mol/L）的盐酸溶液洗涤，再用 25mL 水洗涤 2 次，加入无水硫酸镁干燥。

6. 安装蒸馏装置，常压蒸去氯仿，然后进行减压蒸馏。收集 80～82℃/16mmHg（1mmHg＝133.322Pa）或 95～97℃/35mmHg 馏分，或用空气冷凝管进行常压下蒸馏得到，沸程为 190～200℃。

7. 产物称重，计算产率，测定折射率，检验其纯度。

五、安全提示及注意事项

1. 环己烯具有一定的刺激性气味，接触皮肤和吞食有害，所以取用时必须戴好防护眼镜和手套，并在通风橱中操作。

2. 氯仿不燃，有毒，具刺激性，要防止吸入和接触眼睛，取用时戴好防护眼镜和手套。

3. 此反应为非均相的相转移催化反应，必须在强烈搅拌下进行，所以反应装置必须安装稳妥，保证在反应中的快速搅拌下仪器不晃动，以免造成危险。

4. 安装温度计时要注意不能让温度计的水银球碰到搅拌桨，以免剧烈搅拌，导致温度计水银球破裂，水银泄漏。

六、思考题

1. 简述 TEBA 催化此相转移催化反应的原理。

2. 二氯卡宾是一种活性中间体，容易与水作用，本实验在有水存在下为什么二氯卡宾可以和烯烃发生加成的反应？

3. 反应中为什么氯仿需要过量？

4. 如果分液时出现乳化现象，如何处理？

实验十五　1-溴丁烷

一、实验目的

1. 学习以醇、溴化物和硫酸制备溴代烷的原理和方法。
2. 掌握有毒气体吸收装置的使用。
3. 巩固回流、萃取、干燥和蒸馏等基本操作。

二、实验原理

1-溴丁烷是由正丁醇与卤代试剂（溴化钠和浓硫酸）生成的氢溴酸，通过亲核取代反应而制得的，主反应如下：

$$NaBr + H_2SO_4 \longrightarrow HBr + NaHSO_4$$
$$CH_3CH_2CH_2CH_2OH + HBr \longrightarrow CH_3CH_2CH_2CH_2Br + H_2O$$

加入浓硫酸的作用一是作为反应物与溴化钠生成氢溴酸；二是由于浓硫酸作为一个强酸，能提供 H^+ 质子，使醇形成离子

$$CH_3CH_2CH_2CH_2OH \xrightarrow{H^+} CH_3CH_2CH_2CH_2O^+H_2$$

使醇上的极弱离去基 OH^- 变成一个较强的离去基 H_2O，从而大大加快反应的速率。正丁醇是伯醇，上述反应是典型的催化 S_N2 反应，但也有部分是按 S_N1 机理进行的。在亲核取代反应的同时，常伴有消除脱水等副反应，如：

$$C_4H_9OH \xrightarrow[\triangle]{H_2SO_4} C_4H_8 + H_2O$$

$$2C_4H_9OH \xrightarrow[\triangle]{H_2SO_4} C_4H_9OC_4H_9 + H_2O$$

另外，硫酸也可能和正丁醇生成硫酸酯。因为硫酸是二元酸，生成的酯还可能是单酯或双酯。同时如果反应温度过高的话，还可能发生下面的氧化还原反应，导致产物颜色加深：

$$2HBr + H_2SO_4 \xrightarrow{\triangle} Br_2 + SO_2 + 2H_2O$$

所以反应完毕，除得到主产物 1-溴丁烷外，还可能含有未反应的正丁醇和副产物正丁醚。另外还有无机产物硫酸氢钠，硫酸氢钠在水中溶解度较小，用通常的分液方法不易除去，故在反应完毕再进行粗蒸馏，一方面使生成的 1-溴丁烷分离出来，另一方面粗蒸馏过程可进一步使醇与氢溴酸的反应趋于完全。

粗产物中含有正丁醇、正丁醚、硫酸酯等杂质，用浓硫酸洗涤，可将它们除去，如果产品中有正丁醇，蒸馏时会形成沸点较低的馏分（1-溴丁烷和正丁醇的共沸混合物沸点为 98.6℃，含正丁醇 13％），从而导致精制品产率降低。

因为反应过程生成 HBr、SO_2 等，加热时溶液中的溶解度下降，导致可能逸出，造成环境污染，所以在回流冷凝装置上加装了气体吸收装置，用来吸收可能逸出的 HBr、SO_2 气体，吸收液可用水，根据逸出气体为酸性性质，也可采用稀碱溶液。

三、试剂与器材

试剂：正丁醇（7.4g，9.3mL，0.1mol），无水溴化钠（12.5g，0.12mol）（或无水溴化钾 14.3g 0.12mol），浓 H_2SO_4（相对密度 1.84，27.6g，15mL，0.28mol），10％硫酸钠，无水氯化钙。

器材：反应装置和简易蒸馏装置（见图3-4），蒸馏装置同前简单蒸馏装置。

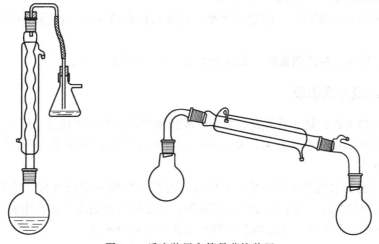

图 3-4　反应装置和简易蒸馏装置

四、实验步骤

如果学生实验时间为半天，本实验可分两次完成；如果是一天时间，可一次完成。

1. 第一次实验

① 在 100mL 圆底烧瓶中加入 12.5g 研碎的溴化钠，用定量加料器加入 9.3mL 正丁醇，投入沸石摇匀。

② 按反应装置图安装好反应装置，准备好气体吸收装置。

③ 在一小锥形瓶中加入 15mL 水，在冷水浴中一边振荡一边加 15mL 浓硫酸，得到稀释后的硫酸溶液。

④ 将稀释后的硫酸从冷凝管上口分批加入反应瓶中并充分振荡，使反应物充分混合均匀。硫酸加完后连接好气体吸收装置。

⑤ 反应物通过加热至沸腾（温度不要太高，只要保持持续沸腾即可），并适当回流30min，反应结束后，反应物冷却数分钟。

⑥ 卸去回流冷凝管，反应瓶中添加沸石，用75°弯管连接直形冷凝管，进行蒸馏。

⑦ 馏出液用细口瓶接收，在接收瓶中预先加入部分水，蒸出的1-溴丁烷因为密度大于纯水的密度，故会沉降至瓶底，既可防止1-溴丁烷挥发影响环境，又能达到迅速用水封存的目的。蒸馏至馏出液无油滴或澄清为止，塞好塞子，以备第二次实验用。蒸馏残液加水稀释冷却，倒入废液桶。

2. 第二次实验

① 准备好分液漏斗，将粗产品混合液倒入分液漏斗，将油层从下面放入干燥的小锥形瓶，然后用5mL浓 H_2SO_4 分两次加入瓶中洗涤油层，可用冷水冷却并振荡。再将混合物倒入分液漏斗，分去下层的浓硫酸。

② 油层依次用15mL水、7.5mL 10％的碳酸钠水溶液和15mL水洗涤。最后一次洗涤完毕，将下层粗产品仔细地放入干燥的小锥形瓶中，少量分批地加入无水氯化钙，并间歇振荡，直至液体澄清。

③ 安装好蒸馏装置，通过长颈漏斗加少量脱脂棉，将液体滤入干燥的圆底烧瓶，投入沸石，加热蒸馏，为防止1-溴丁烷来不及冷凝而过度挥发，可适当加大冷凝水流量或降低蒸馏时热源温度，收集99～102℃的馏分。

④ 产品称重，计算产率，测定折射率，计算与标准折射率之间的相对误差，检验其纯度。

纯1-溴丁烷为无色透明液体，沸点为101.6℃，$n_D^{2.0}$ 1.3941。

五、安全提示及注意事项

1. 1-溴丁烷为卤代烃，易挥发，有毒，故操作时应避免直接接触和吸入。

2. 实验中所需硫酸溶液较多，操作时注意戴好防护手套和眼镜，一旦接触皮肤，迅速用大量水冲洗。

3. 反应所需的浓硫酸稀释一倍，既可以在溶液中保持一定的水分，便于吸收产生的溴化氢，也可以使反应平缓，不至于过于剧烈，造成副反应的发生和产生副产物。浓硫酸稀释时注意冷却，并要求浓硫酸缓缓沿壁倒入水中并轻轻振荡。

4. 严格注意加料顺序，沸腾回流的温度不要太高，保持微微沸腾有液滴从冷凝管回流下来即可，防止过程中生成的溴化氢挥发程度过大，影响产率。

5. 蒸馏操作为防止1-溴丁烷大量挥发，冷凝水应适当大些，保证1-溴丁烷呈液态馏出。

六、思考题

1. 实验应根据哪种药品的用量计算理论产量，计算结果是多少？
2. 硫酸浓度太高或太低对实验有何影响？
3. 本实验在回流冷凝管上为何要采用吸收装置？吸收什么气体？还可用什么液体来吸收？
4. 在回流反应过程中，反应液逐渐分成两层，你估计产品处于哪一层中？为什么？
5. 产品用浓硫酸洗涤可除去哪些杂质？为什么能除去这些杂质？
6. 洗涤过程中，要注意放气，尤其是用碳酸钠溶液洗涤时。

实验十六　三苯甲醇

一、实验目的

1. 了解格氏试剂的制备、应用和进行格氏反应的条件。
2. 掌握制备三苯甲醇的原理和方法。
3. 巩固并掌握回流、萃取、重结晶等操作。

二、实验原理

三苯甲醇（triphenylmethanol）是常用的有机合成中间体以及医药中间体。

卤代烃在干燥的乙醚中能和镁屑作用生成烃基卤化镁 RMgX，俗称 Grignard（格氏）试剂。

$$R—X+Mg \xrightarrow{\text{干乙醚}} R—Mg—X$$

烃基卤化镁

在制备格氏试剂时需要注意整个体系必须保证绝对无水，不然将得不到烃基卤化镁，或者产率很低。在形成格氏试剂的过程中往往有一个诱导期，作用非常慢，甚至需要加温或者加入少量碘来使它发生反应，诱导期过后反应变得非常剧烈，需要用冰水或冷水在反应器外面冷却，使反应缓和下来。

格氏试剂是一种非常活泼的试剂，它能起很多反应，是重要的有机合成试剂。最常用的反应是格氏试剂与醛、酮、酯等羰基化合物发生亲核加成，生成仲醇或叔醇。

三苯甲醇就是通过格氏试剂苯基溴化镁与苯甲酸乙酯反应制得。

副反应：

三、试剂与器材

试剂：溴苯（2.8mL，0.02mol），镁条（0.5g，0.03mol），苯甲酸乙酯（1.3mL，0.013mol），无水乙醚（20mL），碘，氯化铵（2.5g），石油醚（30～60℃），95％乙醇。

器材：三口烧瓶（50mL），球形冷凝管，滴液漏斗，干燥管，直形冷凝管，分液漏斗，蒸馏头，接收管，锥形瓶（50mL）。

四、实验步骤

1. 苯基溴化镁的制备：实验前所用仪器均要干燥，无水乙醚中加入 $CaCl_2$ 干燥过夜。

2. 按反应装置图安装好反应装置，将镁条用砂纸打磨发亮，除去表面氧化膜，然后剪成屑状。

3. 称取 0.5g（0.02mol）镁屑加入三口烧瓶，加入 5mL 无水乙醚和一小粒碘。分别将 2.8mL（0.02mol）溴苯和 10mL 无水乙醚加入滴液漏斗中，先从滴液漏斗中放出数毫升溶液，轻轻振荡烧瓶引发反应，反应开始后碘的颜色逐渐消失（引发一定要充分，若不发生反应，可微微加热），然后将剩余溶液慢慢地滴加（溴苯不宜加入过快，否则会使反应过于激烈，且产生较多的副产物联苯），并保持反应物缓缓回流。溴苯溶液滴完后，用热浴使反应液保持回流至镁全部反应完毕。然后将反应物冷却至室温。

4. 三苯甲醇的制备：将 1.3mL（0.013mol）苯甲酸乙酯和 5mL 乙醚的混合液加入滴液漏斗中，缓慢滴加入上述苯基溴化镁中，用温水浴保持回流 1h，冷却至室温。通过滴液漏斗慢慢滴入含 2.5g 氯化铵的饱和水溶液，使产物分解（若有白色絮状物产生，可加入少量稀盐酸）。

5. 将反应装置改成蒸馏装置，先蒸去乙醚（回收）。然后加入 30～60℃ 的石油醚 25mL，即有固体产品析出，冷却过滤得黄白色固体。滤液用分液漏斗分层并回收石油醚。固体用水洗涤、抽干。

6. 粗产品可用 95％乙醇重结晶。计算产率。测定其熔点，检验其纯度。

纯三苯甲醇为白色片状晶体，熔点 164.2℃。

五、安全提示及注意事项

1. 反应过程用到乙醚，乙醚易燃，具有麻醉作用，吸入可导致昏迷，所以必须严禁明火，并注意操作在通风橱中进行。

2. 溴苯易燃，具刺激性，高浓度蒸气吸入会刺激上呼吸道，对眼睛有强烈刺激作用，操作时需戴防护眼镜和手套。

六、思考题

1. 格氏反应的原理是什么？本实验的成败关键何在？

2. 为什么整个过程要无水干燥？

3. 为什么要在反应开始时加入碘？

4. 本实验中为什么要用饱和氯化铵溶液分解产物？除此之外还有什么试剂可代替？

5. 溴苯滴入太快或一次加入有什么不好？

实验十七 苯丁醚（Williamson反应）

一、实验目的

1. 了解醚类合成的原理及方法。

2. 巩固并掌握回流、蒸馏、分液、洗涤等操作。

二、实验原理

醚类化合物有单醚和混醚，简单醚如乙醚、四氢呋喃等是有机合成中常用的溶剂，利用伯醇在浓硫酸作用下发生分子间脱水是制备简单醚的常用方法。

由卤代烃或硫酸酯（如硫酸二甲酯、硫酸二乙酯）与醇钠或酚钠反应制备醚的方法称为 Williamson 合成法，它既可以合成单醚，也可以合成混醚。

苯丁醚是芳香混醚。混醚通常用 Williamson 合成法制备。由于芳香卤代烃不活泼，一般由脂肪卤代烃和酚钠在乙醇液中反应制得：

$$ArONa + RX \xrightarrow{\text{乙醇}} ArOR + NaX$$

卤代烃以溴化物为宜。酚钠可用酚和氢氧化钠作用制得。一般认为反应是酚氧离子与溴代烷进行的 S_N2 反应。

主反应：

副反应：

$$C_4H_9Br + NaOH \xrightarrow{H_2O} C_4H_9OH + NaBr$$

$$C_4H_9Br \xrightarrow[\text{乙醇}]{NaOH} C_4H_8 + HBr$$

三、试剂与器材

试剂：苯酚（6mL，0.067mol），1-溴丁烷（9.3mL，0.085mol），氢氧化钠（2.9g，0.073mol）、无水乙醇（20mL），5%氢氧化钠溶液，无水氯化钙。

器材：100mL 圆底烧瓶，球形冷凝管，干燥管，蒸馏头，接收管，直形冷凝管，50mL 锥形瓶，分液漏斗。

实验所用仪器必须干燥。反应装置见实验十三图 3-2。

四、实验步骤

视实验规定时间，可以分两次完成。

1. 在 100mL 圆底烧瓶中，加入 2.9g 氢氧化钠、20mL 无水乙醇和 6mL 苯酚（苯酚室温时为固体，可用热水浴温热，使其熔化后量取），加入沸石。按反应装置图 3-2 安装好反应装置，冷凝管上口装上填有无水氯化钙的干燥管。

2. 加热回流。当溶液温度达到 85℃左右时，反应物开始沸腾并有回流现象。

3. 回流开始后从冷凝管上口分批加入 9.3mL 1-溴丁烷。控制水浴温度在 90～95℃，回流 1～1.5h（如果因温度较高，使溶剂挥发过多而发生液体分层现象，可补加少量无水乙醇）。固体氢氧化钠逐渐溶解，烧瓶内白色沉淀逐渐增加。期间不断振荡烧瓶。

4. 反应结束，移去热源。等反应液稍冷，将回流装置改装成简单蒸馏装置，补加沸石，再加热把反应混合物中的乙醇尽量蒸馏出来（约得 15～19mL，回收）。

5. 在残留物中加入 7～15mL 水，使固体溴化钠溶解，塞紧瓶塞待第二次实验时处理。

6. 将混合液倒入分液漏斗中，分去水层，粗苯丁醚用 10mL 5％NaOH 溶液洗涤，再用 1～1.5g 无水氯化钙干燥。

7. 滤去干燥剂后，加热蒸馏，用空气冷凝管收集 200～205℃馏分。产物称重，计算产率，并测折射率，检验其纯度。

纯苯丁醚为无色液体，沸点 210℃。折射率 n_D^{20} 1.4969。

本实验需 5～6h。

五、安全提示及注意事项

1. 苯酚对皮肤有腐蚀性，取用时戴好防护手套，如不慎触及皮肤，应立即用肥皂水冲洗，然后用乙醇擦洗至无苯酚味。

2. 注意加料顺序，先加热回流生成酚钠后再加 1-溴丁烷，效果较好。

3. 反应温度在 85℃左右时产率较高，温度太高易造成溶剂挥发和增加副反应发生的可能。

六、思考题

1. 用浓硫酸脱水法制醚和 Williamson 法制醚在反应机理上有何异同？

2. 在制备苯丁醚时，无水乙醇在其中起什么作用？为什么不用普通的 95％乙醇？

3. 反应完毕后，为什么要尽量将乙醇蒸出？

4. 粗苯丁醚为什么要用氢氧化钠溶液洗涤？

5. 如果用金属钠代替氢氧化钠，是否可行？产量能否提高？

实验十八 二苯乙烯基甲酮（双亚苄基丙酮）（Claisen-Schmidt反应）

一、实验目的

1. 了解二苯乙烯基甲酮的合成方法。

2. 掌握多相有机反应的搅拌操作方法。

3. 掌握固体有机化合物的重结晶方法。

二、实验原理

两分子苯甲醛在碱性条件下和丙酮缩合生成二苯乙烯基甲酮：

上述反应机理是具有 α-H 的醛或酮，在碱催化下生成碳负离子，然后碳负离子作为亲核试剂对醛或酮进行亲核加成，生成 β-羟基醛，β-羟基醛受热脱水生成 α,β-不饱和醛或酮。在稀碱或稀酸作用下，两分子的醛或酮可以互相作用，其中一个醛（或酮）分子中的 α-氢加到另一个醛（或酮）分子的羰基氧原子上，其余部分加到羰基碳原子上，生成一分子 β-羟基醛或一分子 β-羟基酮，这个反应叫做羟醛缩合或醇醛缩合（Aldol condensation）。通过醇醛缩合，可以在分子中形成新的碳碳键，并增长碳链。

交叉羟醛缩合：在不同的醛、酮分子间进行的缩合反应称为交叉羟醛缩合。如果所用的醛、酮都具有 α-氢原子，则反应后可生成 4 种产物，实际得到的总是复杂的混合物，没有实用价值。一些不带 α-氢原子的醛、酮不发生羟醛缩合反应（如 HCHO、R_3CCHO、ArCHO、R_3CCOCR_3、ArCOAr、$ArCOCR_3$ 等），可它们能够同带有 α-氢原子的醛、酮发生羟醛缩合，其中主要是苯甲醛和甲醛的反应。并且产物种类减少，可以主要得到一种缩合产物，产率也较高。反应完成之后的产物中，必然是原来不带有 α-氢原子的醛基被保留。在反应时始终保持不含 α-氢原子的甲醛过量，便能得到单一产物。

芳香醛与含有 α-氢原子的醛、酮在碱催化下所发生的羟醛缩合反应，脱水得到产率很高的 α,β-不饱和醛、酮，这一类型的反应，叫做 Claisen-Schmidt 缩合反应。在碱催化下，苯甲醛也可以和含有 α-氢原子的脂肪酮或芳香酮发生缩合。另外，还有些含活泼亚甲基的化合物，例如丙二酸、丙二酸二甲酯、α-硝基乙酸乙酯等，都能与醛、酮发生类似于羟醛缩合的反应。主要原因均是强吸电子基团对于 α-H 的活化，使之易成为氢离子而脱离，乙酰乙酸乙酯和丙二酸二乙酯在有机合成上的应用也与之有关。

本实验需要注意控制碱液浓度，浓度太低，碱性太小，会主要生成一缩合产物亚苄基丙酮；浓度太大，易使苯甲醛发生歧化反应。

亚苄基丙酮（一缩合产物）

三、试剂与器材

试剂：苯甲醛（3mL，0.028mol），丙酮（1mL，0.014mol），95％乙醇（22mL），10％氢氧化钠溶液（28mL），冰醋酸，无水乙醇。

器材：电动搅拌器，圆底烧瓶（100mL），温度计，抽滤瓶，布氏漏斗，烧杯等，反应装置如实验十四图 3-3 所示。

四、实验步骤

1. 按照反应装置图 3-3 安装三口烧瓶、冷凝管、搅拌桨等在电动搅拌器上，并调试稳定。

2. 在 100mL 圆底烧瓶中放入 3mL 苯甲醛、1mL 丙酮和 22mL 95％乙醇，启动电动搅拌器进行混合均匀。

3. 再加入 28mL 10％氢氧化钠溶液，至少搅拌反应 15min。反应物起初是澄清均相的，十几秒后变为乳状液体，不久有黄色固体颗粒产生。

4. 抽滤收集析出的固体产品，并用水洗涤（产品不溶于水），抽干水分。

5. 拔去抽气管，停止抽滤，固体用 1mL 冰醋酸和 14mL 95％乙醇配成的混合液洗涤，让其在布氏漏斗内静置 30s，再次抽滤，最后再用少量水洗涤 1～3 次，得黄色粉状固体。

6. 将固体移至 50mL 圆底烧瓶中，搭置回流冷凝装置，分批加入无水乙醇（共约 12mL），加热回流进行重结晶，待饱和溶液制得后再多加 2mL 无水乙醇，冷却至室温，产品呈淡黄色漂亮的片状结晶。

7. 抽滤，水洗，抽干。产品放在表面皿上，在真空干燥箱内（50～60℃）干燥。

8. 产品称重，计算产率。

纯二苯乙烯基甲酮为淡黄色片状结晶，熔点 113℃（分解）。

五、安全提示及注意事项

1. 苯甲醛、丙酮易燃，有毒，具刺激性，取用时在通风橱中进行，并戴好防护眼镜和手套。

2. 缩合反应是一个放热反应，而丙酮沸点为 56.2℃。故不需加热并注意冷却，以免使缩合反应温度过高。

六、思考题

1. 本反应的原理是什么？如果用苯乙醛和丙酮进行反应，会产生什么？
2. 粗产品为什么要用含冰醋酸的溶液进行洗涤？
3. 重结晶所用的溶剂为什么不能太多？也不能太少？

实验十九　己二酸的绿色合成

一、实验目的

1. 了解绿色化学的原理和意义。
2. 了解用环己烯绿色氧化法制己二酸的方法。
3. 巩固并掌握有机化学实验基本操作。

二、实验原理

己二酸（adipic acid，ADA）是一种重要的有机合成原料和中间体，主要用于合成尼龙-66、聚氨酯和增塑剂，还可用于生产高级润滑油、食品添加剂、医药中间体、香精香料控制剂、新型单晶材料、塑料黏合剂、杀虫剂、染料等。

己二酸的合成方法大多采用浓硝酸或高锰酸钾直接氧化法，这些方法存在一定的环境污染，反应也比较剧烈。如硝酸法由于使用强氧化性的硝酸，腐蚀性强，而且产生的 N_2O 被认为是引起全球变暖和臭氧减少的原因之一，给环境造成极大的污染。

所以随着绿色化学的兴起，探求高效、环保的新型催化剂已成为合成己二酸领域的热点。30％的 H_2O_2 作为一种安全、温和、清洁、价廉易得的氧化剂，替代传统的高污染氧化剂在有机合成中的应用越来越受到人们的重视。研究发现用过氧化氢活化和氧化反应的钨催化剂具有重要意义。本实验采用钨酸钠-草酸-过氧化氢氧化体系来制备己二酸，反应条件温和，时间短，易控制，反应过程中无有毒有害物质产生，产物和催化剂分离容易，且催化剂可重复使用，体现了绿色化学的基本思想。

$$\text{\Large$\bigcirc$} + H_2O_2 \xrightarrow[H_2C_2O_4]{Na_2WO_4} HOOC(CH_2)_4COOH$$

三、试剂与器材

试剂：钨酸钠，环己烯，过氧化氢（30％），草酸，无水乙醇。

器材：三口烧瓶，圆底烧瓶，冷凝管，烧杯，表面皿，磁力加热搅拌器，减压蒸馏装置或旋转蒸发仪。

四、实验步骤

1. 在 100mL 三口烧瓶中加入 1.50g 钨酸钠、0.57g 草酸、34.0mL 30％的 H_2O_2 和

搅拌磁子。装好回流冷凝管，室温下搅拌 15~20min。

2. 加入 6.00g 环己烯，开启冷凝水，快速剧烈搅拌并加热至回流。反应过程中回流温度将慢慢升高，回流 1.5h。

3. 将热的反应液倒入 100mL 烧杯中，先用冷水冷却至近室温后，再在冰水浴中冷却 20min。

4. 用布氏漏斗抽滤，以 5mL 冰水洗涤后，再用 5mL 乙醇洗涤，尽量抽干晶体，将产品干燥至恒重后，称量，记录己二酸的质量，计算产率，取少量产品测定熔点。

5. 将滤液转移至圆底烧瓶中，搭置减压蒸馏装置，蒸除去溶剂，回收钨盐催化剂可重复使用。

纯己二酸为白色结晶，熔点 152℃。

五、安全提示及注意事项

1. 双氧水对皮肤有腐蚀性，取用时戴好防护手套。

2. 回流过程中出现白色泡沫，一定时间后泡沫消失，控制好回流温度和搅拌速度，防止反应溶液暴沸。

六、思考题

1. 用双氧水作氧化剂有什么优点？

2. 该反应可能有什么副产物？

3. 查阅资料，说明绿色化学的主要内容。

实验二十　呋喃甲醇和呋喃甲酸（Cannizzaro反应）

一、实验目的

1. 学习呋喃甲醛在浓碱条件下进行 Cannizzaro 反应制得相应的醇和酸的原理和方法。

2. 了解芳香杂环衍生物的性质。

3. 进一步熟悉巩固洗涤、萃取、简单蒸馏、减压过滤和重结晶操作。

二、实验原理

在浓的强碱作用下不含 α-活泼氢的醛类可以发生分子间自身氧化还原反应，一分子醛被氧化成酸，而另一分子醛则被还原为醇，此反应称为 Cannizzaro 反应：

反应实质是羰基的亲核加成，反应涉及了羟基负离子对一分子不含 α-H 的醛的亲核加成，加成物的负氢向另一分子醛的转移和酸碱交换反应。

三、试剂与器材

试剂：呋喃甲醛（新蒸，8.4mL，0.1mol），氢氧化钠（4g，0.1mol），乙醚，无水碳酸钾，盐酸。

器材：50mL 圆底烧瓶，100mL 圆底烧瓶，球形冷凝管，空气冷凝管，蒸馏头，温度计套管，接引管，锥形瓶，分液漏斗，吸滤瓶，布氏漏斗，250mL 烧杯，磁力搅拌器。

四、实验步骤

实验所需时间 5～6h。

1. 在 50mL 烧杯中，加入 1.2g 氢氧化钠、2.5mL 水，搅拌使氢氧化钠溶解，将配制好的氢氧化钠溶液用冰水浴冷却至 5℃左右。

2. 在不断搅拌下，将滴液漏斗中装有的 2.8mL 新蒸的呋喃甲醛缓慢滴入烧杯中，约 10min 滴完。

3. 控制温度在 8～10℃左右，继续搅拌 30min，此时反应物呈黄色浆状。

4. 搅拌下在烧杯中加入适量的水（约 2～5mL），使黄色浆状物全部溶解。

5. 将溶液倒入分液漏斗，以 5mL 乙醚萃取，共萃取 3 次，萃取后的水相保存。萃取后的有机相用无水硫酸镁干燥。

6. 搭好蒸馏装置，先加热蒸出乙醚，再蒸馏呋喃甲醇，收集 169～172℃的馏分。称重，计算产率。

7. 保存的水相中主要含呋喃甲酸钠，在搅拌下慢慢用 25％的盐酸酸化，至使刚果红试纸变蓝，水浴冷却，使呋喃甲酸完全析出。

8. 抽滤，用少量水洗涤 1～2 次，粗产品可用水进行重结晶。烘干（85℃以下），称重，计算产率。

本实验所得产品呋喃甲醇为无色透明状液体，沸点 171℃，n_D^{20} 1.1296。呋喃甲酸为白色针状晶体，熔点 133～134℃。

五、安全提示

1. 呋喃甲醛易燃，遇明火有引起燃烧的危险。受高热分解放出有毒、有刺激性气体，能刺激眼睛、黏膜，易经皮肤吸收引起中毒，取用时必须做好防护措施，戴好防护眼镜和手套。

2. 呋喃甲醛一般为无色或浅黄色液体，在光、热、空气和无机酸的作用下很快变为黄褐色并发生树脂化，所以使用前最好经过实验室的预先减压蒸馏，可以提高反应的活性。

3. 反应开始时比较剧烈，同时大量放热，所以要严格控制反应物的温度，超过 10℃，反应物温度迅速升高，反应物颜色加深，低于 5℃，反应过慢，还可能导致部分呋喃甲醛积聚，产率下降。

4. 盐酸酸化水溶液时酸量要加足，保证 pH 值为 2～3，使呋喃甲酸从水中游离出来。

5. 从水中得到的呋喃甲酸呈针状体，100℃时部分升华，所以呋喃甲酸在烘干时温度不能太高，一般为 80～85℃，如自然晾干亦可。

六、思考题

1. 本实验的反应原理是什么？

2. 长期放置的呋喃甲醛含什么杂质？如不除去对实验有什么影响？

3. 反应液为什么要用乙醚萃取？萃取的是什么物质？

实验二十一 肉桂酸（Perkin反应）

一、实验目的

1. 了解肉桂酸的制备原理及方法。
2. 掌握回流、热过滤、重结晶等操作。
3. 进一步掌握水蒸馏的原理及应用。

二、实验原理

肉桂酸又名 β-苯丙烯酸，有顺式和反式两种异构体。通常以反式形式存在，为无色晶体，熔点 133℃。肉桂酸是香料、化妆品、医药、塑料和感光树脂等的重要原料。肉桂酸的合成方法有多种，实验室里常用 Perkin 反应来合成肉桂酸。以苯甲醛和乙酸酐为原料，在无水醋酸钾（钠）的存在下，发生缩合反应，即得肉桂酸。

反应时，酸酐受乙酸钾（钠）的作用，生成酸酐负离子；负离子和醛发生亲核加成，生成 β-羧基酸酐；然后再发生失水和水解作用得到不饱和酸。

Perkin 法制肉桂酸具有原料易得、反应条件温和、分离简单、产率高、副反应少等优点，工业上也多采用此法。

由于乙酸酐遇水易水解，催化剂乙酸钾易吸水，故要求反应器是干燥的。有条件的话乙酸酐和苯甲醛最好用新蒸馏的，催化剂可进行熔融处理。

本实验中，反应物苯甲醛和乙酸酐的反应活性都较小，反应速率慢，必须提高反应温度来加快反应速率。但反应温度又不宜太高，一方面由于乙酸酐和苯甲醛的沸点分别为 140℃和 178℃，温度太高导致反应物挥发，另外温度太高，易引起脱羧、聚合等副反应，故反应温度一般控制在 150～170℃。

本实验中用碳酸钾代替乙酸钾，碱性增强，产生碳负离子的能力增强，有利于反应的进行，提高反应产率和减少反应时间。

合成得到的粗产品通过水蒸气蒸馏、重结晶等方法提纯精制。

三、试剂与器材

试剂：苯甲醛（预先蒸馏，3mL，0.03mol），乙酸酐（5.5mL，0.06mol），碳酸钾（4.2g，0.03mol），碳酸钠，浓盐酸，活性炭。

器材：100mL 三口烧瓶，球形冷凝管，直形冷凝管，温度计，蒸馏头，接收管，50mL 锥形瓶，布氏漏斗，吸滤瓶，培养皿。

为了有效地控制反应过程中的温度，温度计必须插入反应液中。装置见图 3-5。由于蒸汽温度高于 130℃，用不通水的球形冷凝管代替空气冷凝管。

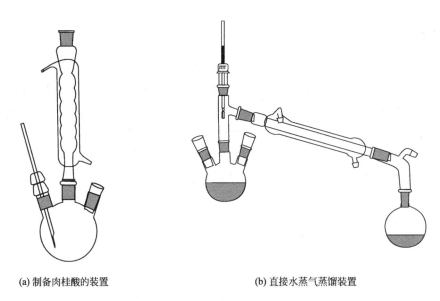

(a) 制备肉桂酸的装置   (b) 直接水蒸气蒸馏装置

图 3-5　实验装置

后处理中，水蒸气蒸馏是为了除少量的油状物杂质，故采用在反应瓶中加入水，直接蒸馏方式。装置见图 3-5。

四、实验步骤

1. 首先将三口烧瓶、球形冷凝管烘干。

2. 在干燥的 100mL 三口烧瓶中依次加入 4.2g 研细的无水碳酸钾（预先要烘干）、3mL 苯甲醛和 5.5mL 乙酸酐，将混合物稍作振荡，安装好反应装置，小心加热，使反应物保持微微沸腾，反应液温度始终保持在 150～170℃ 1h（保温过程中要注意观察反应混合物的状况，若发现未变色或无固体析出时，可补加少量乙酐）。

3. 反应液稍作冷却后，加入 50mL 热水，边搅拌边加入碳酸钠固体 5～6g，调节反应液的 pH 值在 8 左右，加入一匙活性炭粉末，将反应装置改成直接水蒸气蒸馏装置。加热进行水蒸气蒸馏并同时进行脱色，直至无油状物馏出（馏出液回收）。残液中如有固体析出或体积较少，可以补加少量热水。反应液趁热过滤，滤液冷却后，用浓盐酸（约 5mL）中和至 pH＝2～3。用冷水浴冷却后，抽滤，用少量水洗涤滤饼，抽干。固体在低于100℃时烘干，称重。计算产率，测定熔点。也可用水或乙醇作重结晶。产量约为 2.5g。

纯肉桂酸（反式）为无色晶体，熔点 135～136℃。

五、安全提示

1. 乙酸酐易燃，有腐蚀性，有催泪性，勿接触皮肤或眼睛，以防引起损伤。取用时在通风橱中进行，并戴好防护眼镜和手套。

2. 久置的苯甲醛会自行氧化成苯甲酸，混入产品中不易除去，影响产品纯度，故应在使用前除去。

3. 反应开始时加热不要太快，以免乙酸酐受热分解而挥发，造成产率低下，一般反应时产生的白色烟雾不要超过空气冷凝管的1/3。

六、思考题

1. 为什么乙酸酐和苯甲醛要在实验前重新蒸馏才能使用？
2. 简述此反应的机理并说明此反应中醛的结构特点。
3. 能否用氢氧化钠代替碳酸钠中和反应混合物？为什么？
4. 水蒸气蒸馏除去什么物质？如何控制水蒸气蒸馏的终点？

实验二十二 乙酸正丁酯

一、实验目的

1. 掌握共沸蒸馏分水法的原理和油水分离器的使用。
2. 掌握液体混合物的分离提纯方法。
3. 了解并掌握固体酸催化剂催化制备乙酸正丁酯的原理与方法。

二、实验原理

制备酯类最常用的方法是由羧酸和醇直接酯化合成。合成乙酸正丁酯的反应如下：

$$CH_3-\overset{O}{\overset{\|}{C}}-OH + CH_3CH_2CH_2CH_2OH \xrightarrow{H_2SO_4} CH_3-\overset{O}{\overset{\|}{C}}-OCH_2CH_2CH_2CH_3 + H_2O$$

酯化反应是一个可逆反应，而且在室温下反应速率很慢。加热、加酸（H_2SO_4）作催化剂，可使酯化反应速率大大加快。同时为了使平衡向生成物方向移动，可以采用增加反应物浓度（冰醋酸）和将生成物除去的方法，使酯化反应趋于完全。

为了将反应生成物中的水除去，利用酯、酸和水形成二元或三元恒沸物，采取共沸蒸馏分水法，使生成的酯和水以共沸物形式蒸出来，冷凝后通过分水器分出水，油层则回到反应器中。

传统的酯化反应催化剂为无机酸（如硫酸），由于是均相催化，反应后无机酸无法回收，且需要消耗大量的水洗涤产品，产生大量含酸或含碱的废水，造成严重的环境污染，因此把均相催化变为非均相催化，一来方便了催化剂回收再利用，二来节约了大量的洗涤水，减少了环境污染。非均相催化的方法之一就是使用负载催化剂，把酸性物质通过负载技术固定在多孔性、惰性物质上，通过负载在多孔固体物质表面的活性催化中心催化酯化反应，催化剂与反应物质分散于两相中，分离非常方便。

本实验采用两种方法实施酯化反应，第一种是采用传统的无机酸硫酸进行催化酯化反应，第二种则是采用负载硅胶-$TiCl_4$固体酸催化剂进行相应的酯化反应。

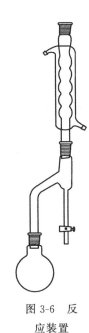

图 3-6 反应装置

三、试剂与器材

试剂：正丁醇（9.3g，11.5mL，0.125mol），冰醋酸（9.4g，9mL，0.15mol），浓硫酸，10%碳酸钠，无水硫酸镁，硅胶 H，四氯化钛，甲苯。

器材：圆底烧瓶，分水器，球形冷凝管，直形冷凝管，蒸馏头，温度计，接收管，坩埚，马弗炉，反应装置见图 3-6。

四、实验步骤

方法一（以硫酸作催化剂）

1. 按图 3-6 装配好反应装置。

2. 用定量加料器在 100mL 圆底烧瓶中加入 11.5mL 正丁醇，用量筒加入 9mL 冰醋酸，从滴瓶加入 3～4 滴浓 H_2SO_4 摇匀，投入 3 粒沸石。

3. 在分水器中加入适量的水，使水面稍低于分水器回流支管的下沿。

4. 打开冷凝水，反应瓶在石棉网上，小火加热回流。

5. 反应过程中，不断有水分出，并进入分水器的下部，通过分水器下部的开关将水分出，要注意水层与油层的界面，不要将油层放掉。

6. 反应约 40min 后，分水器中的水层不再增加时，即为反应的终点。

7. 将分水器中液体倒入分液漏斗，分出水层，量取水的体积，减去预加入的水量，即为反应生成的水量。上层的油层与反应液合并。

8. 分别用 10mL 水、10mL 10%碳酸钠、10mL 水洗涤反应液，将分离出来的上层油层倒入一干燥的小锥形瓶中，加入无水硫酸镁干燥，直至液体澄清。

9. 干燥后的液体用少量脱脂棉通过三角漏斗过滤至干燥的 50mL 蒸馏烧瓶中，加入沸石，安装蒸馏装置，石棉网上加热，收集 120～127℃的馏分。

10. 产品称重后测定折射率，可用气相色谱检查产品的纯度。

纯乙酸正丁酯是无色液体，有水果香味。沸点 126.5℃，n_D^{20} 1.3941。称量，计算产率。测其折射率，检验其纯度。

方法二（以固体酸作催化剂）

1. 负载固体酸催化剂的制备

取 10.0g 硅胶 H，置于坩埚中，放入马弗炉中，逐渐升高温度，至 400℃烘烤 4h，转移到真空干燥器中，用氮气置换后冷却待用。用一次性针管抽取液态 $TiCl_4$ 10mL，溶于 30mL 甲苯中，制得 $TiCl_4$ 的甲苯溶液。将活化的硅胶完全浸泡在溶液中，密封保存，浸泡 20h。在氮气保护下，过滤除去瓶中的甲苯溶液，并将负载后的硅胶中的溶剂减压除去，200℃烘烤 2h 后冷却，取部分测钛含量 [硅胶负载物含钛量为 6.0%～7.0%（质量分数），氧化铝为 2%～3%（质量分数）]，其余密封保存备用。

2. 负载催化剂催化酯化反应

在装置了分水器的干燥 100mL 圆底烧瓶中加入乙酸 10mL（0.175mol）、正丁醇 12.3mL（0.134mol）、硅胶 H-$TiCl_4$ 催化剂 0.5g，投入 1～2 粒沸石。打开冷凝水，使用电热套加热开始回流，反应过程中不断有水产生，并冷凝进入分水器的下部，打开分水器下部的活塞将水分出。反应一段时间后，待分水器中的水层不再增加时，即为反应的终点。大约需要 1.5～2.5h。反应完毕，过滤除去固体催化剂，然后将分水器中上层的油层与反应液合并，用 10mL 水洗涤，将分离出来的上层油层倒入一干燥的小锥形瓶中，加适量无水硫酸镁干燥，直至液体澄清。干燥后的液体，用少量脱脂棉通过三角漏斗转移至干燥的圆底烧瓶中，加入沸石。加热开始蒸馏，收集一定 120～127℃ 温度的馏分。计算收率，测定折射率。

五、安全提示和注意事项

1. 高浓度醋酸在低温时凝结成冰状固体（熔点 16.6℃）。如果做实验前发现冰醋酸已凝结，取用时可用温水浴温热，使其熔化后量取。注意不要碰到皮肤，防止烫伤。

2. 浓硫酸起催化剂作用，只需少量即可。也可用固体超强酸作催化剂。

3. 当酯化反应进行到一定程度时，可连续蒸出乙酸正丁酯、正丁醇和水的三元共沸物（恒沸点 90.7℃），其回流液组成为：上层三者分别为 86％、11％、3％，下层为 1％、2％、97％。故分水时也不要分去太多的水，而以能让上层液溢流回圆底烧瓶继续反应为宜。

4. 碱洗时注意分液漏斗要放气，否则二氧化碳的压力增大，会使溶液冲出来。

5. 本实验不能用无水氯化钙为干燥剂，因为它与产品能形成配合物而影响产率。

六、思考题

1. 酯化反应有哪些特点？本实验中如何提高产品收率？又如何加快反应速率？

2. 计算反应完全时应分出多少水？

3. 在提纯粗产品的过程中，用碳酸钠溶液洗涤主要除去哪些杂质？若改用氢氧化钠溶液是否可以？为什么？

实验二十三 溴化1-丁基-3-甲基咪唑（离子液体）

有机溶剂始终是化学工业中非常重要的一类化合物，如苯、乙醇、氯仿、丙酮等，尽管它们的极性等溶剂的性质不同，但是通常都是作为液体使用，而且很多溶剂在使用中不可避免地会挥发，造成浪费和环境污染。而离子液体（ionic liquid）是指在常温下呈液态的由离子组成的物质，也称为有机离子液体、低温熔融盐等。离子液体的出现是对有机溶剂使用的一种可能的变革，它是一种优良的有机溶剂，可溶解极性、非极性的有机物、无机物等，最主要的是离子液体在常温下是液体，但是蒸气压很低，不易挥发，而且液态温度范围宽（-70～400℃），使用方便，对环境无污染，因而被称为绿色溶剂。

一、实验目的

1. 了解绿色溶剂离子液体的基本概念和应用原理。

2. 学习并掌握离子液体溴化 1-丁基-3-甲基咪唑的制备方法。

3. 巩固有机合成基本操作技术。

二、实验原理

离子液体一般由有机阳离子和无机或有机阴离子组成，常见的阳离子有季铵离子、季膦离子、咪唑离子和吡啶离子等，阴离子有 X^-、BF_4^-、PF_6^-、NO_3^-、$CF_3SO_3^-$、HSO_4^-、$AlCl_4^-$、$CF_3SO_2NCOCF_3^-$ 等。

溴化 1-丁基-3-甲基咪唑（[Bmin]Br）属于二烷基咪唑类离子液体，不仅本身在油品脱碳等方面具有广泛的用途，同时也是制备 [Bmin]BF_4、[Bmin]PF_6 等其他二烷基咪唑类离子液体的重要中间体。本实验以 N-甲基咪唑和 1-溴丁烷为原料合成溴化 1-丁基-3-甲基咪唑：

三、试剂与器材

试剂：1-溴丁烷（7mL，0.04mol），N-甲基咪唑（2.4g，0.03mol），无水乙醚，无水氯化钙。

器材：带温控的磁力搅拌器，50mL 三口烧瓶，干燥管，回流冷凝管，温度计。

四、实验步骤

1. 在 50mL 三口烧瓶中加入 7mL1-溴丁烷、2.4g N-甲基咪唑，装上回流冷凝管，在冷凝管顶部装上装有无水氯化钙的干燥管，投入搅拌子，插好温度计。

2. 开启搅拌，升温，观察温度计读数，在80℃反应 1h，反应物黏度逐渐增大，可以适当提高搅拌速度。

3. 反应结束，冷却至室温。

4. 在搅拌下从冷凝管上端加入无水乙醚（5mL），持续搅拌 5min，用滴管仔细吸取上层液体回收，重复此过程 3 次。

5. 将烧瓶中的液体转移至培养皿中，在真空干燥箱中干燥（60℃下 2~3h）。

6. 称量，计算产率。

本实验的产品为淡黄色或黄色黏稠液体。

五、安全提示及注意事项

1. 1-溴丁烷和乙醚容易挥发，吸入对人体产生影响，所以取用操作在通风橱中进行。

2. 反应结束后加入乙醚洗涤前最好降温到室温，以免造成乙醚挥发损失。

3. 真空干燥产物时使用真空干燥箱必须按照要求操作，做到先抽气再升温，结束时先关闭电源，在放气后解除箱内真空状态再开启箱门。

六、思考题

1. 反应温度如果太高（超过100℃），对反应和产物有什么影响？

2. 为什么得到的产物不需要进一步提纯和精制？

3. 反应结束后加入乙醚是为什么？

实验二十四 乙酰苯胺

一、实验目的

1. 掌握苯胺酰化合成乙酰苯胺的实验原理，了解芳环氨基的保护方法。
2. 掌握分馏柱除水的实验方法，巩固乙酰苯胺溶剂重结晶方法。

二、实验原理

乙酰苯胺为白色有光泽片状结晶或白色结晶粉末，是磺胺类药物的原料，可用作止痛剂、退热剂、防腐剂和染料中间体，用来制造染料中间体对硝基乙酰苯胺、对硝基苯胺和对苯二胺。第二次世界大战时大量用于制造对乙酰氨基苯磺酰氯。乙酰苯胺也用于制硫代乙酰胺。在工业上可作橡胶硫化促进剂、纤维脂涂料的稳定剂、过氧化氢的稳定剂，以及用于合成樟脑等。还用作制青霉素 G 的培养基。

作为上一代的止痛剂和退热剂，由于具有低毒性，现已被新一代乙酰类药物取代，比如对乙酰氨基酚。

乙酰苯胺类化合物在酸或碱的催化作用下，易水解成苯胺或羧酸，因此，在有机合成上，常将苯胺上的氨基乙酰化，然后再在芳环上接上所需基团，再利用酰胺能水解成胺的性质，恢复氨基，以达到保护芳环上氨基的作用。

乙酰苯胺可由苯胺与乙酰化试剂，如乙酰氯、乙酐或乙酸等直接作用来制备。反应活性是乙酰氯＞乙酐＞乙酸。由于乙酰氯和乙酐的价格较贵，而且反应产物分离提纯较为困难，产物中会有毒害物质产生，不符合绿色化学的要求。本实验选用乙酸作为乙酰化试剂。产物除了目标产物外，还有水，对环境友好。反应如下：

$$CH_3COOH + \text{⬡}-NH_2 \rightleftharpoons \left[CH_3-\overset{O}{\underset{|}{C}}-ONH_3-\text{⬡} \right] \rightleftharpoons CH_3-\overset{O}{\underset{|}{C}}-NH-\text{⬡} + H_2O$$

铵盐

乙酸与苯胺的反应速率较慢，且反应是可逆的，为了提高乙酰苯胺的产率，一般采用冰乙酸过量的方法，同时利用分馏柱将反应中生成的水从平衡中移去。

由于苯胺易氧化，加入少量锌粉，防止苯胺在反应过程中氧化。

三、试剂与器材

试剂：苯胺（新蒸，5mL、0.055mol），冰醋酸（7.4mL、0.13mol），锌粉，活性炭。

器材：100mL 圆底烧瓶，分馏柱，接收管，锥形瓶，烧杯，反应装置（见图 3-7）。

四、实验步骤

1. 在 100mL 圆底烧瓶中，加入新蒸的 5mL 苯胺和 7.4mL 冰乙酸，再用骨匙加约 0.2g 锌粉（作用是防止苯胺氧化，只要少量即

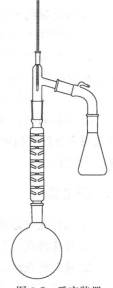

图 3-7 反应装置

可。加得过多，会生成不溶于水的氢氧化锌）。如图 3-7 安装好实验装置，分馏柱上绕上石棉绳保温。

2. 加热至反应物沸腾。调节控制温度，使分馏柱温度控制在 105℃ 左右。这时有水从分馏柱顶蒸出。

3. 反应进行 30～40min 后，反应所生成的水基本蒸出。当温度计的读数不断下降或上、下波动时（或反应器中出现白雾），则反应达到终点，即可停止加热。

4. 在 250mL 烧杯中加入 100mL 冷水，将反应液趁热以细流倒入水中，边倒边不断搅拌，此时有细粒状固体析出。冷却后抽滤，并用少量冷水洗涤固体，得到白色或带黄色的乙酰苯胺粗品。

5. 重结晶

（1）以 15％乙醇溶液为溶剂　将粗产品转移到 100mL 圆底烧瓶中，加入 15％的乙醇-水溶液约 15mL，投入 1～2 粒沸石，安装上回流冷凝管，用电热套加热至溶剂沸腾，并保持回流 1～2min，同时振摇，使油状物溶解，观察是否有未溶解的油状物，如有，则从回流冷凝管上口补加 3～5mL 溶剂，再加热回流 1～2min，直到油珠全溶，溶剂再过量 10％。移去热源，溶液稍冷后，加入少量活性炭（瓶口活性炭擦干净），再用水浴加热，煮沸回流 5～10min。其间将布氏漏斗和吸滤瓶在水浴中加热煮沸或在烘箱中加热。安装好预热过的抽滤装置，趁热过滤热溶液，除去活性炭。滤液迅速趁热倒入预热的烧杯中，让滤液自然冷却至室温，析出晶体后，抽滤，用少量水洗涤，置于广口瓶中晾干，得白色片状结晶，称重，计算产率。

（2）以水作溶剂　基本操作步骤同上，只是不需回流冷凝装置，用烧杯作容器，在石棉网上用煤气灯加热。此方法比较快捷，但是注意水的蒸发，所以要根据需要添加水量。

纯乙酰苯胺为白色片状结晶，熔点 114.3℃。

五、安全提示及注意事项

1. 冰乙酸在室温较低时凝结成冰状固体（凝固点 16.6℃），可将试剂瓶置于热水浴中加热熔化后量取。

2. 反应时间至少 30min。否则反应可能不完全而影响产率。

3. 分馏柱上温度计的温度不能太高，以免大量乙酸蒸出而降低产率。

4. 重结晶时所用溶剂量要逐步加热，每加一次溶剂后，要等溶液沸腾回流后再观察是否有油状物，再决定是否补加溶剂。

5. 加活性炭脱色时，要让饱和溶液稍冷后才能加，其用量为粗品的 1％～5％。

6. 重结晶时，热过滤是关键一步。布氏漏斗和吸滤瓶一定要预热。滤纸大小要合适，并先用少量热水润湿，使其紧贴后再倒入饱和溶液抽滤。抽滤过程要快，避免产品在布氏漏斗中结晶。

六、思考题

1. 为什么可以使用分馏柱来除去反应生成的水？

2. 反应温度为什么控制在 105℃？过高过低有何不妥？

3. 反应终点时，温度计的温度为何会出现波动？

4. 近终点时，反应瓶中可能出现的"白雾"是什么？

5. 除了用乙醇-水作溶剂重结晶提纯乙酸苯胺外，还可以选用其他什么溶剂？

6. 重结晶所用的溶剂为什么不能太多，也不能太少？如何正确控制溶剂量？

7. 活性炭为什么要在固体物质全溶后加入？又为什么不能在溶液沸腾时加入？

实验二十五　内型-降冰片烯-顺5,6-二羧酸酐的制备

一、实验目的

1. 了解并掌握 Diels-Alder 反应来进行环加成反应制备有机物的方法。
2. 掌握通过环戊二烯与马来酸酐为原料制备内型-降冰片烯-顺5,6-二羧酸酐的方法。

二、实验原理

有机化学反应中有一类反应被称为周环反应，它们的反应机理被认为是协同反应，即反应物经过了一定的环状过渡态生成了产物，而中间过程没有活泼中间体生成。此类反应有电环化反应、σ-迁移反应、环加成反应和螯变反应。而广为人知的 Diels-Alder 反应就是环加成反应，环加成反应就是共轭双烯和含有活化双键或叁键（亲双烯体）分子的1,4-加成反应，反应条件有常温或加热（$4n+2$ 体系）及光照（$4n$ 体系），而且产物有内型和外型之分，通常在大多数情况下，内型（endo）产物是主要产物，外型（exo）产物是次要产物，例如本实验中环戊二烯和马来酸酐的加成产物就是典型的 $4+2$ 的 Diels-Alder 反应，反应一般在室温下或稍微加热就能进行。

内型(endo)　　外型(exo)

实验中所用的试剂环戊二烯在室温下容易聚合，生成环戊二烯的二聚体，而环戊二烯与其二聚体在170℃时能建立起一个平衡：

因此，纯净的环戊二烯可以经过环戊二烯二聚体的解聚、分馏而得到。

三、试剂与器材

试剂：环戊二烯，马来酸酐，乙酸乙酯，石油醚（60~90℃），无水二甲苯。
器材：圆底烧瓶，锥形瓶，直形冷凝管。

四、实验步骤

1. 环戊二烯的解聚

在100mL圆底烧瓶中加入20mL环戊二烯二聚体，在170~190℃油浴（或电热套）中裂解和蒸馏，反应装置同前分馏装置。保持馏分的出口温度为40~45℃，接收瓶中加入无水氯化钙，并用冰水冷却。蒸馏1~2h，得到双环戊二烯热裂解（逆 Diels-Alder）产

物环戊二烯。

2. 内型-降冰片烯-顺 5,6-二羧酸酐的制备

（1）在 100mL 锥形瓶中加入 3g（0.03mol）马来酸酐和 10mL 乙酸乙酯，在水浴上加热使马来酸酐溶解，再加入 10mL 石油醚（60～90℃），稍冷后（不应有结晶析出），在此混合物中加入 3mL（2.4g，0.036mol）新蒸馏的环戊二烯。振荡反应瓶，直至放热反应完全。

（2）冷却，抽滤，用少量石油醚洗涤，得到白色固体产物，可以利用无水乙醇或丙酮进行重结晶，并通过真空干燥，纯品熔点为 164～165℃。

五、安全提示与注意事项

1. 高浓度的二聚环戊二烯蒸气有刺激和麻醉作用，引起眼、鼻、喉和肺刺激，头痛、头晕及其他中枢神经系统症状。有可能引起肝、肾损害，长期反复接触皮肤可致皮肤损害。故操作时必须严格按照实验操作规程，在通风橱中进行，并戴好防护手套和眼镜。

2. 产物极易吸收空气中的水分而发生部分水解，所以产物的干燥需要真空干燥并及时保存在干燥器中。

六、思考题

1. 查阅文献，了解环加成反应的机理和反应条件对反应的影响。

2. 如果反应物改成蒽和马来酸酐，请写出反应方程式并说明反应产物的特点。

实验二十六　相转移催化法制备二茂铁

一、实验目的

1. 进一步深入了解相转移催化的原理与应用。

2. 了解金属有机化合物的基本概念和应用。

3. 掌握二茂铁的制备方法。

二、实验原理

二茂铁（Ferrocene），又称二环戊二烯合铁、环戊二烯基铁，是一种典型的金属有机化合物。二茂铁为橙色晶型固体，有类似樟脑的气味，熔点 172.5～173℃，100℃以上升华，沸点 249℃；有抗磁性，偶极矩为零；不溶于水、10%氢氧化钠和热的浓盐酸，溶于稀硝酸、浓硫酸、苯、乙醚、石油醚和四氢呋喃。二茂铁在空气中稳定，具有强烈吸收紫外线的作用，对热相当稳定，可耐 470℃高温；在沸水、10%沸碱液和浓盐酸沸液中既不溶解也不分解。

二茂铁 二茂铁是最重要的金属茂基配合物，也是最早发现的夹心配合物，包含两个环戊二烯环与铁原子成键。二茂铁的结构为一个铁原子处在两个平行的环戊二烯的环之间。在固体状态下，两个茂环相互错开成全错构型，温度升高时则绕垂直轴相对转动。二茂铁的化学性质稳定，类似于芳香族化合物。二茂铁的环能进行亲电取代反应，例如卤化、硝化、烷基化、酰基化等反应。它可被氧化为 [Cp_2Fe]$^+$，铁原子氧化态的升高，使茂环（Cp）

的电子流向金属，阻碍了环的亲电取代反应。二茂铁能抗氢化，不与顺丁烯二酸酐发生反应。二茂铁与正丁基锂反应，可生成单锂二茂铁和双锂二茂铁。茂环在二茂铁分子中能相互影响，在一个环上的致钝，使另一环也有不同程度的致钝，其程度比苯环要轻一些。

二茂铁可由铁粉与环戊二烯在300℃的氮气氛中加热，或以无水氯化亚铁与环戊二烯合钠在四氢呋喃中作用而制得。二茂铁可用作火箭燃料添加剂、汽油的抗爆剂和橡胶及硅树脂的熟化剂，也可做紫外线吸收剂。二茂铁的乙烯基衍生物能发生烯键聚合，得到碳链骨架的含金属高聚物，可作航天飞船的外层涂料。

本实验是利用聚乙二醇作为相转移催化剂，催化环戊二烯和氯化亚铁反应生成二茂铁。

$$2\ \bigcirc\!\!\!\!\bigcirc\ +\ FeCl_2 \cdot 4H_2O\ \xrightarrow[\text{DMSO}]{\text{OH}^-}\ \text{Fe(C}_5\text{H}_5\text{)}_2$$

三、试剂与器材

试剂：环戊二烯（新解聚），$FeCl_2 \cdot 4H_2O$，二甲基亚砜（DMSO），聚乙二醇 400，氢氧化钠，无水乙醚，盐酸。

器材：三口烧瓶，吸滤瓶，布氏漏斗，带搅拌回流的搅拌反应装置，纯氮钢瓶。

四、实验步骤

1. 安装好 100mL 三口烧瓶和搅拌器调试无误后，在三口烧瓶中加入 7.5g 经研磨成粉末状的氢氧化钠、30mL 二甲基亚砜、0.6mL 聚乙二醇 400，通入氮气，以驱赶烧瓶中的空气。如实验室无氮气钢瓶，也可采用加入 5～10mL 无水乙醚，通过乙醚挥发带走烧瓶中的空气。

2. 在室温下搅拌 15～20min 后，从冷凝管上口加入 2.8mL（0.033mol）新解聚的环戊二烯，3.3g（0.017mol）四水合氯化亚铁，剧烈搅拌 1h。

3. 将棕褐色的反应混合物边搅拌边倾倒入装有 50mL18％盐酸和 50g 冰的烧杯中，此时有固体沉淀产生。放置 1h 左右，待乙醚充分挥发，抽滤，并用水充分洗涤。

4. 产品自然晾干，称重，计算产率。

5. 如果所得产物颜色较深，可以用升华法进行纯化，石油醚重结晶纯化，也可用过柱法进行纯化，具体方法为：将粗产物通过装有氧化铝的色谱柱，用体积比为 1：1 的乙醚和石油醚（60～90℃）混合液作为洗脱剂，所得溶液经旋转蒸发除去溶剂，即可得到纯品。

纯的二茂铁为橙黄色固体，有类似樟脑的气味，熔点为 172～174℃。

五、安全提示与注意事项

1. 二茂铁加热分解时能释放出有毒物质，易燃程度中等，操作时注意通风。
2. 环戊二烯有中等毒性，防止吸入和接触皮肤，操作时戴好防护眼镜和手套。
3. 二甲基亚砜对眼睛和皮肤有刺激性，避免直接接触。

六、思考题

1. 为什么反应需要新解聚的环戊二烯？

2. 可以用于制备二茂铁的催化剂有哪些？聚乙二醇为什么可以作为相转移催化剂在此反应中，其催化原理是什么？

3. 制备二茂铁时为什么要隔绝空气？

实验二十七 乙酰二茂铁的制备

一、实验目的

1. 学习二茂铁进行傅-克酰基化反应的原理和方法。
2. 掌握并巩固薄层色谱跟踪反应过程的方法。
3. 巩固柱色谱分离提纯的方法。

二、实验原理

二茂铁是一种夹心过渡金属有机配合物。它不能像环戊二烯那样进行亲电加成反应，因茂环具有芳香性能而容易进行 Friedel-Crafts 酰化等芳香亲电取代反应，酰化时由于催化剂和反应条件不同，可以生成单乙酰二茂铁或双乙酰二茂铁。双乙酰化二茂铁的结构已经得到证实，两个酰基并不在同一个环上，这是由于乙酰基的钝化作用，使得第二个亲电基团对环的进攻变得困难。结构式显示二乙酰基二茂铁的交叉构象是优势构象，但发现的二乙酰基二茂铁只有一种，说明环戊二烯能够绕着与金属铁键合的轴转动。

单乙酰二茂铁   双乙酰二茂铁

二茂铁的乙酰化反应如下：

二茂铁乙酰化的反应过程可以用薄层色谱进行跟踪，其产物和原料之间的分离可以用柱色谱进行。

三、试剂与器材

试剂：二茂铁（可以利用前一个实验制备的二茂铁产品），乙酰氯，氧化锌，碳酸氢钠，二氯甲烷，乙酸乙酯，石油醚，氯化钙，无水硫酸镁。

器材：100mL 三口烧瓶，干燥管，恒压滴液漏斗，分液漏斗，磁力搅拌器。

四、实验步骤

将二茂铁 0.93g（0.005mol）与氧化锌 0.49g（0.006mol）放入一装有氯化钙干燥管的 100mL 三口烧瓶中，装上回流冷凝管，迅速加入 10mL 干燥的二氯甲烷，开启磁力搅拌。冰水浴冷却至 0℃。慢慢滴加乙酰氯 1mL（0.015mol），约 10min 加完。移去冰水浴，在室温下进行反应。每 5min 取样，点板，通过薄层色谱法观察原料二茂铁的反应情况，一旦原料点变淡消失，立即终止反应。将反应液倒入不断搅拌的 30mL 冰水中，用分液漏斗分离有机相。水相用 30mL 二氯甲烷分三次萃取。合并有机相。有机相用饱和的 $NaHCO_3$ 溶液 30mL 分三次洗涤，再用 30mL 去离子水分三次洗涤。有机相用无水硫酸镁干燥。减压除去溶剂。产品用装有 Al_2O_3 的柱色谱分离提纯，洗脱剂为乙酸乙酯-石油醚混合溶剂（体积比 1∶10）。

纯乙酰二茂铁为橙色针状结晶，熔点为 85～86℃。

五、安全提示与注意事项

1. 乙酰氯活性大，反应迅速，但是要注意操作安全。

2. 乙酰氯极易吸水变质，故使用仪器必须干燥无水，加料时迅速。

3. 反应时间不宜太长，是为了防止副产物二乙酰基二茂铁的生成，所以需要用薄层色谱跟踪反应过程。

4. 如果反应时间过长，有二乙酰基二茂铁生成，则可以通过柱色谱法进行分离，洗脱剂先用石油醚-乙醚混合溶液（体积比 3∶1）淋洗出橙色的乙酰基二茂铁，再用乙醚做淋洗剂，淋洗出二乙酰基二茂铁，除去溶剂就可分别得到两个乙酰化产物。

六、思考题

1. 二茂铁酰化形成二乙酰基二茂铁时，第二个乙酰基为什么不能进入第一个酰基所在的环上？

2. 本实验的乙酰化试剂为什么不可以采用更为便宜的乙酸？

3. 二茂铁与苯相比，何者更易发生亲电取代反应？

实验二十八 18-冠-6的制备

一、实验目的

1. 了解并掌握冠醚的制备方法。

2. 巩固有机化学实验基本操作。

二、实验原理

冠醚是一种结构中含有—OCH_2CH_2—的环聚多醚。20 世纪 60 年代，美国杜邦公司的 J. Pedersen 在研究烯烃聚合催化剂四氟硼酸重氮盐经冠醚催化，发生偶联反应时首次发现。之后美国化学家 C. J. Cram 和法国化学家 J. M. Lehn 从各个角度对冠醚进行了研究，J. M. Lehn 首次合成了穴醚。为此，1987 年 C. J. Pedersen、C. J. Cram 和 J. M. Lehn 共同获得了诺贝尔化学奖。在化学工业和其他行业中的应用正在越来越受到重视。

冠醚最大的特点就是能与正离子，尤其是与碱金属离子配合，并且随环的大小不同而与不同的金属离子配合。例如，12-冠-4 与锂离子配合而难与钠、钾离子配合；18-冠-6 不仅与钾离子配合，还可与重氮盐配合，但不与锂离子配合。18-冠-6 与钠离子可以配合，但其作用力不如钾离子那么强。

冠醚的这种性质在合成上极为有用，使许多在传统条件下难以反应甚至不发生的反应能顺利地进行。冠醚与试剂中正离子配合，使该正离子可溶在有机溶剂中，而与它相对应的负离子也随同进入有机溶剂内，冠醚不与负离子配合，使游离或裸露的负离子反应活性很高，能迅速反应。在此过程中，冠醚把试剂带入有机溶剂中，也就是相转移剂或相转移催化剂，这样发生的反应称为相转移催化反应。这类反应速率快、条件简单、操作方便、产率高。例如，安息香在水溶液中的缩合反应产率极低，如果在该水溶液中加入 7％的冠醚，则可得到产率为 78％的安息香；若上一反应在苯（或乙腈）中进行。如果加入 18-冠-6，产率可高达 95％。冠醚通常采用威廉森合成法制取，即用醇盐与卤代烷反应制得。

本实验是从二缩三乙二醇出发来制备 18-冠-6：

$$\text{HOCH}_2(\text{CH}_2\text{OCH}_2)_2\text{CH}_2\text{OH} + 2\text{SOCl}_2 \xrightarrow{\text{吡啶}} \text{ClCH}_2(\text{CH}_2\text{OCH}_2)_2\text{CH}_2\text{Cl} + 2\text{SO}_2 + 2 \text{吡啶·HCl}$$

$$\text{HOCH}_2(\text{CH}_2\text{OCH}_2)_2\text{CH}_2\text{OH} + \text{ClCH}_2(\text{CH}_2\text{OCH}_2)_2\text{CH}_2\text{Cl} \xrightarrow{\text{KOH/THF}}$$

三、试剂与器材

试剂：二缩三乙二醇（8g，0.054mol），吡啶（9.6g，0.12mol），氯化亚砜（14.4g，0.12mol），苯，四氢呋喃，二氯甲烷，乙腈，丙酮，邻苯二酚，正丁醇，氢氧化钠，氢氧化钾，盐酸。

器材：电动搅拌器，磁力搅拌器，三口烧瓶，滴液漏斗，回流冷凝管，吸滤瓶，布氏漏斗，真空泵，蒸馏装置，广口保温瓶。

四、实验步骤

1. 二缩三乙二醇的氯化

在装有搅拌器、滴液漏斗、回流冷凝管和气体吸收装置的 100mL 三口烧瓶中，加入 8g（0.054mol）二缩三乙二醇和 28mL 苯，开动搅拌，混合均匀后从滴液漏斗加入事先混合好的 9.6g（0.12mol）吡啶和 14.4g（0.12mol）氯化亚砜。反应放出的 SO$_2$ 气体可用 NaOH 水溶液吸收，滴加完后继续搅拌回流 1h。

反应液冷却后，加入 20mL 5％盐酸，将溶液转移至分液漏斗中，振荡，静置。

分去下层水层，将有机层转移入蒸馏装置的烧瓶中，蒸去苯和水后，用水泵减压蒸去残余的苯，得到浅黄色粗产物 3,6-二氧-1,8-二氯辛烷，此粗产物可用于下步合成。

2. 18-冠-6 的制备

在装有搅拌器、回流冷凝管的 100mL 三口烧瓶中加入二缩三乙二醇 0.58g（0.038mol）和 3mL 四氢呋喃，在搅拌下加入 0.9g 60%氢氧化钾水溶液（0.0096mol）。

15min 后，从滴液漏斗加入上一步制备的 3,6-二氧-1,8-二氯辛烷 0.73g。剧烈搅拌，回流 18h。冷却后用旋蒸蒸发仪蒸出四氢呋喃，得到一种棕色稠状物。

在稠状物中加入 10mL 二氯甲烷稀释，过滤除去 KCl 盐，用少量二氯甲烷稀释，将滤液用无水 $MgSO_4$ 干燥，蒸馏出二氯甲烷，再旋蒸除去溶剂和低沸点物，最后减压蒸馏收集真空度在 133.33Pa 以下的馏分（100～165℃）。

3. 18-冠-6 的纯化

在 50mL 磨口锥形瓶中加入 4g 粗 18-冠-6 和 15mL 乙腈，瓶口加无水氯化钙干燥管，在磁力搅拌器上搅拌加热，使冠醚溶解，冷却至室温。这时可观察到 18-冠-6 与乙腈形成配合物结晶析出，为进一步使结晶完全，将锥形瓶置于放有干冰的保温瓶中冷却结晶。用预冷的吸滤瓶和布氏漏斗做快速抽滤，滤液可继续放入干冰保温瓶中结晶（直至再无结晶析出，重复抽滤，合并结晶）。

将所得结晶物放入 50mL 圆底烧瓶，磁力搅拌下以 40℃水浴温热，再减压蒸馏除去乙腈，最后得到无色的 18-冠-6 结晶，熔点 36.5～38℃。

五、安全提示与注意事项

1. 制备冠醚时，操作需要非常仔细小心，产物具有一定的毒性，千万不要沾到皮肤上，做好防护措施，戴好防护手套和眼镜。

2. 因为制备过程中有有害气体产生，所以反应装置必须有气体吸收装置，并注意通风，最好在通风橱中进行制备的全过程。

六、思考题

1. 查阅文献，冠醚的种类有哪些，有什么用途？

2. 查阅文献，冠醚的制备方法还有哪些？比较一下各自的优缺点。

实验二十九　α-己基肉桂醛

一、实验目的

1. 了解并掌握香料中间体 α-己基肉桂醛的合成及提纯方法。

2. 进一步掌握相转移催化反应的应用。

二、实验原理

α-己基肉桂醛是一种精细化工中间体，具有素心兰、茉莉和珠心花香气，可直接作皂用香料和化妆品香精，也可制成二甲缩醛或二乙缩醛等使用于其他香型香精中。过去常用的同类产品是 α-戊基肉桂醛，α-己基肉桂醛和 α-戊基肉桂醛相比，在侧链上，它比 α-戊基肉桂醛多一个亚甲基，青鲜气息更强，有助于现代各类香精调配中的香型选择。

在制备 α-己基肉桂醛的方法中，有采用无溶剂型的苯甲醛和正辛醛直接在碱性条件下缩合，但是因为催化剂和反应物相溶性差，产率低。如果采用相转移催化法，使有机相中的反应物在相转移催化剂的作用下，进入水相，在水溶性的碱性催化剂催化下发生反应，有助于提高产率。

本实验采用聚乙二醇 400（PEG400）作为相转移催化剂来催化制备 α-己基肉桂醛。

三、试剂与器材

试剂：苯甲醛（6.4g，6mL，0.06mol），正辛醛（6.4g，8mL，0.05mol），氢氧化钾，聚乙二醇 400（PEG400），无水乙醇，3mol/L 硫酸，三氯甲烷，15％NaOH。

器材：100mL 三口圆底烧瓶，恒压滴液漏斗，回流冷凝管，分液漏斗，电动搅拌机（或磁力搅拌器），旋转蒸发仪，减压蒸馏装置。

四、实验步骤

1. 在装有搅拌器、温度计、回流冷凝管和滴液漏斗的 100mL 三口烧瓶中，加入水 30mL、无水乙醇 8mL、氢氧化钾 2g、苯甲醛 6.4g（6mL，0.06mol）和 0.2g 聚己二醇 400，在 55～60℃下搅拌 15min，然后边搅拌边缓慢滴加正辛醛 6.4g（8mL，0.05mol），继续剧烈搅拌 2h。

2. 停止加热，慢慢滴加 3mol/L 的 H_2SO_4，使反应液 pH 值为 2～3，然后再搅拌回流 15min。冷却至室温，用 15％ NaOH 溶液中和，再用 10mL 三氯甲烷先后萃取两次，合并萃取液，用适量无水 $MgSO_4$ 干燥。

3. 在常压下蒸馏出三氯甲烷及低沸点物质，再减压蒸馏，收集 174～176℃/15mmHg 馏分。

4. 称重并计算产率，测定产品的折射率，可做红外吸收光谱进行表征。

纯 α-己基肉桂醛为浅黄色液体，密度 $0.95 g \cdot mL^{-1}$，$n_D^{20} 1.5500$。

五、安全提示及注意事项

1. 苯甲醛对眼睛、呼吸道黏膜有一定的刺激作用。由于其挥发性低，其刺激作用不足以引致严重危害。但取用操作应在通风橱中进行，并戴好防护手套和眼镜。

2. 正辛醛低毒，易燃，遇明火、高温、强氧化剂可燃，燃烧排放刺激烟雾，故操作时要避免上述可能的环境。

3. 相转移催化反应为提高产率，反应时应适当提高搅拌速度。

六、思考题

1. 什么是相转移催化反应？利用相转移催化反应在有机合成上有什么优点？

2. 聚乙二醇 400（PEG400）为什么可以作为相转移催化剂？还有什么物质可以作为相转移催化剂使用？

3. 蒸馏操作中，针对不同沸点的馏分，采取的冷凝方式不同，为什么？本实验减压蒸馏操作过程应该采取何种冷凝方式？

4. 什么是羟醛缩合反应？一般在合成上有意义的羟醛缩合反应对醛的结构有什么要求？

实验三十 8-羟基喹啉的制备（Skraup反应）

一、实验目的

1. 学习并了解制备杂环化合物喹啉及其衍生物的原理和方法。
2. 巩固有机实验基本操作和化合物的提纯方法。

二、实验原理

Skraup 反应是合成杂环化合物喹啉及其衍生物的重要方法。它是用芳胺与无水丙三醇、浓硫酸及弱氧化剂硝基化合物等一起加热而得。为避免反应过于剧烈，常常加入硫酸亚铁作为氧载体。浓硫酸的作用是使丙三醇脱水成丙烯醛，并使芳胺与丙烯醛的加成产物脱水成环。硝基化合物则将 1,2-二氢喹啉氧化成喹啉，本身被还原成芳胺，也可参与缩合反应。

Skraup 反应中所用的硝基化合物要与芳胺的结构相对应，否则将产生混合产物。有时也可用碘作氧化剂，可缩短反应周期并使反应平稳进行。

三、试剂与器材

试剂：邻氨基苯酚（1.4g，0.0125mol），无水丙三醇（4.75g，3.6mL，0.05mol）；邻硝基苯酚（0.9g，0.0065mol），浓硫酸，氢氧化钠，乙醇。

器材：100mL 圆底烧瓶，回流冷凝管，抽滤装置，电热套。

四、实验步骤

1. 在 100mL 圆底烧瓶中加入 4.75g 无水丙三醇、0.9g 邻硝基苯酚、1.4g 邻氨基苯酚，使之混合均匀。

2. 在上述溶液中慢慢小心地加入 2.3mL 浓硫酸，装上回流冷凝管。

3. 小火加热，当溶液微沸时，停止加热。此时反应热大量产生，溶液沸腾较为剧烈。

4. 待溶液反应趋于平稳后，继续小火加热，保持反应液微沸 1.5~2h。

5. 冷却，进行水蒸气蒸馏，除去未反应的邻硝基苯酚。

6. 冷却后，烧瓶中加入 50%NaOH 至接近中性，再滴加饱和 Na_2CO_3 溶液，使溶液呈中性。

7. 再进行水蒸气蒸馏，蒸出 8-羟基喹啉。

8. 馏出液充分冷却后，抽滤收集析出物，洗涤干燥的 8-羟基喹啉粗产物。

9. 粗产物用乙醇-水混合溶剂（体积比 4：1）进行重结晶，得到漂亮的针状结晶，称重，计算产率。

纯 8-羟基喹啉为白色针状结晶，熔点 75~76℃。

五、安全提示与注意事项

1. 取用药品时要注意做好防护措施。

2. 此反应为放热反应，一旦加热至微沸，即可撤去热源，以免反应过于剧烈，溶液冲出。

3. 反应试剂无水丙三醇极易吸湿，含水会影响 8-羟基喹啉的产量。可将丙三醇在通风橱内置于瓷蒸发皿中加热至180℃，冷却至100℃时放入干燥器中备用。

4. 8-羟基喹啉既溶于酸又溶于碱成盐，成盐后，不被水蒸气蒸馏出来，故中和时要严格小心进行，控制 pH 值为 7~8 之间，中和恰当时，析出沉淀最多。

六、思考题

1. 为什么第一次蒸馏在酸性条件下进行，而第二次蒸馏却在中性条件下进行。

2. 为什么第二次蒸馏时要很好地控制 pH 值，碱性过强时会导致什么结果？如果发现碱性已经过强，应如何补救？

3. 如果在 Skraup 反应中用 β-萘胺或邻苯二胺做原料与丙三醇反应，会得到什么产物？

实验三十一　从番茄酱中提取番茄红素和 β-胡萝卜素

一、实验目的

1. 学习从天然产物中提取对应有机化合物的方法。
2. 巩固利用薄层色谱法检验有机化合物的原理和方法。

二、实验原理

胡萝卜素是最早发现的一个多烯化合物，后来又发现了许多在结构上与胡萝卜素类似的化合物，于是把这类化合物叫做类胡萝卜素。类胡萝卜素属于天然产物中的萜烯类化合物，按照单萜是两个环戊二烯骨架结合的基本结构，类胡萝卜素属于四萜类化合物，它具有 α-、β-、γ-型异构体，它们和番茄红素一样广泛分布在植物、动物和海洋生物中。近年来的研究表明，因其结构中具有较多的不饱和碳碳双键，所以它具有捕获自由基，阻止脂质过氧化的能力，可以延缓人体组织的衰老和抵御多种疾病。

β-胡萝卜素

番茄红素

从结构上看，β-胡萝卜素和番茄红素非常相似，番茄红素是 β-胡萝卜素的开链异构体，结构中含有较长的共轭体系，能吸收不同波长的可见光，类 β-胡萝卜素是一类天然色素，其中 β-胡萝卜素是黄色物质，番茄红素是红色物质，它们一般难溶于水，易溶于弱极性或非极性的有机溶剂，胡萝卜素在生物体内受酶的催化氧化，可以断链生成维生素 A，而维生素 A 是一种典型的脂溶性维生素，具有转化成人类视觉细胞中重要物质维生素 A 醛的生理功能。而番茄红素虽然不具有维生素 A 原活性，但研究表明，它可以预防前列腺癌、乳腺癌和消化道癌的发生，同时在预防心血管疾病、动脉硬化及增强机体免疫力方面具有重要的生理功能，因此胡萝卜素是人类不可缺少的一类重要的营养物质。

β-胡萝卜素和番茄红素分子式一样，均为 $C_{40}H_{56}$，相对分子质量为 536.87，前者熔点 184℃，后者熔点 174℃，易溶于氯仿、二硫化碳、苯，可溶于乙醚、石油醚、正己烷、丙酮，难溶于甲醇、乙醇等有机溶剂。

按照 β-胡萝卜素和番茄红素的性质，可以采用弱极性有机溶剂将它们从对应的生源物质中提取出来，再根据它们对吸附剂吸附能力的差异，用薄层色谱进行分离并检测。

三、试剂与器材

试剂：番茄酱，95％乙醇，60～90℃石油醚，硅胶 G（薄层色谱用），丙酮，氯化钠，无水硫酸镁。

器材：圆底烧瓶，回流冷凝管，锥形瓶，抽滤装置，分液漏斗，展开槽，色谱用薄板。

四、实验步骤

1. β-胡萝卜素和番茄红素的提取

在 100mL 圆底烧瓶中放入 4g 市售的番茄酱、10mL 95％的乙醇，装上回流冷凝管，加热至回流沸腾约 10min，停止加热，等溶液冷却后，抽滤。

将抽滤完的滤饼放入原来的烧瓶中，加入 10mL 60～90℃的石油醚，加热沸腾回流 15min，冷却，抽滤。

两次滤液合并置于 100mL 锥形瓶中，加入 10mL 饱和食盐水，充分摇匀，倒入分液漏斗，分出有机层，有机层用无水硫酸镁干燥，准备点样。

2. 薄板制备

将 2g 硅胶 G、6mL 去离子水混合，快速用倾倒法在薄板上均匀铺开，共制作 3 块同样的板。在烘箱中 105℃条件下干燥活化 30min。

3. 点样及展开

用点样毛细管，吸取前面的提取液，在 3 块薄板上点样。然后分别在盛有体积比为 9：1、12：1 和 20：1 的石油醚-丙酮作为展开剂的展开槽中进行展开。

分别计算 3 块板的 R_f 值，比较展开剂配比不同对分离效果的影响。

展开剂回收，薄板用水洗净后放回原处。

薄板上展开后的斑点，黄色为 β-胡萝卜素，红色为番茄红素。

五、安全提示与注意事项

1. 在提取加热回流之前，将烧瓶进行充分摇匀，可以提高有机溶剂对番茄酱的萃取效果。

2. 水是极性较大的物质，所以点样样品和展开剂中应尽量避免水的引入，所以提取液要采用干燥及充分干燥；薄板也要烘干使用。

3. 展开剂配制好后放入展开槽，并保持展开时维持展开剂的气氛，同时也可避免胡萝卜素被氧化。

4. 展开后要及时快速做好数据的测量，防止样品颜色的褪去。

六、思考题

1. 在提取液中加入无水硫酸镁的作用是什么？如何检验干燥效果？

2. 分液时，为什么要加入饱和食盐水？

3. β-胡萝卜素和番茄红素相比较，哪个 R_f 值大？为什么？

4. 不同配比的展开剂对样品的展开和 R_f 值会有什么影响？

实验三十二　超声波法制备苯亚甲基苯乙酮

一、实验目的

1. 认识超声波在有机合成中的应用。

2. 掌握在超声辐射和碱性条件下，以苯甲醛和苯乙酮缩合制备苯亚甲基苯乙酮。

二、实验原理

苯亚甲基苯乙酮又称查耳酮（chalcone），有 (Z)-、(E)-异构体。(E)-构型为淡黄色棱状晶体，熔点 58℃，沸点 345～348℃（分解），219℃（2.4kPa）。(Z)-构型为淡黄色晶体，熔点 45～46℃。合成的混合体：熔点 55～57℃，沸点 208℃（3.3kPa），相对密度 1.0712，溶于乙醚、氯仿、二硫化碳和苯，微溶于乙醇，不溶于石油醚。吸收紫外线。有刺激性。能发生取代、加成、缩合、氧化、还原反应。由苯乙酮在碱性条件下与苯甲醛缩合而成，用作有机合成试剂和指示剂。

查耳酮广泛应用于医药和日用化学品等领域，如甜味剂的制造。

20 世纪 80 年代以后，超声辐射在有机合成上的应用越来越广泛，许多文献研究表明：超声波可以改善有机反应条件，加快反应速率，提高反应产率。而且利用超声波进行有机合成，反应装置简单，操作方便。

通常查耳酮是由苯甲醛和苯乙酮在 10%NaOH 溶液催化下缩合而成的，为了使反应顺利进行和控制苯甲醛的滴加速度，一般在装有搅拌器、温度计和滴液漏斗的三口烧瓶中进行，反应时间由滴加苯甲醛算起至反应器中有结晶析出，需 2h 左右，产率在 70% 左右。但在超声波辐射下，只要 30min 左右，反应瓶中就有结晶析出。用冷乙醇洗涤后，就可以得到很好的结晶。

三、试剂与器材

试剂：苯乙酮，苯甲醛（新蒸），95%乙醇，10%NaOH。

器材：KQ-160TDB 台式高频数控超声波发生器（见图 3-8），50mL 锥形瓶，量筒，抽滤瓶，布氏漏斗，烧杯等。

四、实验步骤

1. 在 50mL 锥形瓶中，依次加入 2.1mL 10% NaOH、2.5mL 95%乙醇、1.0mL（0.086mol）苯乙酮，冷却到室温，再加入 0.8mL（0.079mol）新蒸的苯甲醛。

图 3-8　KQ-160TDB 台式高频数控超声波发生器

2. 将反应瓶置于超声波发生器槽中，使超声波发生器中的水面略高于锥形瓶中的液面。按照超声波发生器的操作说明，启动超声波发生器，控制超声槽中的水温为 25～30℃，超声辐射时间为 30～35min。停止反应。

3. 将锥形瓶置于冰水浴中冷却，使其结晶完全。抽滤，用少量水洗涤产品至滤液呈中性。然后用 2.5mL 冷乙醇洗涤结晶。

4. 干燥，称重，计算产率。

纯苯亚甲基苯乙酮为淡黄色斜方或棱形结晶，熔点 55～57℃。

五、安全提示及注意事项

1. 苯甲醛须新蒸馏后使用。

2. 控制好反应温度，温度过低产物发黏，过高副反应多。

3. 产物熔点较低，重结晶加热时易呈熔融状，故须加乙醇作溶剂使呈均相。

4. 碱的用量要控制好，如果碱量太大，反应中则会有大量的聚合物生成，影响缩合产物的产率。

5. 超声波发生器中的水温必须在超声波发生器关闭后才能用温度计测量。

六、思考题

1. 为什么本实验的主要产物不是苯乙酮的自身缩合或苯甲醛的 Cannizzaro 反应？
2. 本实验中如何避免副反应的发生？
3. 本实验中，苯甲醛与苯乙酮加成后为什么不稳定并会立即失水？

实验三十三 β-D-吡喃葡萄糖五乙酸酯的微波合成

一、实验目的

1. 掌握微波反应仪的使用方法。
2. 学习微波辐射技术在单糖酯化合成中的应用。
3. 巩固重结晶、熔点测定等基本操作。

二、实验原理

β-D-吡喃葡萄糖五乙酸酯既可作为常用糖给体合成糖苷类化合物，也可以进一步制备成其他活泼糖给体用于复杂糖缀合物的合成。它通常是由葡萄糖和乙酐在无水乙酸钠或吡啶的作用下加热回流 3h 左右而得，产品收率约为 50%。该反应耗时长，收率较低。其方程式如下：

微波是频率在 300MHz～200GHz，即波长在 1m～1mm 范围内的电磁波。微波应用于有机合成研究始于 1986 年，人们通过对比常规条件和微波条件下的有机反应，发现微波能够加快反应速率，大大缩短有机反应时间。辐射技术是一种新的绿色实验手段，常规加热是通过辐射、对流及传导由表及里进行加热，而微波不需要热的传导和对流，可在体系的表面和内部同时进行，使体系受热均匀，升温迅速。与常规回流条件相比，具有反应时间短、收率高、副反应少、操作简便、环境友好等优点。

三、试剂与器材

试剂：D-葡萄糖，无水乙酸钠，乙酐，无水乙醇，活性炭。
器材：三口烧瓶，圆底烧瓶，双通，球形冷凝管，空心塞，搅拌子，烧杯，布氏漏斗，吸滤瓶；YL8023B1 型微波仪（上海亚联微波科技有限公司），熔点仪。
反应装置见图 3-9。

四、实验步骤

1. 在 100mL 三口烧瓶中依次加入 5g（0.028mol）D-葡萄糖、2.3g 无水乙酸钠、

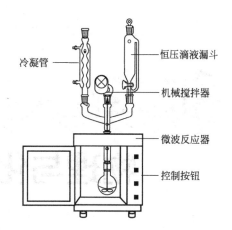

冷凝管　　　　　　　　　　恒压滴液漏斗

机械搅拌器

微波反应器

控制按钮

图 3-9　反应装置

26.5mL（0.28mol）乙酐，投入搅拌子，摇匀后放入微波仪，装上回流装置。

2. 按照"YL8023B1 微波仪操作说明"进行操作，升温至 120℃，维持微波辐射约 8min 至反应液成淡棕色透明状，停止微波反应。

3. 稍冷后将反应液倒入 100mL 碎冰中搅拌，析出白色固体，抽滤，得到 β-D-吡喃葡萄糖五乙酸酯粗品。

4. 用无水乙醇重结晶，得到白色棱柱状晶体，mp.130～131℃，薄层色谱结果 $R_f =$ 0.58（$V_{石油醚} : V_{乙酸乙酯} = 2:1$）。

五、安全提示及注意事项

1. 乙酐具强刺激性和腐蚀性，量取时应小心，最好在通风橱内进行。

2. 乙酐既是酰化剂，又起到溶剂的作用，使用时应过量。

3. 由于乙酐遇水易水解，催化剂无水乙酸钠也易吸水，故反应器要求干燥无水，如有条件，最好采用新蒸的乙酐，乙酸钠可进行熔融处理。

六、思考题

1. 该反应产生大量的乙酸，将反应液直接倾入冰水中会造成一定的浪费，可采用什么方法以减小或避免乙酸的损失？

2. 在 D-葡萄糖与乙酐的反应过程中，无水乙酸钠起什么作用？

3. 该反应能否用质子酸或无水氯化锌、氯化铝等 Lewis 酸作为催化剂，讨论产物 D-吡喃葡萄糖五乙酸酯的构型。

第 **4** 章

物理与化学参数的测定

实验三十四　液体黏度的测定

一、实验目的

掌握正确使用水浴恒温槽的操作，了解其控温原理，同时掌握用奥氏（Ostwald）黏度计测定乙醇水溶液黏度的方法。

二、实验原理

当液体以层流形式在管道中流动时，可以看做是一系列不同半径的同心圆筒以不同速度向前移动。越靠中心的流层速度越快，越靠管壁的流层速度越慢，如图 4-1 所示。取面积为 A，相距为 dr，相对速度为 dv 的相邻液层进行分析，如图 4-2 所示。

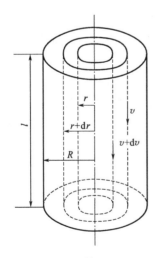

图 4-1　液体的层流

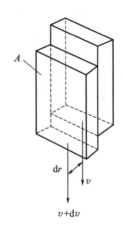

图 4-2　两液层相对速度差

由于两液层速度不同，液层之间表现出内摩擦现象，慢层以一定的阻力拖着快层。显

然内摩擦力 f 既与两液层间接触面积 A 呈正比，也与两液层间的速度梯度 $\dfrac{\mathrm{d}v}{\mathrm{d}r}$ 呈正比，即

$$f = \eta A \frac{\mathrm{d}v}{\mathrm{d}r} \tag{4-1}$$

式中，比例系数 η 称为黏度系数（或黏度）。可见，液体的黏度是液体内摩擦力的度量。在国际单位制中，黏度的单位为 $N \cdot m^{-2} \cdot s$，即 $Pa \cdot s$，但习惯上常用 P（泊）或 cP（厘泊）来表示。两者的关系：$1P = 10^{-1} Pa \cdot s$。

黏度测定可在毛细管黏度计中进行。设液体在一定的压力差 p 推动下，以层流的形式流过半径为 R、长度为 l 的毛细管，见图 4-1，对于其中半径为 r 的圆柱形液体，促使流动的推动力 $F = \pi r^2 p$，它与相邻的外层液体之间的内摩擦力 $f = \eta A \dfrac{\mathrm{d}v}{\mathrm{d}r} = 2\pi r l \eta \dfrac{\mathrm{d}v}{\mathrm{d}r}$，所以当液体稳定流动时，$F + f = 0$，即

$$\pi r^2 p + 2\pi r l \eta \frac{\mathrm{d}v}{\mathrm{d}r} = 0 \tag{4-2}$$

对于厚度为 $\mathrm{d}r$ 的圆筒形流层，t 时间内流过液体的体积为 $2\pi r v t \mathrm{d}r$，由上式可以推出，在 t 时间内流过这一段毛细管的液体总体积为

$$V = \frac{\pi R^4 p t}{8 \eta l} \tag{4-3}$$

由此可得

$$\eta = \frac{\pi R^4 p t}{8 V l} \tag{4-4}$$

上式称为波华须尔（Poiseuille）公式，由于式中 R、p 等数值不易测准，所以 η 值一般用相对法求得，方法如下。

取相同体积的两种液体（一为被测液体 "i"，一为参比液体 "0"，如水、甘油等），在自身重力作用下，分别流过同一支毛细管黏度计，如图 4-3 所示的奥氏黏度计。若测得流过相同体积 V_{a-b} 所需的时间为 t_i 与 t_0，则

$$\eta_i = \frac{\pi R^4 p_i t_i}{8 l V_{a-b}}$$

$$\eta_0 = \frac{\pi R^4 p_0 t_0}{8 l V_{a-b}}$$

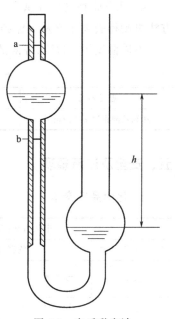

图 4-3　奥氏黏度计

由于用同一支黏度计，所以 R、l、V_{a-b} 均相同。联立上述两式，可得

$$\frac{\eta_i}{\eta_0} = \frac{p_i t_i}{p_0 t_0} \tag{4-5}$$

又由于两种液体的体积相同，则液面高度差 h 也相同，而 $p = h\rho g$，所以 $\dfrac{p_i}{p_0} = \dfrac{\rho_i}{\rho_0}$（式中，$\rho_i$、$\rho_0$ 为两种液体的密度）。因此

$$\frac{\eta_i}{\eta_0} = \frac{\rho_i t_i}{\rho_0 t_0} \tag{4-6}$$

若已知某温度下参比液体的 η_0，并测得 t_i、t_0、ρ_i、ρ_0，即可求得该温度下的 η_i。

三、试剂与仪器

仪器：恒温水浴槽，奥氏黏度计，计时器，移液管（10mL），洗耳球。

试剂：乙醇溶液（20%）。

四、实验步骤

1. 调节恒温水浴槽至 $(25.0\pm0.1)℃$（参见本书附录一）。

2. 在洗净烘干的奥氏黏度计中用移液管移入 10mL 20%乙醇溶液，在毛细管端装上橡皮管，然后垂直浸入恒温槽中（黏度计上两刻度线应浸没在水浴中）。

3. 恒温后，用洗耳球通过橡皮管将液体吸到高于刻度线 a，再让液体由于自身重力下落，用秒表记录液面从 a 流到 b 的时间 t_i。重复 3 次，偏差应小于 0.3s，取其平均值。

4. 洗净此黏度计并烘干，冷却后用移液管移入 10mL 去离子水，用与步骤 3 相同的方法再测得去离子水从 a 流到 b 的时间 t_0 的平均值。

不同温度下 20%乙醇溶液的密度见表 4-1。

表 4-1　不同温度下 20%乙醇溶液的密度

温度 $t/℃$	20.0	25.0	30.0	35.0
20%乙醇密度 $\rho/kg\cdot m^{-3}$	968.6	966.4	964.0	961.4

五、安全及注意事项

1. 化学品安全卡

中文名称:乙醇　英文名称:Ethyl Alcohol　化学式:CH₃CH₂OH		
危害/接触类型	危害/症状	防护措施
火灾	极易燃	禁止明火，禁止与强氧化剂接触。干粉、抗溶性泡沫、大量水、二氧化碳灭火
爆炸	其蒸气与空气可形成爆炸性混合物，遇明火、高热能引起燃烧爆炸	密闭系统、通风、防爆型电气设备和照明。不要使用压缩空气灌装、卸运或转运。着火时，喷雾状水保持料桶等冷却
皮肤	皮肤干燥	防护手套
眼睛	发红，疼痛，灼烧感	护目镜

2. 实验注意事项

(1) 取完液体后，瓶盖要及时盖上，以防乙醇挥发。

(2) 干燥箱内温度高，取放物品务必戴上手套。

(3) 黏度计烘干需要一定的时间，不要频繁地开干燥箱的门，以免热量散失。

(4) 液体流下时间的测量过程中，视线应该和黏度计刻度水平。

六、数据记录与处理

1. 列表表示 20%乙醇溶液和去离子水流过毛细管的时间及其密度值。

2. 由式(4-6)计算 20％乙醇溶液黏度（$\rho_{0,水}$ 与 $\eta_{0,水}$ 的数值可查阅本书附录四）。

七、思考题

1. 恒温槽由哪些部件组成？它们各起什么作用？如何调节恒温槽到指定温度？

2. 奥氏黏度计在使用时为何必须烘干？是否可用两支黏度计分别测得待测液体和参比液体的流经时间？

3. 为什么在奥氏黏度计中加入被测液体与参比液体的体积必须相同？

八、进一步讨论

1. 实验室中还常用另一种毛细管黏度计，称为乌氏（Ubbelode）黏度计，结构如图 4-4 所示。它的特点如下。

（1）由于第三支管（C管）的作用，使毛细管出口通大气。这样，毛细管内的液体形成一个悬空液柱，液体流出毛细管下端时即沿着管壁流下，避免出口处产生涡流。

（2）液柱高 h 与 A 管内液面高度无关，因此每次加入试样的体积不必恒定。

（3）对于 A 管体积较大的稀释型乌氏黏度计，可在实验过程中直接加入一定量的溶剂而配制成不同浓度的溶液。故乌氏黏度计较多地应用于高分子溶液性质方面的研究。

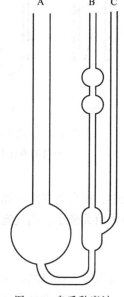

图 4-4　乌氏黏度计

2. 测定较黏稠的液体的黏度，可用落球法。即利用金属圆球在液体中下落的速度不同来表征黏度；或用转动法，即液体在同轴圆柱体间转动时，利用作用于液体的内切力形成的摩擦力矩的大小来表征其浓度（可参见苏尔皇.《液体黏度计算和测量》. 国防工业出版社，1985 年）。

3. 温度对液体黏度的影响十分敏感，因为随着温度升高，分子间距逐渐增大，相互作用力相应减小，黏度就下降。这种变化的定量关系可用下列方程描述：

$$\eta = A \exp\left(\frac{E_{vis}}{RT}\right)$$

或

$$\ln\eta = \ln A + \frac{E_{vis}}{RT} \tag{4-7}$$

式中，E_{vis} 为流体流动的表观活化能，可从 $\ln\eta$-$\frac{1}{T}$ 的直线斜率求得；A 为经验常数，可由直线的截距求得。

实验三十五　溶液表面张力测定

一、实验目的

1. 掌握气泡的最大压力法测定乙醇溶液表面张力与单位表面吸附量的原理和方法。

2. 利用测定的不同浓度乙醇水溶液表面张力，利用作图法计算其表面吸附量。

二、实验原理

界面可看作是一张绷紧的弹性薄膜，其中存在着使薄膜面积减小的收缩张力。它在界面中处处存在，在边缘处则可以明确表示：此力沿着界面的切线方向作用于边缘上，并垂直于边缘。单位长度的收缩张力，对于液气或固气界表面，又称表面张力 σ，单位 $N\cdot m^{-1}$。

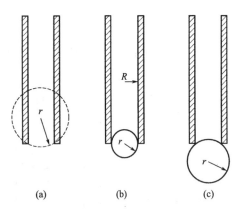

图 4-5　气泡形成过程中其半径的变化情况示意

气泡的最大压力法是测定液体表面张力的方法之一。它的基本原理如下：

当玻璃毛细管一端与液体接触，并往毛细管内加压时，可以在液面的毛细管口处形成气泡。气泡的半径在形成过程中先由大变小，然后再由小变大，如图 4-5 所示。设气泡在形成过程中始终保持球形，则气泡内外的压力差 Δp（即施加于气泡的附加压力）与气泡的半径 r、液体表面张力 σ 之间的关系可由拉普拉斯（Laplace）公式表示，即

$$\Delta p = \frac{2\sigma}{r} \tag{4-8}$$

显然，在气泡形成过程中，气泡半径由大变小，再由小变大 [如图 4-5 中（a）、（b）、（c）所示]，同时压力差 Δp 则由小变大，然后再由大变小。当气泡半径 r 等于毛细管半径 R 时，压力差达到最大值 $\Delta p_{\max}$。因此

$$\Delta p_{\max} = \frac{2\sigma}{R} \tag{4-9}$$

由此可见，通过测定 R 和 $\Delta p_{\max}$，即可求得液体的表面张力。

由于毛细管的半径较小，直接测量 R 的误差较大。通常用一已知表面张力为 σ_0 的液体（如水、甘油等）作为参考液体，在相同的实验条件下测得其相应的最大压力差为 $\Delta p_{0,\max}$，则毛细管半径 $R = \dfrac{2\sigma_0}{\Delta p_{0,\max}}$。代入上式，可求得被测液体的表面张力

$$\sigma = \frac{\Delta p_{\max}}{\Delta p_{0,\max}} \sigma_0 \tag{4-10}$$

压力差 Δp 可用 U 形水压力计测量，本实验中采用 DMP-2B 型数字式微压差测量仪测量，该仪器可直接显示以 Pa 为单位的压力差。

在同一温度下，若测定不同浓度 c 的溶液表面张力，按吉布斯（Gibbs）吸附等温式可计算溶质在单位界面过剩量，即吸附量 $\Gamma_2^{(1)}$：

$$\Gamma_2^{(1)} = -\frac{c}{RT}\frac{\mathrm{d}\sigma}{\mathrm{d}c} \tag{4-11}$$

若 $\Gamma_2^{(1)} > 0$，则溶质加入使表面张力降低，即 $\dfrac{\mathrm{d}\sigma}{\mathrm{d}c} < 0$，这时表面溶质的浓度大于在其溶液内部的浓度，该吸附称为正吸附，这类溶质称为表面活性物质。反之，则称为负吸附，溶质则称为非表面活性物质。

三、仪器与试剂

仪器：超级恒温槽，表面张力测定实验装置（见图 4-6）。

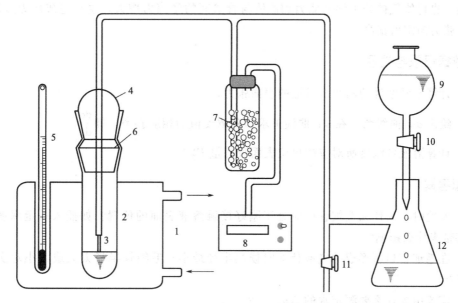

图 4-6　表面张力测定实验装置

1—恒温水浴；2—表面张力测定管；3—毛细管；4—磨口塞；5—温度计；6—出气口；7—干燥管；
8—数字式微压差测量仪；9—储水瓶；10，11—活塞；12—增压瓶

试剂：乙醇溶液（0.20mol·L^{-1}、0.40mol·L^{-1}、0.60mol·L^{-1}、0.80mol·L^{-1}）。

四、实验步骤

1. 在测定管中装入一定量参考液体（去离子水），按图 4-6 接好管路，调节毛细管在液体中的高度，使毛细管管口处于刚好接触液面的位置，以后的不同溶液测定时尽可能保持一致。将超级恒温槽调节至（25.0 ± 0.1）℃或（30.0 ± 0.1）℃。（超级恒温槽和数字式微压测量仪使用方法见本书附录一）

2. 待溶液恒温 10min 后，通过活塞 10 来调节水滴入增压瓶 12 中的速度，使气泡从毛细管口 3 出，冒出气泡速度控制在每分钟 5～15 个。记录微压差仪最大读数，计算 $\Delta p_{\max}$（要求至少测定三次，然后取平均值）。

3. 同上，测定 0.20mol·L^{-1} 的乙醇溶液，0.40mol·L^{-1}、0.60mol·L^{-1} 与 0.80mol·L^{-1} 乙醇溶液的 $\Delta p_{\max}$。

注意：在每次调换溶液时，测定管和毛细管均须用待测液淋洗。毛细管管口应保持干净，一旦污染，则得不到均匀而间歇的气泡。

五、安全及注意事项

1. 化学品安全卡

同实验三十四。

2. 实验注意事项

（1）如果毛细管口不出泡，或者连续出泡，可能毛细管口有异物，应予更换，实验过

程中应防止毛细管口与其他异物接触。

（2）为保证恒温，换溶液后应至少恒温 10min。

（3）出泡速率不能太快，因为出泡速率快将使表面活性物质来不及在气泡表面达到吸附平衡，也将使气体分子间摩擦力和流体与管壁间的摩擦力增大，这将造成压力差增大，使表面张力测定值偏高。

六、数据记录与处理

1. 计算不同浓度的乙醇水溶液的表面张力。

2. 绘出 σ-c 曲线图，在 σ-c 曲线上求出各浓度值的相应斜率，即 $\dfrac{\mathrm{d}\sigma}{\mathrm{d}c}$。

3. 计算溶液各浓度所对应的单位表面吸附量 $\Gamma_2^{(1)}$。

七、思考题

1. 实验时，为什么毛细管口应处于刚好接触溶液表面的位置？如插入一定深度，对实验将带来什么影响？

2. 在毛细管口所形成的气泡什么时候其半径最小？毛细管半径太大或太小对实验有什么影响？

3. 实验中为什么要测定水的 $\Delta p_{0,\max}$？

4. 为什么要求从毛细管中逸出的气泡必须均匀而间断？如何控制出泡速度？

八、进一步讨论

1. 由溶液的单位表面吸附量可求得每一个溶质分子在溶液表面占据的面积 S。方法如下：若溶质在溶液表面是单分子层吸附，按兰缪尔（Laugmuir）吸附等温式

$$\frac{c_2}{\Gamma_2} = \frac{c_2}{\Gamma_\infty} + \frac{1}{b\Gamma_\infty} \tag{4-12}$$

式中，Γ_∞ 为单位溶液表面被溶质单分子层吸附的饱和吸附量；b 为常数。以 $\dfrac{c_2}{\Gamma_2}$ 对 c_2 作图，其直线斜率为 $1/\Gamma_\infty$。设 L 为阿伏伽德罗常数，则每个溶质分子在溶液表面占据的面积为：

$$S = \frac{1}{\Gamma_\infty L} \tag{4-13}$$

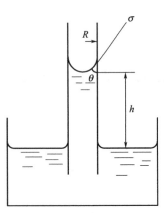

图 4-7　毛细管上升原理

2. 测定液体表面张力除气泡的最大压力法外，常用的还有毛细管上升法、滴重法、吊环法、吊板法等。

毛细管上升法：如图 4-7 所示。将半径为 R 的毛细管垂直插入可润湿的液体中，由于表面张力的作用，使毛细管内液面上升。平衡时，上升液柱的重力与液体由于表面张力的作用所受到向上的拉力相等，即：

$$2\pi R\sigma\cos\theta = \pi R^2 \rho g h$$

若毛细管玻璃被液体完全润湿，即 $\theta = 0°$，则得

$$\sigma = \frac{\rho g h R}{2} \tag{4-14}$$

滴重法：使液体受重力作用从垂直安放的毛细管口向下滴落，当液滴最大时，其半径即为毛细管半径 R。此时，重力与表面张力相平衡，即

$$mg = 2\pi R\sigma$$

由于液滴形状的变化及不完全滴落，故重力项还需乘以校正系数 F。F 是毛细管半径 R 与液滴体积的函数，可在有关手册中查得。整理上式则得

$$\sigma = F\frac{mg}{R} \tag{4-15}$$

式中，每滴液体的质量 m 可由称量而得。

若将液滴下落于另一液体之中，滴重法测得的即为液体之间的界面张力。

实验三十六 原电池反应电动势及其温度系数的测定

一、实验目的

1. 掌握电位差计的使用和抵消法测定原电池反应电动势的原理。
2. 测定原电池反应在不同温度下的电动势，计算电池反应的相关热力学函数。

二、实验原理

1. 抵消法测定原电池反应电动势原理

电池由正、负两个电极组成，当电池放电时有电流通过从负极到正极的电池的每个相界面，而电动势 E 则是电流 $I=0$ 时电池各相界面上电位差的代数和，此时原电池为可逆电池，即：$E = \varphi_+ - \varphi_-$，其中 φ_+ 是正极的电极电势；φ_- 是负极的电极电势。

电池的电动势不能直接用伏特计来测量。因为当电池接通后必须有适量的电流通过才能使伏特计显示，电池不是可逆电池。另外，电池本身有内阻，用伏特计测量的只是两电极间的电势差，而不是可逆电池的电动势。所以测量可逆电池的电动势必须在几乎没有电流通过的情况下进行。

抵消法是在测定装置中连接了一个与待测电池方向相反但电动势大小相等的外电势，如图 4-8 所示。当电位差计输出电压与原电池电动势量值相等、方向相反时，检流计指针不偏转，即可认为原电池已处于电化学平衡状态。工作回路由工作电池 E、可变电阻 R 和滑线电阻 AB 组成。测量回路由双向开关 S、待测电池 E_x（或标准电池 E_s）、单向开关 K、检流计 G 和均匀滑线电阻的一部分组成。这里，工作回路中的工作电池与测量回路中的待测电池

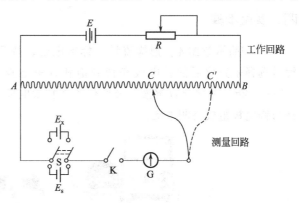

图 4-8 抵消法测定原电池电动势的工作原理

E—工作电池；R—可变电阻；AB—滑线电阻；
S—双向开关；E_x—待测电池；E_s—标准电池

并接，当测量回路中电流为零时，工作电池在滑线电阻 AB 上的某一段电位降恰好等于待测电池的电动势。

2. 电池反应电动势温度系数与热力学函数的关系

测定某一原电池反应在不同温度下的电动势 E，即可求得电动势的温度系数 $\left(\dfrac{\partial E}{\partial T}\right)_p$，由 E 和 $\left(\dfrac{\partial E}{\partial T}\right)_p$ 根据如下关系式可计算电池反应的吉氏函数变化、熵变与焓变：

$$\Delta_r G_m = -zFE \tag{4-16}$$

$$\Delta_r S_m = zF\left(\frac{\partial E}{\partial T}\right)_p \tag{4-17}$$

$$\Delta_r H_m = \Delta_r G_m + T\Delta_r S_m \tag{4-18}$$

式中，z 为反应电荷数；F 为法拉第常数，$9.6485\times10^4\,C\cdot mol^{-1}$。

对于原电池 （－） $Zn\,|\,ZnCl_2$ （$0.1mol\cdot kg^{-1}$），KCl（饱和）$|\,Hg_2Cl_2$，Hg （＋）

负极反应 $\qquad\qquad Zn(s) \longrightarrow Zn^{2+} + 2e^-$

正极反应 $\qquad Hg_2Cl_2(s) + 2e^- \longrightarrow 2Cl^- + 2Hg(l)$

电池反应 $\qquad Hg_2Cl_2(s) + Zn(s) \longrightarrow Zn^{2+} + 2Hg(l) + 2Cl^-$

显然，该电池的电动势

$$E = E_{甘汞} - E_{Zn^{2+}/Zn} \tag{4-19}$$

饱和甘汞电极反应的电势是已知的，所以，由测得的电池反应电动势即可计算得到锌电极反应的电势。

三、试剂与仪器

试剂：$0.100mol\cdot kg^{-1}$ $ZnCl_2$ 溶液。

仪器：UJ25 型高电势电位差计，AZ19 型检流计（以上 2 台仪器也可用 SDC 数字电位差综合测试仪代替），BC9 型饱和标准电池，恒温槽，1 号甲电池（1.5V）2 节或稳压电源（3V），饱和甘汞电极。

四、实验步骤

1. 按照示意图 4-9 把检流计、标准电池、待测电池和工作电池接入电位差计中，按编号选择汞齐化后的锌电极和特制饱和甘汞电极，按示意图放置电极，其中 H 管中为 $0.1mol\cdot kg^{-1}$ 的氯化锌溶液，液面位置在甘汞电极中汞粒和电极加液口之间，此时甘汞电极与锌电极组成待测电池。

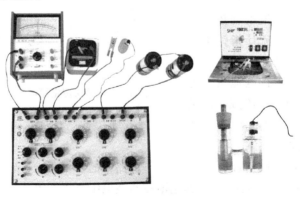

图 4-9　原电池反应电动势测定接线图

2. 打开恒温槽，调节恒温槽温度为实验温度（恒温槽操作方法见本书附录一）。

3. 读出标准电池所处的环境温度，根据下面公式计算室温时标准电池的电动势：

$$E_{s,t} = E_{s,20} - 4.06 \times 10^{-5}(t-20) - 9.5 \times 10^{-7}(t-20)^{-2}$$

4. 把电位差计上的双向开关调至标准位置，校正好标准电池电动势。

5. 按下单向开关 K 看检流计指针是否有偏转，如有偏转则按粗、中、细、微的顺序调节可变电阻旋钮，使得按下单向开关 K 检流计指针几乎不偏转。如检流计指针单方向偏转或不偏转，则需要检查线路是否有问题。

6. 把双向开关调至未知，按下单向开关 K 看检流计指针是否有偏转，如有偏转则调节表盘，使得按下单向开关，K 检流计指针几乎不偏转，此时表盘上显示的读数即为待测电池的电动势。

7. 改变温度，恒温后重复步骤 4～6，测定待测电池在此温度下的电动势。

五、安全及注意事项

1. 化学品安全卡

中文名称：氯化锌　英文名称：Zinc Dichloride　化学式：$ZnCl_2$		
危害/接触类型	危害/症状	防护措施
火灾	不可燃。在火焰中释放出刺激性或有毒烟雾（或气体）	周围环境着火时，允许使用各种灭火剂
吸入	咳嗽，咽喉痛，灼烧感，呼吸困难，气促。症状可能推迟出现	通风，呼吸防护，必要时进行人工呼吸，给予医疗护理
皮肤	皮肤烧伤，疼痛，发红	防护手套。冲洗，然后用水和肥皂清洗皮肤，给予医疗护理
眼睛	发红，疼痛，严重深度烧伤	护目镜。先用大量水冲洗几分钟，然后就医
食入	腹部疼痛，灼烧感，咽喉疼痛，恶心，呕吐，休克或虚脱	不要催吐。饮用 1～2 杯水，给予医疗护理

2. 实验注意事项

（1）甘汞电极必须保持饱和，即溶液底部应有一部分氯化钾晶体存在。

（2）原电池必须恒温 10min，保证达到恒温槽温度后才可测定其电动势。

（3）锌电极经汞齐化处理，切勿用手直接接触。

六、数据处理

1. 计算原电池反应电动势的温度系数 $\left(\dfrac{\partial E}{\partial T}\right)_p$。

可以作 $E\text{-}T$ 图求斜率，也可以由三个温度下的 E、T 值代入方程

$$E = a + bT + cT^2$$

求解出 a、b、c 后，再由 E 对 T 求导而得。

2. 据式（4-16）～式（4-18）分别计算 25℃时电池反应的 $\Delta_r G_m$、$\Delta_r S_m$ 和 $\Delta_r H_m$。

3. 由 25℃时饱和甘汞电极反应的电势与 25℃下原电池反应电动势计算 25℃时锌电极反应的电势 $E_{Zn^{2+}/Zn}$。

七、思考题

1. 为什么不能用电压表直接测量原电池反应电动势？
2. 甘汞电极使用后为什么应放置在饱和氯化钾溶液中？
3. 为什么每次测量前均需用标准电池对电位差计进行标定？
4. 测定电池反应电动势时，为什么按电位差计的电键应间断而迅速？
5. 如果平衡指示仪指针在实验过程中不发生偏转或始终单方向偏转（假定仪器均属正常），从接线上分析可能是什么原因？

八、进一步讨论

1. 原电池电动势的测定应该在可逆条件下进行，但在实验过程中不可能立即找到平衡点，因此在原电池中或多或少地有电流经过而产生极化现象。当外电压大于电动势时，原电池相当于电解池，极化结果使反应电势增加；相反，原电池放电极化，反应电势降低。这种极化都会使电极表面状态变化（此变化即使在断路后也难以复原），从而造成电动势测定值不能恒定。因此在实验中寻找平衡点时，应该间断而迅速地按测量电键，才能又快又准地求得实验结果。

2. 测定原电池反应电动势的应用——测定溶液 pH 值

把氢离子指示电极（对氢离子可逆的电极）与参比电极（一般是用饱和甘汞电极做参比电极）组成电池，由于参比电极的电极电势在一定条件下是不变的，那么原电池的电动势就会随着被测溶液中氢离子的活度而变化，因此，可以通过测量原电池的电动势，进而计算出溶液的 pH 值。

醌-氢醌［分子式 $C_6H_4O_2 \cdot C_6H_4(OH)_2$，简写 $Q \cdot H_2Q$］电极构造和操作都很简单，反应较快，不易中毒，不易损坏。对溶有气体的溶液、氧化还原性不强的溶液、含有盐类及氢电位系以上金属的溶液和未饱和的有机酸都可以进行测定，准确度达到 0.01pH。

醌-氢醌在酸性水溶液中的溶解度很小，将此少量化合物加入待测溶液中，并插入一光亮铂电极构成一个醌-氢醌电极，其电极反应为：

$$Q \cdot H_2Q \rightleftharpoons 2Q + 2H^+ + 2e^-$$ (4-20)

因为醌和氢醌的浓度相等，稀溶液情况下活度系数均近于 1，或者活度相等，因此：

$$\varphi_{Q \cdot H_2Q} = \varphi^{\ominus}_{Q \cdot H_2Q} + \frac{RT}{2F}\ln\frac{\alpha(Q)\alpha(H^+)^2}{\alpha(H_2Q)} = \varphi^{\ominus}_{Q \cdot H_2Q} + \frac{RT}{2F}\ln(\alpha_{H^+})^2 = \varphi^{\ominus}_{Q \cdot H_2Q} - 2.303\frac{RT}{F}pH$$

(4-21)

醌-氢醌电极和参比电极构成的原电池的表达式如下：

$$Hg(l), Hg_2Cl_2(s)|KCl(饱和)|待测液（为 Q \cdot H_2Q 所饱和）|Pt$$

此电池的电动势为：

$$E_{池} = \varphi_{Q \cdot H_2Q} - \varphi_{甘汞} = \varphi^{\ominus}_{Q \cdot H_2Q} - 2.303\frac{RT}{F}pH - \varphi_{甘汞}$$ (4-22)

注意事项：在 25℃下待测液 pH=7.7 时，醌-氢醌电极电位与饱和甘汞电极电位相等；pH<7.7 时，醌-氢醌电极为正极，用下面的式(4-23)计算出 pH 值；7.7<pH<8.5 时，醌-氢醌电极作负极而饱和甘汞电极作正极，用下面的式(4-24)计算出 pH 值，

测量时正负极不能接反；待测液 pH＞8.5 时，由于溶液中醌（Q）的活度不能很好地近似等于氢醌（H_2Q）的活度，故不能用此法测量和计算，否则会有很大误差。

$$pH = \frac{\varphi_{Q \cdot H_2Q}^{\ominus} - E_{池} - \varphi_{甘汞}}{\dfrac{2.303RT}{F}} \tag{4-23}$$

$$pH = \frac{\varphi_{Q \cdot H_2Q}^{\ominus} + E_{池} - \varphi_{甘汞}}{\dfrac{2.303RT}{F}} \tag{4-24}$$

实验三十七 量气法测定过氧化氢催化分解反应速率常数

一、实验目的

测定 H_2O_2 分解反应的速率常数，并了解一级反应的特点。

二、实验原理

H_2O_2 在没有催化剂存在时，分解反应进行得很慢，若用 KI 溶液为催化剂，则能加速其分解。

$$H_2O_2 \xrightarrow{KI} H_2O + \frac{1}{2}O_2$$

该反应的机理是：

第一步 $\qquad H_2O_2 + KI \longrightarrow KIO + H_2O \qquad$ （慢）

第二步 $\qquad\qquad KIO \longrightarrow KI + \frac{1}{2}O_2 \qquad$ （快）

由于第一步的反应速率比第二步慢得多，居于控制地位，所以整个分解反应的速率可认为等于第一步的速率。如果反应速率用消耗速率（即恒容时反应物的浓度随时间的变化率的绝对值）来表示，按质量作用定律则该反应的速率与 KI 和 H_2O_2 的浓度的一次方呈正比，其速率方程为：

$$-\frac{dc_{H_2O_2}}{dt} = k_{H_2O_2} c_{KI} c_{H_2O_2} \tag{4-25}$$

式中，c 表示各物质的浓度，$mol \cdot L^{-1}$；t 为反应时间，s；$k_{H_2O_2}$ 为反应速率常数，它的大小仅决定于温度。

在反应过程中作为催化剂的 KI 的浓度保持不变，令 $k_1 = k_{H_2O_2} c_{KI}$，则

$$-\frac{dc_{H_2O_2}}{dt} = k_1 c_{H_2O_2} \tag{4-26}$$

式中，k_1 称为表观反应速率常数，在一定温度与催化剂浓度下，k_1 为定值。此式表明，反应速率与 H_2O_2 浓度的一次方呈正比，由此称 H_2O_2 分解反应为一级反应。积分上式得：

$$\int_{c_0}^{c_t} -\frac{dc_{H_2O_2}}{c_{H_2O_2}} = \int_0^t k_1 dt$$

$$\ln\frac{c_t}{c_0}=-k_1t \qquad (4\text{-}27)$$

由积分方程可得：$\ln\{c\}$ 对 t 作图是一条直线，斜率的负值即为 k_1；k_1 的量值与浓度单位无关；对于一级反应，若用积分法求取速率常数，则速率常数的数值与反应物的初始浓度无关。在 H_2O_2 催化分解过程中，t 时刻 H_2O_2 的浓度 c_t 可通过测量在相应的时间内反应放出的 O_2 体积求得。因为分解反应中，放出 O_2 的体积与已分解了的 H_2O_2 浓度呈正比，其比例常数为定值。令 V_∞ 表示 H_2O_2 全部分解所放出的 O_2 体积，V_t 表示 H_2O_2 在 t 时刻放出的 O_2 体积，V_0 表示 H_2O_2 在 $t=0$ 时刻放出的氧气。则

$$c_0\propto V_\infty-V_0 \qquad c_t\propto V_\infty-V_t$$

将上面的关系式代入式(4-27)，得到

$$\ln\frac{c_t}{c_0}=\ln\frac{V_\infty-V_t}{V_\infty}-k_1t$$

$$\ln(V_\infty-V_t)=-k_1t+\ln V_\infty \qquad (4\text{-}28)$$

H_2O_2 催化分解是一级反应，由式(4-28) 得，以 $\ln(V_\infty-V_t)$ 对 t 作图应得一直线，直线斜率的负值即为 k_1。这种利用动力学方程的积分式获取反应特性的方法称为积分法。

三、仪器与试剂

仪器：超级恒温槽，量气管，磁力搅拌器，移液管（5mL）等。

试剂：H_2O_2 溶液（3%），KI 溶液（$0.2\,mol\cdot L^{-1}$）。

实验装置见图4-10。

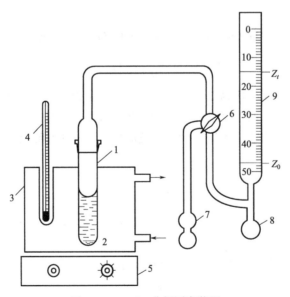

图4-10 H_2O_2 分解测定装置

1—反应管；2—搅拌子；3—水浴夹套；4—温度计；5—磁力搅拌器；6—三通活塞；7—双连球；
8—橡胶滴头（内盛肥皂水）；9—量气管

四、实验步骤

1. 调节超级恒温槽（见本书附录一）的水温为 $(25.0\pm0.1)\,℃$ 或 $(30.0\pm0.1)\,℃$。

打开恒温槽循环开关，使循环恒温水通入反应管外水浴夹套。

2. 按图 4-10 装好仪器。用双连球 7 通过三通活塞 6 向量气管鼓气，并压出皂膜润湿量气管内壁，以防止实验过程中皂膜破裂。

3. 在反应管中加入 3% H_2O_2 溶液 5mL，放入水浴夹套恒温（注意：反应管外恒温水应漫过液面）。同时在一小试管中移入 $0.2mol \cdot L^{-1}$ KI 溶液 5mL，放入恒温槽中恒温。

4. 在反应管内加入搅拌子，打开磁力搅拌器，调节搅拌速度，使搅拌子在反应管中转速恒定，并在量气管下部压出皂膜备用。

5. 恒温 10min，把小试管中的 KI 溶液倒入反应管中，约 1min 后塞上反应管上的橡皮塞，同时旋转活塞 6 使放出的氧气进入量气管。任选一时刻作为反应起始时间，同时记下量气管中皂膜位置读数 Z_0，以后每隔 1min 记录一次读数 Z_t，共 10 次。

6. 为了使 H_2O_2 分解完全，须再等待 20min 左右。等分解反应基本完成后，此时反应管中没有气体放出，量气管中皂膜位置不再变化，记下量气管中皂膜位置的读数即为 Z_∞。

7. 实验结束，关闭搅拌器；清洗反应管、小试管、量气管；交回搅拌子。

五、安全及注意事项

1. 化学品安全卡

中文名称：过氧化氢　英文名称：Hydroperoxide；Hydrogen dioxide　化学式：H_2O_2		
危害/接触类型	危害/症状	防护措施
火灾	不可燃，能引燃可燃物质。许多反应可能引起火灾或爆炸	禁止与可燃物质或还原剂接触。禁止与高温表面接触。周围环境着火时，用大量水，喷雾状水灭火
爆炸	遇热或与金属催化剂接触时，有着火和爆炸危险	着火时，喷雾状水保持桶料等冷却
吸入	咳嗽，咽喉痛，灼烧感，头晕，头痛，恶心，气促	通风，呼吸防护，必要时进行人工呼吸，给予医疗护理
皮肤	腐蚀作用，白色斑点，发红，皮肤烧伤，疼痛	防护手套，防护服。先用大量水冲洗，然后脱去污染的衣物并再次冲洗，给予医疗护理
眼睛	腐蚀作用，发红，疼痛，视力模糊，严重深度烧伤	护目镜或面镜。先用大量水冲洗几分钟，然后就医

2. 实验注意事项

（1）注意皂膜流量计三通活塞的转向。鼓泡时需缓慢有度，使皂膜清晰有序。

（2）H_2O_2 溶液与 KI 溶液的移液管不能混用。

（3）H_2O_2 与 KI 溶液须分别恒温 10min 以后方可混合。反应管外的恒温水要超过液面。

六、数据记录与处理

1. 记录反应条件（反应温度、催化剂及其浓度）并列表记录反应时间 t 和量气管读数 Z_t 的对应值。

2. 举一例（写出计算过程）计算 V_t 和 V_∞：$V_t = Z_0 - Z_t$，$V_\infty = Z_0 - Z_\infty$，$\ln(V_\infty - V_t)$。

3. 以 $\ln(V_\infty - V_t)$ 对 t 作图，从所得直线的斜率求表观反应速率常数 k_1。

七、思考题

1. 反应中 KI 起催化作用，它的浓度与实验测得的表观反应速率常数 k_1 的关系如何？

2. 实验中放出氧气的体积与已分解了的 H_2O_2 溶液浓度呈正比，其比例常数是什么？试计算 5mL 3%（质量分数）H_2O_2 溶液全部分解后放出的氧气体积（25℃，101.325kPa，设氧气为理想气体，3% H_2O_2 溶液密度可视为 $1.00g \cdot mL^{-1}$）。

3. 若实验在开始测定 V_0 时，已经先放掉了一部分氧气，这样做对实验结果有没有影响？为什么？

八、进一步讨论

1. 本实验令 $k_1 = k_{H_2O_2} c_{KI}$，即设催化剂 KI 反应级数为一级。如要验证反应对 c_{KI} 确为一级反应，并求得该反应的速率常数 $k_{H_2O_2}$，还必须进行如下实验：配制不同 c_{KI} 的反应液，测得各相应的 k_1，以 $\ln k_1$ 对 $\ln c_{KI}$ 作图。若得直线的斜率接近于 1，即证明此反应对 c_{KI} 确为一级，并可求得 $k_{H_2O_2}$ 值。由于含有强电解质 KI 的水溶液的离子强度对反应速率的影响，若用不同的 c_{KI} 做实验时，应外加第三组分（如 KCl）以调节溶液的离子强度，使它们相同。除 KI 可作催化剂以外，其他的如 Ag、MnO_2、$FeCl_3$ 等也都是该分解反应很好的催化剂。

2. 严格地讲，用含水量气管测量气体体积时，都包含着水蒸气的分体积。若在某温度 t 时，水蒸气已达饱和，则 V_t 应按下式计算：

$$V_t = V_{t,测量}\left(1 - \frac{p^*_{H_2O_2}}{p_{大气}}\right) \tag{4-29}$$

式中，$p^*_{H_2O_2}$ 为量气管温度下水的饱和蒸气压。

3. 如求反应的表观活化能 E_a，则通过测定不同温度下反应速率系数，根据阿仑尼乌斯（Arrhennius）经验方程：

$$\ln(k) = -\frac{E_a}{RT} + C \tag{4-30}$$

以 $\ln k$ 对 $1/T$ 作图得一直线，从其斜率等于 $-E_a/R$，即可求得表观活化能 E_a。

实验三十八　环己烷-乙醇恒压汽液平衡相图绘制

一、实验目的

1. 测定常压下环己烷-乙醇二元系统的汽液平衡数据，绘制 101325Pa 下的沸点-组成相图。

2. 掌握阿贝折光仪的原理和使用方法。

3. 掌握水银温度计的校正与使用方法。

二、实验原理

理想液体混合物中各组分在同一温度下具有不同的挥发能力。因而，经过汽液间相变达到平衡后，各组分在汽、液两相中的浓度是不相同的。根据这个特点，使二元混合物在精馏塔中进行反复蒸馏，就可分离得到各纯组分。为了得到预期的分离效果，设计精馏装置必须依靠准确的汽液平衡数据，也就是平衡时的汽、液两相的组成与温度、压力间的依赖关系。工业上实际液体混合物的相平衡数据，很难由理论计算，必须由实验直接测定，即在恒压（或恒温）下测定平衡的蒸汽与液体的各组成。其中，恒压数据应用更广，测定方法也较简便。

恒压测定方法有多种，以循环法最普遍。循环法原理的示意图见图 4-11。

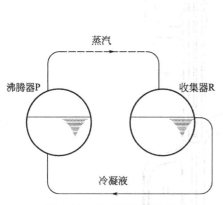

图 4-11　循环法原理示意

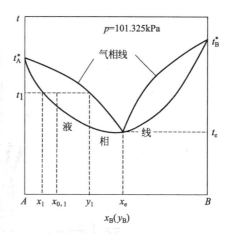

图 4-12　有最低恒沸点的二元汽液平衡相图

在沸腾器 P 中盛有一定组成的二元溶液，在恒压下加热。液体沸腾后，逸出的蒸汽经完全冷凝后流入收集器 R。达一定数量后溢流，经回流管流回到沸腾器 P。由于汽相中的组成与液相中不同，所以随着沸腾过程的进行，P、R 两容器中的组成不断改变，直至达到平衡时，汽、液两相的组成不再随时间而变化，P、R 两容器中的组成也保持恒定。分别从 R、P 两容器中取样进行分析，即得出平衡温度下汽相和液相的组成。

本实验测定的环己烷-乙醇二元汽液恒压相图，如图 4-12 所示。图中横坐标表示二元系的组成（以 B 的摩尔分数表示），纵坐标为温度。显然曲线的两个端点 t_A^*、t_B^* 即指在恒压下纯 A 与纯 B 的沸点。若溶液原始的组成为 x_0，当它沸腾达到汽液平衡的温度 t_1 时，其平衡汽液相组成分别为 y_1 与 x_1。用不同组成的溶液进行测定，可得一系列 t-x-y 数据，据此画出一张由液相线与汽相线组成的完整相图。图 4-12 的特点是当系统组成为 x_e 时，沸腾温度为 t_e，平衡的汽相组成与液相组成相同。因为 t_e 是所有组成中的沸点最低者，所以这类相图称为具有最低恒沸点的汽液平衡相图。

分析汽液两相组成的方法很多，有化学方法和物理方法。本实验用阿贝折光仪测定溶液的折射率，以确定其组成。因为在一定温度下，纯物质具有一定的折射率，所以两种物质互溶形成溶液后，溶液的折射率就与其组成有一定的顺变关系。预先测定一定温度下一系列已知组成的溶液的折射率，得到折射率-组成对照表。以后即可根据待测溶液的折射率，由此表确定其组成。

三、试剂与仪器

试剂：环己烷，乙醇。

仪器：埃立斯（Ellis）平衡蒸馏器，可控硅调压器，电压表，阿贝折光仪，超级恒温槽。

埃立斯平衡蒸馏器是由玻璃吹制而成的，它具有汽液两相同时循环的结构，如图4-13所示。

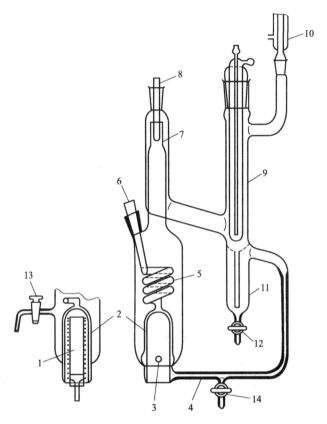

图4-13　埃立斯平衡蒸馏器

1—加热元件；2—沸腾室；3—小孔；4—毛细管；5—平衡蛇管；6,8—温度计套管；7—蒸馏器内管；
9,10—冷凝器；11—冷凝液接收管；12,13—取样口；14—放料口

四、实验步骤

1. 将预先配制好的一定组成的环己烷-乙醇溶液缓缓加入蒸馏器中，使液面低于蛇管喷口1～1.5cm，蛇管的大部分浸在溶液之中。

2. 调节适当的电压通过加热元件1和下保温电热丝对溶液进行加热。同时在冷凝器9、10中通以冷却水。

3. 加热一定时间后溶液开始沸腾，汽、液两相混合物经蛇管口喷于温度计底部；同时可见汽相冷凝液滴入接收器11。为了防止蒸汽过早冷凝，通过可控硅调压将上保温电热丝加热，要求套管8内温度（汽相温度）比套管6内温度（汽液平衡温度）高0.5～1.5℃。控制加热器电压，使冷凝液产生速度为每分钟60～100滴。调节上下保温电热丝电压，以蒸馏器的器壁上不产生冷凝液滴为宜。

4. 待套管6处的温度恒定15～20min后，可认为汽、液相间已达平衡，记下温度计6读数，即为汽、液平衡的温度 $t_{观}$，同时读取温度计露茎的长度 n 和辅助温度计读数 $t_{环}$。

5. 关闭所有加热元件，稍冷却后分别从取样口 12、13 同时取样约 2mL，测定其折射率。阿贝折光仪的原理与使用方法见实验五。

6. 实验结束，待溶液冷却后，将溶液放回原来的溶液瓶，关闭冷却水。

五、安全及注意事项

1. 化学品安全卡

中文名称:环己烷　英文名称:Hexamethylene;Hexahydrobenzene　化学式:C_6H_{12}		
危害/接触类型	危害/症状	防护措施
火灾	高度易燃	禁止明火,禁止火花和禁止吸烟。雾状水,抗溶性泡沫,二氧化碳,干粉。水可能无效
爆炸	蒸汽/空气混合物有爆炸性。受热引起压力升高,有爆炸危险	密闭通风,防爆型电气设备和照明。不要使用压缩空气灌装、卸料或转运。使用无火花手工具。防止静电荷积聚。着火时,喷雾状水保持桶等冷却
吸入	咳嗽,头晕,头痛,恶心,虚弱,嗜睡	通风或呼吸防护。给予医疗护理
皮肤	发红,皮肤干燥	防护手套,防护服。脱去污染的衣物冲洗,然后用水和肥皂清洗衣物
眼睛	发红	安全护目镜。或眼睛防护结合呼吸防护。用大量水冲洗

2. 实验注意事项

1. 乙醇和环己烷均易挥发和燃烧，空气中浓度较高时，应该佩戴自吸过滤式防尘口罩。二者的蒸汽与空气均可形成爆炸性混合物，乙醇爆炸极限为 3.3％～19.0％（体积分数，20℃），环己烷爆炸极限 1.3％～8.3％（体积分数）。使用此类溶剂时，室内不应有明火及电火花、静电放电等。同时，这类药品在实验室不可存放过多，保存温度不宜超过 30℃，用后应及时回收处理，切不可倒入下水道，以免积聚引起火灾。

2. 加热电阻丝通过电流不能太大，过大会引起有机液体的闪蒸、燃烧或烧断电阻丝。只能在停止通电加热后才能取样分析。

3. 实验过程中需佩戴护目镜，防止溶液暴沸伤害眼睛，万一溶液进入眼睛，应迅速用大量流水来彻底洗净受伤者的眼球，冲洗时应将眼睑皮翻离眼球，以便于有效地冲洗。

六、数据处理

1. 将测定的各汽液相折射率，利用环己烷-乙醇系统的折射率-组成对照表查得平衡的液相组成 $x_环$ 与汽相组成 $y_环$。

2. 平衡温度的确定

（1）温度计示值校正和露茎校正见本书附录一。

（2）气压计读数校正见本书附录一。

（3）平衡温度的压力校正　溶液的沸点与外压有关，为了将溶液沸点校正到正常沸点，即外压为 101325Pa 下的汽液平衡温度，应将测得的平衡温度进行气压校正。环己烷-乙醇系统的校正公式如下：

$$t_常 = t + \frac{1}{p_{大气}}(0.0712 + 0.00234 y_环)(t + 273)(101.3 \times 10^3 - p_{大气}) \qquad (4\text{-}31)$$

式中，$t_常$ 为校正到外压为 101325Pa 下的平衡温度，℃；t 为外压为 $p_{大气}$（Pa）时测得的温度；$y_环$ 为用环己烷摩尔分数表示的气相组成。

3.综合实验所得的各组成的平衡数据，绘出 101.325kPa 下环己烷-乙醇的汽液平衡相图。

七、思考题

1.一般而言，如何才能准确测得溶液的沸点？

2.埃立斯平衡蒸馏器有什么特点？其中蛇管的作用是什么？

3.埃立斯平衡蒸馏器为何要上下保温？为何汽相部位温度应略高于液相部位温度？

4.取出的平衡汽液相样品，为什么必须在密闭的容器中冷至 30℃后方可用以测定其折射率？

5.在本实验中埃立斯平衡蒸馏器是如何实现汽液两相同时循环的？

八、进一步讨论

1.为得到精确的相平衡数据，应采用恒压装置以控制外压。有关恒压装置的原理及使用参见本书实验四十六。

2.使用埃立斯蒸馏器操作时，应注意防止闪蒸现象、精馏现象及暴沸现象。当加热功率过高时，溶液往往会产生完全汽化，将原组成溶液瞬间完全变为蒸汽，即闪蒸。显然，闪蒸得到的汽液组成不是平衡的组成。为此需要调节适当的加热功率，以控制蒸汽冷凝液的回流速度。

蒸馏器所得的平衡数据应是溶液一次汽化平衡的结果。但若蒸汽在上升过程中又遇到汽相冷凝液，则又可进行再次汽化，这样就形成了多次蒸馏的精馏操作。其结果是得不到蒸馏器应得的平衡数据。为此，在蒸馏器上部必须进行保温，使汽相部位温度略高于液相，以防止蒸汽过早地冷凝。

由于沸腾时气泡生成困难，暴沸现象常会发生。避免的方法是提供气泡生成中心或造成溶液局部过热。为此，可在实验中鼓入小气泡或在加热管的外壁造成粗糙表面，以利于形成气穴；或将电热丝直接与溶液接触，造成局部过热。

实验三十九　计算机联用测定无机盐溶解热

一、实验目的

1.用量热计测定 KCl 的积分溶解热。

2.掌握量热实验中温差校正方法以及计算机联用测量溶解过程动态曲线的方法。

二、实验原理

盐类的溶解过程通常包含着两个同时进行的过程：晶格的破坏和离子的溶剂化。前者为吸热过程，后者为放热过程。根据状态函数的概念，溶解热是这两种热效应的总和。因此，盐溶解过程最终是吸热或放热，是由这两个热效应的相对大小所决定的。

溶解热的测定是在绝热式量热计中进行的。根据盖斯（Гесс）定律，将实际溶解过程分解成两步进行，如图 4-14 所示，第一过程是恒压下 KCl 在绝热式量热计中溶解，系统的温度由 t_1 变化至 t_2，其热效应为 Q_p（即焓变 ΔH）；第二过程设想从与第一过程相同的初态开始先在恒温恒压下溶解，热效应为 ΔH_1，然后在恒压条件下使系统的温度由 t_1 变化至 t_2，回到第一过程的终态，热效应为 ΔH_2。则：

$$\Delta H = \Delta H_1 + \Delta H_2 \tag{4-32}$$

因为量热计为绝热系统，
$$Q_p = \Delta H = 0$$

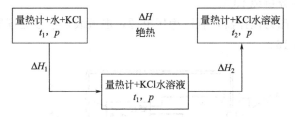

图 4-14　KCl 溶解过程的图解

所以在 t_1 下溶解的恒压热效应 ΔH_1 为

$$\Delta H_1 = -\Delta H_2 = -K(t_2 - t_1) \tag{4-33}$$

式中，K 是量热计与 KCl 水溶液所组成的系统的总热容量；$(t_2 - t_1)$ 为 KCl 溶解过程系统的温度变化值 $\Delta t_{溶解}$。

由实验得到的 ΔH_1 可以求解积分溶解热。将 1mol 溶质溶解于一定量的溶剂中形成一定浓度溶液的热效应，称作积分溶解热。设将质量为 m 的 KCl 溶解于一定体积的水中，KCl 的摩尔质量为 M，则在此浓度下 KCl 的积分溶解热为：

$$\Delta_{sol} H_m = \frac{\Delta H_1 M}{m} = -\frac{KM}{m} \Delta t_{溶解} \tag{4-34}$$

式中，K 值可由电热法求取。即在同一实验中由电加热提供热量 Q，测得系统升温为 $\Delta t_{加热}$，则 $K \Delta t_{加热} = Q$。若通电时间为 τ，电流强度为 I，电热丝电阻为 R，则：

$$K \Delta t_{加热} = I^2 R \tau \tag{4-35}$$

所以

$$K = \frac{I^2 R \tau}{\Delta t_{加热}} \tag{4-36}$$

由于实验中搅拌操作提供了一定热量，而且系统也并不是严格绝热的，因此在盐溶解的过程或电加热过程中都会引入微小的额外温差。为了消除这些影响，真实的 $\Delta t_{溶解}$ 与 $\Delta t_{加热}$ 应用图 4-15 所示的外推法求取。

图 4-15 表示电加热过程的温度-时间（t-τ）曲线。AB 线和 CD 线的斜率分别表示在电加热前后因搅拌和散热等热交换而引起的温度变化速率。t_B 和 t_C 分别为通电开始时的温度和通电后的最高温度。要求真实的

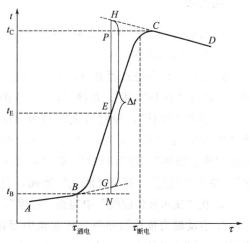

图 4-15　求 $\Delta t_{加热}$ 的外推法作图

$\Delta t_{加热}$必须在 t_B 和 t_C 之间进行校正，校正由于搅拌和散热等所引起的温度变化值。为简便起见，设加热集中在加热前后的平均温度 t_E（即 t_B 和 t_C 的中点）下瞬间完成，在 t_E 前后由搅拌或散热而引起的温度变化率即为 AB 线和 CD 线的斜率。所以将 AB、CD 直线分别外推到与 t_E 对应时间的垂直线上，得到 G、H 两交点。显然 GN 与 PH 所对应的温度差即为 t_E 前后因搅拌和散热所引起温度变化的校正值。真实的 $\Delta t_{加热}$ 应为 H 与 G 两点所对应的温度 t_H 与 t_G 之差。

三、试剂与仪器

试剂：干燥过的分析纯 KCl。

仪器：量热计，磁力搅拌器，直流稳压电源，电流表，信号处理器，计算机，天平。

实验装置见图 4-16。

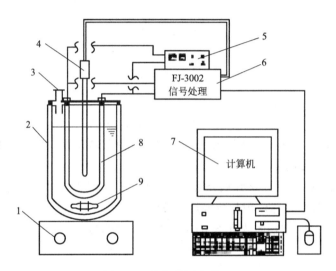

图 4-16　溶解热测定装置

1—磁力搅拌器；2—保温杯；3—加盐管；4—铂电阻温度计；5—直流稳压电源；6—FJ-3002 化学
实验通用数据采集与控制仪；7—计算机；8—电热丝加热管；9—磁搅拌子

四、实验步骤

1. 用量筒量取 225mL 去离子水，倒入量热计中并测量水温。

2. 在干燥的试管中称取 4.5～4.8g 干燥过的 KCl（精确到 0.01g）。

3. 先打开信号处理器和直流稳压电源，再打开计算机。进入实验软件，在"项目管理"中单击"打开项目"，选择"rjr"，单击"打开项目"。

4. 单击"测试"，设定测试时间为 30min；选择"编辑时间表"；在弹出对话框中选择"加热"，相对开始时刻设定为 600s，相对结束时刻设定为 900s，单击"添加"；然后选择"停止加热"，相对开始时刻设定为 900s，相对结束时刻设定为 1200s，单击"添加"，单击"确定"，回到"测试"界面，勾选"当按下开始采样时同时运行时间表"。

5. 在"显示参数曲线"中勾选"温度"，"数据文件名"任意填写，勾选"自动存盘"。

6. 启动磁力搅拌器并调节转速至中等速度，然后单击"开始采样"并切换到"动态曲线"。

7. 待采样时间到达 300s 时将 KCl 快速从加盐口倒入，塞好瓶口，注意观察温度曲线的变化。600s 时自动进入加热状态，此时电流表与电脑显示窗口均有加热电流值显示。900s 后自动停止加热。

8. 30min 后，实验自动结束。注：若采样前未单击"自动存盘"，可手动单击"存储数据"（自己设文件名）。

9. 切换到"数据处理"，单击"打开"，打开刚才保存的文件，切换到"数据表格"。每一分钟记录一个数据点。

五、安全及注意事项

1. 化学品安全卡

<table>
<tr><td colspan="3" align="center">中文名称：氯化钾　英文名称：Potassium Chloride　化学式：KCl</td></tr>
<tr><th>危害/接触类型</th><th>危害/症状</th><th>防护措施</th></tr>
<tr><td>火灾</td><td>不燃</td><td></td></tr>
<tr><td>爆炸</td><td>接触 BrF_3、硫酸＋高锰酸钾会发生爆炸反应</td><td></td></tr>
<tr><td>吸入</td><td>吸入后刺激呼吸道，引起咳嗽</td><td>迅速脱离现场至空气新鲜处；如呼吸困难，就医</td></tr>
<tr><td>皮肤</td><td>溅落眼睛内，刺激结膜，发红疼痛；刺激皮肤，红痛</td><td>防护手套，防护服；立即脱去污染的衣服，用大量流动清水冲洗</td></tr>
<tr><td>食入</td><td>口服摄入会使人恶心，血液凝固，心律失常</td><td>饮足量的水，如果昏迷，就医</td></tr>
</table>

2. 注意事项

（1）注意线路连接的完整性，尤其是保温杯上的接线端容易脱落，若加热时有电压无电流，则应检查线路是否断开。

（2）加盐管的口要用滤纸擦干，以防止盐粒沾住而不溶解在水中。

（3）搅拌转速在实验过程中应保持恒定，转速要足够快，保证氯化钾在 30s 内溶解。

六、数据处理

1. 作盐溶解过程和电加热过程温度-时间图，用外推法求得真实的 $\Delta t_{溶解}$ 与 $\Delta t_{加热}$。

2. 按式（4-36）计算系统总热容量 K。

3. 按式（4-34）计算 KCl 的积分溶解热 $\Delta_{sol} H_m$。

七、思考题

1. 溶解热与哪些因素有关？本实验求得的 KCl 溶解热所对应的温度如何确定？是溶解前的温度还是溶解后的温度？还是两者的平均值？

2. 如测定溶液浓度为 0.5mol KCl/100mol H_2O 的积分溶解热，问水和 KCl 应各取多少（已知保温杯的有效容积为 225mL）？

3. 为什么要用作图法求得 $\Delta t_{溶解}$ 与 $\Delta t_{加热}$？如何求得？

4. 本实验如何测定系统的总热容量 K？若用先加热后加盐的方法是否可以？

5. 在标定系统热容过程中，如果加热电流过大或加热时间过长，是否会影响实验结果的准确性？为什么？

八、进一步讨论

1. 系统的总热容量 K 除用电加热方法标定外，还可以采用化学标定法，即在量热计中进行一个已知热效应的化学反应，如强酸与强碱的中和反应，可按已知的中和热与测得的温升求得 K 值。同样也可用已知积分溶解热的某物质作为标准，测量其溶解前后的温差求得 K 值。

2. 利用本实验装置尚可测定溶液的比热容。基本公式是：

$$Q = (mc + K')\Delta t_{加热} \tag{4-37}$$

式中，m、c 分别为待测溶液的质量与比热容；Q 为电加热输入的热量，为除了溶液之外的量热计的热容量；K' 值可通过已知比热容的参比液体（如去离子水）代替待测溶液进行实验，按此基本公式求得。本实验装置还可用来测定弱酸的电离热或其他液相反应的热效应，也可进行反应动力学研究。

实验四十 **差热-热重分析**

一、实验目的

1. 了解热分析的基本原理及差热曲线的分析方法，测定 $CuSO_4 \cdot 5H_2O$ 脱水过程的差热曲线及各特征温度。

2. 了解热重分析的基本原理及热重曲线的分析方法，测绘 $CuSO_4 \cdot 5H_2O$ 的脱水热谱图并予以定量解释。

二、实验原理

1. 差热分析

热分析是在程序控制温度下测量物质的物理性质与温度的关系的一类技术。差热分析（D. T. A）是热分析方法的一种。其根据是当物质发生化学变化或物理变化（如脱水、晶形转变、热分解等）时，都有其特征的温度，并往往伴随着热效应，从而造成研究物质与周围环境的温差。此温差及相应的特征温度，可用于鉴定物质或研究其有关的物理化学性质。

为对某待测样品进行差热分析，则将其与热稳定性良好的参考物一同置于温度均匀的电炉中以一定的速率升温。这种参考物如 SiO_2、Al_2O_3，它们在整个试验温度范围内不发生任何物理化学变化，因而不产生任何热效应。所以，当样品没有热效应产生时，它和参考物温度相同，两者的温差 $\Delta T = 0$；当样品产生吸热（或放热）效应时，由于传热速率的限制，就会使样品与参考物温度不一致，即两者的温差 $\Delta T \neq 0$。

若以温差 ΔT 对参考物温度 T 作图，可得差热曲线图（如图 4-17 所示）。当 $\Delta T = 0$ 时是一条水平线（基线）；当样品放热时，出现峰状曲线，吸热时则出现方向相反的峰状曲线。过程结束后温差消失，又重新出现水平线。这些峰的起始温度与物质的热性质有关。峰状曲线与基线围起来的面积大小则对应于过程热效应的大小。

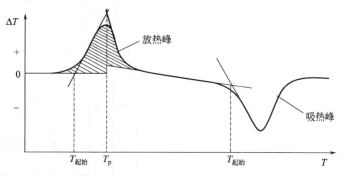

图 4-17　差热曲线示意图

差热峰的面积与过程的热效应呈正比，即：

$$\Delta H = \frac{K}{m} \int_{t_1}^{t_2} \Delta T \mathrm{d}t = \frac{K}{m} A \tag{4-38}$$

式中，m 为样品的质量；ΔT 为温差；t_1、t_2 为峰的起始时刻与终止时刻；$\int_{t_1}^{t_2} \Delta T \mathrm{d}t$ 为差热峰的面积 A。

K 为仪器参数，与仪器特性及测定条件有关。同一仪器测定条件相同时，K 为常数，所以可用标定法求得。即用一定量已知热效应的标准物质，在相同的实验条件下测得其差热峰的面积，由式(4-38)求得 K 值。本实验用已知熔化焓的 Sn（$\Delta H_m = 60.67 \mathrm{J} \cdot \mathrm{g}^{-1}$）。峰面积可直接由计算机绘图后进行处理。

2. 热重法

热重法（TG）是在程序控制温度的条件下测量物质的质量与温度的关系的一种技术。当样品在程序升温过程中发生脱水、氧化或分解时，其质量就会发生相应的变化。通过热电偶和热天平，记录样品在程序升温过程中的温度 t 和与之相对应的质量 m，并将此对应关系绘制成图，即得到该物质的热重谱线，见图 4-18。

在理想的实验情况下，图中 t_i 应该是样品的质量变化达到天平开始感应的最初温度，同样 t_f 是样品质量变化达到最大值时的温度。图线的形状、t_i 和 t_f 的值主要由物质的性质所决定，但也与设备及操作条件（如升温速率等）有关。在实验中由于样品的预处理状况、热分析炉的结构、炉内外气氛对流等因素的影响，t_i、t_f 往往不易确定，故采用如图 4-18 所示的外推法得到。根据质量变化的百分率及相应温度，可以得到物质在一定温度区间内反应特性以及热稳定性等信息，以至于可推测其组成等。因此，热重法与差热分析一样，也是热分析的有力工具之一。

3. 差热-热重谱线

本实验采用 HCT-1 型综合热分析仪测试 $CuSO_4 \cdot 5H_2O$ 在加热过程中发生脱水和分解反应时差热-热重谱线。本仪器的测量系统采用上皿、不等臂、吊带式天平、光电传感器，带有微分、积分校正的测量放大器，电磁式平衡线圈以及电调零线圈等。当天平因试样质量变化而出现微小倾斜时，光电传感器就产生一个相应极性的信号，送到测重放大器，测重放大器输出 0～5V 信号，经过 A/D 转换，送入计算机进行绘图处理。同时由于托盘底部安装了差热传感器，因此能同时得到差热-热重谱线。仪器结构如图 4-19 所示。

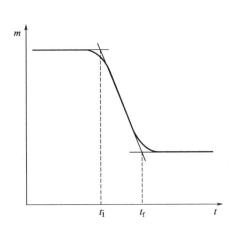

图 4-18　热重谱线示意图

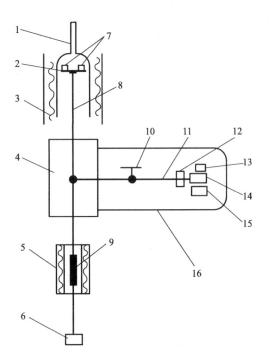

图 4-19　HCT-1 型综合热分析仪测量装置示意

1—炉膛保护管；2—托盘+差热传感器；3—陶瓷保温桶；
4—天平主机座；5—平衡线圈；6—平衡盘；7—坩埚；
8—支撑杆；9—磁芯；10—吊带；11—天平横梁；
12—平衡砣；13—发光二极管；14—遮光挡片；
15—硅光电池；16—玻璃罩

三、试剂与仪器

试剂：$CuSO_4 \cdot 5H_2O$（A.R.，使用前研细）。

仪器：HCT-1 型综合热分析仪。

四、实验步骤

1. 打开仪器后面板上的电源开关，指示灯亮，说明整机电源已接通。预热 30min 后才能进行测试工作。

2. 精确称取待测样品 $CuSO_4 \cdot 5H_2O$ 约 20mg，装入坩埚内，在桌面上轻墩几下，使样品自然堆积。另取一只空坩埚作为参比物。

3. 双手轻轻抬起炉子，以左手为中心，右手逆时针轻轻旋转炉子。左手轻轻扶着炉子，用左手拇指扶着右手拇指，防止右手抖动。用右手把参比物放在左边的托盘上，把测量物放在右边的托盘上。轻轻放下炉体。（注意：操作时轻上、轻下）

4. 启动热分析软件，单击"新采集"，自动弹出【新采集——参数设置】对话框，左半栏目里填写试样名称、序号、试样质量、操作人员姓名。在右边栏里进行温度设置，将升温速度设定为 5℃·min^{-1}或 10℃·min^{-1}，终值温度 350℃。具体设置步骤如下：

单击"增加"按钮，弹出【阶梯升温——参数设置】对话框，填写升温速率、终值温度、保温时间，设置完毕单击"确定"按钮；继续单击"增加"按钮，进行同样设置，采集过程将根据每次设置的参数进行阶梯升温（若只需要设置一个升温程序，则此步省略；若需要设置多个升温程序，多次重复此步即可）；设置完成后也可以修改每个阶梯设置的参数值，光标放到要修改的参数上，单击左键，参数行变蓝色，左键单击修改按钮，弹出阶梯升温参数，修改完毕，单击"确定"按钮。设置完以上参数，点击【新采集——参数设置对话框】的"确定"按钮，系统进入采集状态。电脑自动记录差热-热重谱线。

5. 数据分析：数据采集结束后，单击【数据分析】菜单（或单击右键），选择下拉菜单中的选项，进行对应分析。分析过程：首先用鼠标选取分析起始点，双击鼠标左键；接着选取分析结束点，双击鼠标左键，此时计算机自动弹出分析结果。

五、安全及注意事项

1. 化学品安全卡

中文名称:五水合硫酸铜　英文名称:Copper(Ⅱ)　Sulfate　化学式:$CuSO_4 \cdot 5H_2O$		
危害/接触类型	危害/症状	防护措施
火灾	不可燃。在火焰中释放出刺激性或有毒烟雾	禁止明火，干粉、雾状水、泡沫、二氧化碳
环境数据	对水生生物有极高毒性,可能沿食物链发生生物蓄积	强烈建议不要让该化学品进入环境
吸入	咳嗽。咽喉痛	局部排气通风或呼吸防护。新鲜空气,休息
皮肤	发红,疼痛	防护手套。用大量水冲洗皮肤或淋浴
眼睛	发红,疼痛,视力模糊	安全护目镜。先用大量水冲洗几分钟(如可能,尽量摘除隐形眼镜),然后就医
食入	腹部疼痛,灼烧感,腹泻,恶心,呕吐,休克或虚脱	实验时不得进食、饮水或吸烟。进食前洗手。不要催吐,大量饮水,给予医疗护理

2. 注意事项

（1）炉体在加热过程中会产生高温，切勿用手直接接触，以免烫伤。
（2）请严格按照仪器操作规范操作。

六、数据处理

1. 由所测样品的差热-热重谱线图，求出各峰的起始温度和峰温，将数据列表记录。

2. 求出所测样品的吸热或放热量，求出 $CuSO_4 \cdot 5H_2O$ 脱水与分解温度及与之对应的失重量和失重百分数。

3. 求解样品 $CuSO_4 \cdot 5H_2O$ 的 3 个峰所涵盖的脱水过程，写出相应的反应方程式。根据实验结果，结合无机化学知识，推测 $CuSO_4 \cdot 5H_2O$ 中 5 个 H_2O 的结构状态。

4. 试将 $CuSO_4 \cdot 5H_2O$ 失重的量与化学反应式中的计量关系相验证。

七、思考题

1. 差热-热重分析中升温速率过快或过慢对实验有什么影响？
2. 差热分析中如何选择参考物？常用的参考物有哪些？
3. 差热曲线的形状与哪些因素有关？影响差热分析结果的主要因素有哪些？
4. 简述热重分析的特点及局限性。

八、进一步讨论

从理论上讲，差热曲线峰面积（S）的大小与试样所产生的热效应（ΔH）大小呈正比，即 $\Delta H = KS$，K 为比例常数。将未知试样与已知热效应物质的差热峰面积相比，就可求出未知试样的热效应。实际上，由于样品和参比物之间往往存在着比热、热导率、粒度、装填紧密程度等方面不同，在测定过程中又由于熔化、分解转晶等物理、化学性质的改变，未知物试样和参比物的比例常数 K 并不相同，所以用它来进行定量计算误差较大。但差热分析可用于鉴别物质，与 X 射线衍射、质谱、色谱、热重法等方法配合可确定物质的组成、结构及动力学等方面的研究。

实验四十一 金属钝化曲线的测定

一、实验目的

1. 掌握准稳态法测定金属钝化曲线的基本方法，测定金属镍在硫酸溶液中的钝化曲线及其维钝电流密度和维钝电位值。

2. 学会处理电极表面，了解电极表面状态对钝化曲线测量的影响。

二、实验原理

在以金属作阳极的电解池中，通过电流时，通常会发生阳极的电化学溶解过程：

$$M \longrightarrow M^{n+} + ne^-$$

当阳极的极化不太大时，溶解速率随着阳极电极电势（电极电位）的增大而增大，这是金属正常的阳极溶解。但是在某些化学介质中，当阳极电极电势超过某一正值后，阳极的溶解速度随着阳极电极电势的增大反而大幅度地降低，这种现象称为金属的钝化。

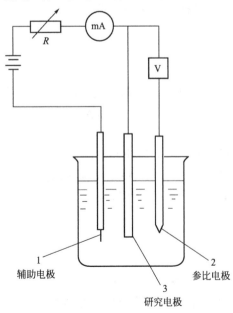

辅助电极　　　　　　参比电极

研究电极

图 4-20　恒电位法测定金属钝化曲线示意

研究金属的钝化过程，需要测定钝化曲线，通常用恒电位法。将被研究金属例如铁、镍、铬等或其合金置于硫酸或硫酸盐溶液中即为研究电极，它与辅助电极（铂电极）组成一个电解池，同时它又与参比电极（硫酸亚汞电极）组成原电池，以镍为阳极为例，其测量原理示意线路见图 4-20。该测量回路可分为两部分，一是研究电极（镍电极）和辅助电极形成的极化回路，由电流表测量极化电流的大小；二是参比电极与研究电极形成的电位测量回路。通过恒电位仪对研究电极给定一个恒定电位后，测量与之对应的准稳态电流值 I。以超电势 η 对通过被研究电极的电流密度 j 的对数 $\lg(j)$ 作图，得如图 4-21 所示金属钝化曲线。超电势 η 即

为电流密度为 j 时的阳极电极电势 $E_{Ni}(j)$ 与 $j=0$ 时的阳极电极电势 $E_{Ni}(0)$ 之差：

$$\eta = E_{Ni}(j) - E_{Ni}(0)$$

因为

$$E(j) = E_{Hg_2SO_4} - E_{Ni}(j)$$
$$E(0) = E_{Hg_2SO_4} - E_{Ni}(0)$$

所以

$$\eta = E(0) - E(j)$$

图 4-21 为金属钝化曲线示意图，图中 AB 线段表明，当阳极电极电势的外加给定电位增加，电流密度 j 随之增大，是金属正常溶解的区间，称为活性溶解区。BC 线段即表明阳极已经开始钝化，此时，作为阳极的金属表面开始生成钝化膜，故其电流密度 j（溶解速率）随着阳极电极电势的增大而减小，这一区间称为钝化过渡区。CD 线段表明金属处于钝化状态，此时金属表面生成了一层致密的钝化膜，在此区间电流密度稳定在很小的值，而且与阳极电极电势的变化无关，这一区间称为钝化稳定区。随后的 DE 线段，电流密度 j 又随阳极电极电势的增大而迅速增大，在此区间钝化了的金属又重新溶解，称为"超钝化现象"，这一区间称为超钝化区。对应于 B 点的电流密度 j_b 称为致钝电流密度，对应的电位称为致钝电位。对应于 C 点的 j_c 称为维钝电流密度，CD 段所对应的电位称为维钝电位。

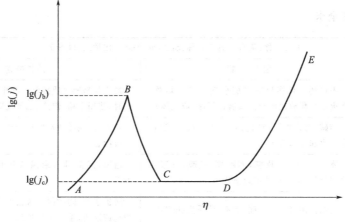

图 4-21　金属钝化曲线

三、试剂与仪器

试剂：$0.05 mol \cdot L^{-1}$ H_2SO_4 溶液。

仪器：JH11X 型双数显恒电位仪，电解槽，饱和硫酸亚汞电极（参比电极），Pt 电极（辅助电极），直径 9mm 的 Ni 电极（研究电极）。

四、实验步骤

1. 将 Ni 电极表面用金相砂纸磨亮，用去离子水洗净。

2. 仔细阅读本书附录一：JH11X 型双数显恒电位仪的使用说明，掌握各旋钮、开关的作用。

3. 在电解池内倒入约 60mL $0.05 mol \cdot L^{-1}$ H_2SO_4 溶液，按图 4-20 组装实验设备，公

共端接研究电极。

4. 打开恒电位仪电源开关，预热 15min。将恒电位仪上开关 K_1 置于恒电位，K_2 置于 2mA，K_3 置于参比位，K_4 置准备位（此时测量回路处于开路状态，$j=0$），打开恒电位仪电源开关，预热 15min。此时显示屏上所显示的数据即为参比电极（饱和硫酸亚汞电极）与研究电极（Ni）间的开路电位 $E(0)$ $[E(0)=\varphi_{Hg_2SO_4}-\varphi_{Ni}(0)]$。待数据稳定后读下 $E(0)$ 值 $[E(0)$ 为 0.6V 左右$]$。

5. 用静态法调节给定电位：将 K_1 置于恒电位，K_3 置于给定位，K_4 置于准备位，调节给定 1（W_1）、给定 2（W_2），使显示屏的电位显示值等于 $E(0)$，然后将 K_4 置于工作位，1min 后记下相应的电流值。（注：电流测量量程由 K_2 调节，其量程由电流读数而定。）

6. 通过给定 1、给定 2 的调节使电位 $E(j)$ 值逐一减小 0.05V，1min 后记下 $E(j)$ 及与之对应的电流值，给定电位减至 -0.6V 左右后再改为每次减少 0.1V，直到电位值为 -1.2V 止。

7. 实验完毕，调节给定电位至 0.6V，K_4 置于准备位，K_2 置于 20mA，K_1 置于恒电流位后，关闭电源，拆除三电极上的连接导线，洗净电极与电解池。

五、安全及注意事项

1. 化学品安全卡

中文名称：硫酸　英文名称：Sulfuric Acid　化学式：H_2SO_4		
危害/接触类型	危害/症状	防护措施
火灾	不可燃。许多反应可能引起火灾或爆炸。在火焰中释放出刺激性或有毒烟雾（或气体）	禁止与易燃物质接触。禁止用水。周围环境着火时，使用干粉、泡沫、二氧化碳灭火
爆炸	与碱、可燃物质、氧化剂、还原剂或水接触，有着火和爆炸危险	着火时，喷雾状水保持桶料等冷却，但避免与水直接接触
吸入	腐蚀作用。灼烧感，咽喉痛，咳嗽，呼吸困难，气促。症状可能推迟显现	通风，局部排气通风或呼吸防护。给予医疗护理
皮肤	腐蚀作用，发红，疼痛，水疱，严重皮肤灼伤	防护手套，防护服。脱去污染的衣服，用大量水冲洗或淋浴，给予医疗护理
眼睛	腐蚀作用，发红，疼痛，严重深度烧伤	面罩，或眼睛防护结合呼吸防护。用大量水冲洗几分钟（如可能尽量摘除隐形眼镜），然后就医
食入	腐蚀作用，腹部疼痛，灼烧感，休克或虚脱	漱口，不要催吐。给予医疗护理

2. 注意事项

（1）参比电极相对研究电极的开路电位应显示为 +0.6～0.7V 左右。若开路电位偏离该范围，则要重新处理 Ni 电极，并仔细检查各连接导线是否接触良好，并检查给定电位值是否位于 0.6V 左右。

（2）极化过程中，参比电极相对研究电极的给定电位值向负值变化。当超钝化区的电流超过 2mA 时，电流测量量程应改为 20mA 挡量程。

（3）实验过程中的电流值不稳定，主要受电极表面状态的影响，如果电流值长时间不能稳定，应采取定时 1min 读值。

（4）实验完毕应按实验步骤 7 做好结束工作。

六、数据处理

1. 记录实验条件并计算超电势 η。

2. 计算电流密度 j，列表并描绘钝化曲线。

3. 从钝化曲线上确定 Ni 在 H_2SO_4 溶液中维钝电位（以超电势 η 表示）范围和维钝电流密度值。

七、思考题

1. 金属钝化的基本原理是什么？

2. 测定极化曲线，为何需要三个电极？在恒电位仪中，电位与电流哪个是自变量？哪个是因变量？

3. 试说明实验所得金属钝化曲线各转折点的意义。

4. 是否可用恒电流法测量金属钝化曲线？

八、进一步讨论

1. 处于钝化状态的金属溶解速率是很小的。在金属的防腐蚀以及作为电镀的不溶性阳极时，金属的钝化正是人们所需要的，例如，将待保护的金属作阳极，先使其在致钝电流密度下表面处于钝化状态，然后用很小的维钝电流密度使金属保持在钝化状态，从而使其腐蚀速度大大降低，达到保护金属的目的。但是，在化学电源、电冶金和电镀中作为可溶性阳极时，金属的钝化就非常有害。

2. 金属的钝化，除决定于金属本身性质以外，还与腐蚀介质的组成和实验条件有关。例如，在酸性溶液和中性溶液中金属一般较易钝化；卤素离子，尤其是 Cl^- 往往能大大延缓或防止钝化，以致产生危害性较大的电腐蚀。但某些氧化性离子，如 CrO_4^{2-}，则可促进金属钝化。在低温下钝化较易形成；加强搅拌可阻碍钝化等。

3. 测定极化曲线除恒电位法外，还有恒电流法（用恒电流仪）。其特点是在不同的电流密度下，测定对应的电极电位。但对金属钝化曲线，恒电流仪不能信任。因为从图 4-27 可知，在一个恒定的电流密度下会出现多个对应的电极电位，因而得不到一条完整的钝化曲线。恒电流仪主要用于研究表面不发生变化和不受扩散控制的电化学过程。

4. 极化曲线测定除应用于金属防腐蚀外，在电镀中有重要应用。一般凡能增加阴极极化的因素，都可提高电镀层的致密性与光亮度。为此，通过测定不同条件的阴极极化曲线，可以选择理想的镀液组成、pH 值以及电镀温度等工艺条件。

实验四十二 计算机在线测定B-Z化学振荡反应

一、实验目的

1. 了解贝洛索夫-恰鲍廷斯基（Belousov-Zhabotinsky）反应（简称 B-Z 反应）的基本原理，掌握研究化学振荡反应的一般方法。

2. 掌握计算机在化学实验中的数据采集与控制的应用，测定振荡反应的诱导期与振荡周期，并求有关反应的表观活化能。

二、实验原理

化学振荡是一种周期性的化学现象。早在 17 世纪，波义耳就观察到磷放置在一瓶口松松塞住的烧瓶中时，会发生周期性的闪亮现象。1921 年，勃雷（W. C. Bray）在一次偶然的机会中发现 H_2O_2 与 KIO_3 在硫酸稀溶液中反应时，释放出 O_2 的速率以及 I_2 的浓度会随时间周期性变化。直到 1959 年，贝洛索夫首先观察到并随后为恰鲍廷斯基深入研究，丙二酸在溶有硫酸铈的酸性溶液中被溴酸钾氧化反应的振荡现象，随后人们发现了一大批可呈现化学振荡现象的含溴酸盐的反应系统。人们统称这类反应为 B-Z 反应。

由实验测得的 B-Z 系统典型铈离子和溴离子浓度的振荡曲线如图 4-22 所示。

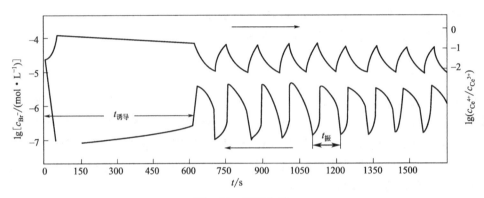

图 4-22　振荡曲线

对于以 B-Z 反应为代表的化学振荡现象，目前被普遍认同的是 Field、Körös 和 Noyes 在 1972 年提出的 FKN 机理，该反应由三个主过程组成。

过程 A　（1）$BrO_3^- + Br^- + 2H^+ \longrightarrow HBrO_2 + HOBr$

　　　　（2）$HBrO_2 + Br^- + H^+ \longrightarrow 2HOBr$

式中，$HBrO_2$ 为中间体，过程的特点是大量消耗 Br^-。反应中产生的 $HOBr$ 能进一步反应，使有机物 MA 如丙二酸按下式被溴化为 BrMA。

　　　　（A1）$HOBr + Br^- + H^+ \longrightarrow Br_2 + H_2O$

　　　　（A2）$Br_2 + MA \longrightarrow BrMA + Br^- + H^+$

过程 B　（3）$BrO_3^- + HBrO_2 + H^+ \Longleftrightarrow 2BrO_2 \cdot + H_2O$

　　　　（4）$2BrO_2 \cdot + 2Ce^{3+} + 2H^+ \longrightarrow 2HBrO_2 + 2Ce^{4+}$

这是一个自催化过程，在 Br^- 消耗到一定程度后，$HBrO_2$ 才转到按以上两式进行反应，并使反应不断加速，与此同时，催化剂 Ce^{3+} 氧化为 Ce^{4+}。（3）和（4）中，（3）的正反应是速率控制步骤。此外，$HBrO_2$ 的累积还受到下面歧化反应的制约。

　　　　（5）$2HBrO_2 \longrightarrow BrO_3^- + HOBr + H^+$

过程 C　MA 和 BrMA 使 Ce^{4+} 还原为 Ce^{3+}，并产生 Br^-（由 BrMA）和其他产物。这一过程目前了解得还不够，反应可大致表达为：

　　　　（6）$2Ce^{4+} + MA + BrMA \longrightarrow f Br^- + 2Ce^{3+} + 其他产物$

式中，f 为系数，它是每两个 Ce^{4+} 反应所产生的 Br^- 数，随 BrMA 与 MA 参加反应的不同比例而异。过程 C 对化学振荡非常重要。如果只有 A 和 B，那就是一般的自催化反应或时钟反应，进行一次就完成。正是由于过程 C，以有机物 MA 的消耗为代价，重新得到 Br^- 和 Ce^{3+}，反应得以重新启动，形成周期性的振荡。

文献中有时还写出"总反应"，例如丙二酸的 BZ 反应，MA 为 $CH_2(COOH)_2$，BrMA 即 $BrCH(COOH)_2$，总反应为

$$3H^+ + 3BrO_3^- + 5CH_2(COOH)_2 \xrightarrow{Ce^{3+}} 3BrCH(COOH)_2 + 2HCOOH + 4CO_2 + 5H_2O$$

它是由 (1)+(2)+4×(3)+4×(4)+2×(5)+5×(A1)+5×(A2)，再加上 (6) 的特例组合而成。即

$$8Ce^{4+} + 2BrCH(COOH)_2 + 4H_2O \longrightarrow 8Ce^{3+} + 2Br^- + 2HCOOH + 4CO_2 + 10H^+$$

但这个反应式只是计量方程，并不反映实际的历程。

按在 FKN 机理的基础上建立的俄勒冈模型可以推出，振荡周期 $t_{振}$ 与过程 C 即反应步骤 (6) 的速率常数 k_C 以及有机物的浓度 c_B 呈反比关系，比例常数还与其他反应步骤的速率常数有关。当测定不同温度下的振荡周期 $t_{振}$，如近似地忽略比例常数随温度的变化，可以估算过程 C 即反应步骤 (6) 的表观活化能。另一方面，随着反应的进行，c_B 逐渐减少，振荡周期将逐渐增大。

本实验采用电动势法测量反应过程中离子浓度的变化。以甘汞电极作为参比电极，用铂电极测定不同价位铈离子浓度的变化，用溴离子选择性电极测定溴离子浓度的变化。

B-Z 反应的催化剂除了用 Ce^{3+}/Ce^{4+} 外，还常用 $Ph-Fe^{2+}/Ph-Fe^{3+}$（Ph 代表苯基）。B-Z 反应除有图 4-22 所示的典型的振荡曲线外，还有许多有趣的现象。如在培养皿中加入一定量的溴酸钾、溴化钾、硫酸、丙二酸，待有 Br_2 产生并消失后，加入一定量的 Fe^{2+} 邻菲啰啉试剂，30min 后红色溶液会呈现蓝色靶环的图样。

三、试剂与仪器

试剂：$0.304mol \cdot L^{-1}$ 丙二酸溶液，$1.52mol \cdot L^{-1}$ 硫酸溶液，$0.252mol \cdot L^{-1}$ 溴酸钾溶液，$0.024mol \cdot L^{-1}$ 硝酸铈铵溶液。

仪器：超级恒温槽，实验信号处理仪与计算机，夹套反应器，电磁搅拌器，铂电极，溴离子选择性电极，双液接饱和甘汞电极。

四、实验步骤

1. 按装置图 4-23 接好线路。

2. 先打开实验信号处理仪，再打开计算机，启动程序，在"项目管理"的菜单中选择打开"振荡反应"。选择"测量"，在"输出控制"的标签页中打开"温控开关"，然后在"温度控制"的模拟量输出框内输入所需的温度，并启动"输出"，然后打开恒温槽的水泵和加热开关，恒温开始。

3. 分别取上述浓度的丙二酸溶液 10mL、硫酸溶液 25mL、溴酸钾溶液 25mL、硝酸铈铵溶液 10mL 于试管中，然后置于恒温槽中恒温。另取 25mL 去离子水置于反应器中恒温。

4. 在"周期采样"的标签页中，设定采样周期为 1s，采样时间设定为 50min。在"同时测定参数"复选框中选中需要测定的参数。

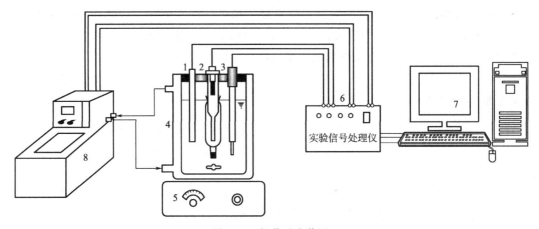

图 4-23 振荡反应装置

1—溴离子选择性电极；2—甘汞电极；3—铂丝电极；4—恒温反应器；5—电磁搅拌器；

6—实验信号处理仪；7—计算机；8—恒温槽

5. 待恒温时间已到，将丙二酸、硫酸、溴酸钾溶液依次倒入反应器中，打开搅拌器，按下"周期采样"标签页中的"开始采样"按钮，开始计时，系统开始自动运行，然后把硝酸铈铵溶液倒入反应器，并立即将电极放入。

6. 切换到"动态曲线"的标签页，电脑自动绘制动态曲线。记录 $t=0$ 到出现转折曲线的时间为 $t_{诱}$。待出现 3～4 个峰时，用鼠标读出 2 个峰顶间隔的时间为 $t_{振}$，由几个峰顶间隔求出 $t_{振}$ 的平均值。注意：显示动态曲线和温度时，鼠标在图形区域内单击右键选择"设置绘图范围"，可以改变坐标的范围和比例。如曲线不在图形区域内，右击选择"Y 轴调零"即可。

7. 待完成一个温度曲线后，按下"周期采样"的标签页中的"停止采样"按钮，重新设置温度，重复步骤 3～7。

五、安全及主要事项

1. 化学品安全卡

硫酸同实验四十一。

中文名称:溴酸钾　英文名称:Potassium Bromate　化学式:KBrO₃		
危害/接触类型	危害/症状	防护措施
火灾	不可燃,但可助长其他物质燃烧。在火焰中释放出刺激性或有毒烟雾(或气体)	禁止与可燃物质和还原剂接触。大量水灭火
爆炸	与可燃物质和还原剂接触时,有着火和爆炸危险	着火时,喷雾状水保持料桶冷却
吸入	咳嗽,咽喉痛	局部排气通风或呼吸防护。给予医疗护理
皮肤	发红	防护手套。先用大量水冲洗,然后脱去污染的衣服并再次冲洗。给予医疗护理
眼睛	发红,疼痛	安全护目镜。如为粉末,眼睛防护结合呼吸防护。用大量水冲洗几分钟,然后就医
食入	腹部疼痛,腹泻,恶心,呕吐	漱口。用水冲服活性炭浆。催吐。给予医疗护理

中文名称:丙二酸　英文名称:Malonic Acid;Dicarboxymethane
化学式:$COOHCH_2COOH$

危害/接触类型	危害/症状	防护措施
火灾	可燃	禁止明火。干粉,雾状水,泡沫,二氧化碳
吸入	咳嗽,咽喉痛	局部排风通风或呼吸防护。新鲜空气,休息,给予医疗护理
皮肤	发红,疼痛	防护手套。脱去污染的衣服,用大量水冲洗皮肤或淋浴
眼睛	发红。疼痛	安全护目镜。用大量水冲洗几分钟,然后就医
食入	腹部疼痛,腹泻,恶心,呕吐	漱口,给予医疗护理

中文名称:硝酸铈铵　英文名称:Ceric Ammonium Nitrate　化学式:$(NH_4)_2Ce(NO_3)_6$

危害/接触类型	危害/症状	防护措施
火灾	与有机物、还原剂、易燃物如硫、磷等接触或混合时有引起燃烧爆炸的危险。受高热分解放出有毒的气体	禁止明火。消防人员必须穿全身防火防毒服,干粉,雾状水,抗溶性泡沫,二氧化碳
吸入	咳嗽,咽喉痛	呼吸系统防护。迅速脱离现场至空气新鲜处。保持呼吸道通畅。如呼吸困难,给输氧。如呼吸停止,立即进行人工呼吸。给予医疗护理
皮肤	皮肤干燥	穿胶布防毒衣,戴防护手套。脱去污染的衣着,用流动清水冲洗
眼睛	发红,疼痛	防护目镜。提起眼睑,用流动清水或生理盐水冲洗。给予医疗护理
食入	灼烧感	饮足量温水,催吐。给予医疗护理

2. 注意事项

（1）本实验以甘汞电极作为参比电极，使用铂电极测定不同价位铈离子浓度的变化。若发现甘汞电极上有晶体析出，请先用去离子水冲洗干净，并更换电极中的硝酸钾溶液。

（2）去离子水置于反应器中恒温，其他溶液放入恒温槽中恒温，并注意溶液液面要尽可能完全浸入恒温槽水面之下。

（3）溶液按照顺序倒入反应器：先加入丙二酸、硫酸、溴酸钾，最后加入硝酸铈铵。

六、数据处理

作 $\ln\dfrac{1}{t_{振}}-\dfrac{1}{T}$ 图，由斜率 $=-\dfrac{E_a}{R}$ 求出 FKN 机理中过程 C 即反应步骤（6）的表观活化能 E_a。

七、思考题

1. 其他卤素离子（如 Cl^-、I^-）都很易和 $HBrO_2$ 反应，如果在振荡反应的开始或中间加入这些离子，将会出现什么现象？试用 FKN 机理加以分析。

2. 系统中什么样的反应步骤对振荡行为最为关键？

八、进一步讨论

1. 本实验中各个组分的混合顺序对系统的振荡行为有影响，因此实验中应固定混合顺序，先加入丙二酸、硫酸、溴酸钾，最后加入硝酸铈铵。振荡周期除受温度影响之外，还可能与各反应物的浓度有关。

2. 化学振荡反应自 20 世纪 50 年代发现以来，在各方面的应用日益广泛，尤其是在分析化学中的应用较多。当体系中存在浓度振荡时，其振荡频率与催化剂浓度间存在依赖关系，据此可测定作为催化剂的某些金属离子的浓度，如 $10^{-4}\,mol \cdot L^{-1}\,Ce(\mathrm{III})$、$10^{-5}\,mol \cdot L^{-1}\,Mn(\mathrm{II})$、$10^{-6}\,mol \cdot L^{-1}\,[Fe(phen)_3]^{2+}$ 等。

此外，应用化学振荡还可测定阻抑剂。当向体系中加入能有效地结合振荡反应中的一种或几种关键物质的化合物时，可以观察到振荡体系的各种异常行为，如振荡停止，在一定时间内抑制振荡的出现，改变振荡特征（频率、振幅、形式）等。而其中某些参数与阻抑剂浓度间存在线性关系，据此可测定各种阻抑剂。另外，生物体系中也存在着各种振荡现象，如糖酵解是一个在多种酶作用下的生物化学振荡反应。通过葡萄糖对化学振荡反应影响的研究，可以检测糖尿病患者的尿液，就是其中的一个应用实例。

实验四十三　酯皂化反应动力学

一、实验目的

1. 测定乙酸乙酯皂化反应过程中的电导率变化，计算其反应速率常数。
2. 掌握电导率仪的使用方法。

二、实验原理

乙酸乙酯皂化反应：
$$CH_3COOC_2H_5 + NaOH \longrightarrow CH_3COONa + C_2H_5OH$$
它的反应速率可用单位时间内 CH_3COONa 浓度的变化来表示：
$$\frac{\mathrm{d}x}{\mathrm{d}t} = k(a-x)(b-x) \tag{4-39}$$

式中，a、b 分别表示反应物酯和碱的初始浓度；x 表示经过 t 时间后 CH_3COONa 的浓度；k 即 k_{CH_3COONa}，表示相应的反应速率常数。

因为反应速率与两个反应物浓度都是一次方的正比关系，所以称为二级反应。若反应物初始浓度相同，均为 c_0，即 $a = b = c_0$，则式（4-39）变为：
$$\frac{\mathrm{d}x}{\mathrm{d}t} = k(c_0 - x)^2 \tag{4-40}$$

当 $t = 0$ 时，$x = 0$；$t = t$ 时，$x = x$。积分上式得：
$$\int_0^x \frac{\mathrm{d}x}{(c_0 - x)} = \int_0^t k\,\mathrm{d}t$$

$$k = \frac{1}{tc_0} \times \frac{c_0 - c}{c} \tag{4-41}$$

式中，c 为 t 时刻的反应物浓度，即 c_0-x。

为了得到在不同时间的反应物浓度 c，本实验中用电导率仪测定溶液电导率 κ 的变化来表示。这是因为随着皂化反应的进行，溶液中导电能力强的 OH^- 逐渐被导电能力弱的 CH_3COO^- 所取代，所以溶液的电导率逐渐减小（溶液中 $CH_3COOC_2H_5$ 与 C_2H_5OH 的导电能力都很小，故可忽略不计）。显然溶液的电导率变化是与反应物浓度变化相对应的。

对于电解质的稀溶液，各导电物质的电导率 κ 与其浓度 c 有如下的正比关系：

$$\kappa = Kc \tag{4-42}$$

式中，比例常数 K 与电解质组成、性质及温度有关。

当 $t=0$ 时，电导率 κ_0 对应于反应物 NaOH 的浓度 c_0，因此：

$$\kappa_0 = K_{NaOH}c_0 \tag{4-43}$$

当 $t=t$ 时，电导率 κ_t 应该是浓度为 c 的 NaOH 及浓度为 (c_0-c) 的 CH_3COONa 的电导率之和：

$$\kappa_t = K_{NaOH}c + K_{CH_3COONa}(c_0-c) \tag{4-44}$$

当 $t=\infty$ 时，OH^- 完全被 CH_3COO^- 代替，因此电导率 κ_∞ 应与产物的浓度 c_0 相对应：

$$\kappa_\infty = K_{CH_3COONa}c_0 \tag{4-45}$$

联立以上各 κ 的表达式，可以得到

$$c_0 = \frac{1}{K_{NaOH}-K_{CH_3COONa}}(\kappa_0-\kappa_\infty) \tag{4-46}$$

$$c = \frac{1}{K_{NaOH}-K_{CH_3COONa}}(\kappa_t-\kappa_\infty) \tag{4-47}$$

将式(4-46) 和式(4-47) 代入式(4-41)，得

$$\left(\frac{\kappa_0-\kappa_t}{\kappa_t-\kappa_\infty}\right) = k_{CH_3COONa}c_0t \tag{4-48}$$

据此，以 $\dfrac{\kappa_0-\kappa_t}{\kappa_t-\kappa_\infty}$ 对 t 作图，可以得到一条直线。从其斜率 $k_{CH_3COONa}c_0$ 中即可求得反应速率常数 k_{CH_3COONa}。

三、试剂与仪器

试剂：新鲜配制的 $0.020mol \cdot L^{-1}$ 乙酸乙酯溶液，$0.020mol \cdot L^{-1}$ NaOH 溶液。

仪器：DDS-307 型电导率仪，DJS-1 型光亮铂电导电极，大试管，混合反应器（见图 4-24）。

四、实验步骤

1. 了解电导率仪的原理与使用方法，见本书附录一。

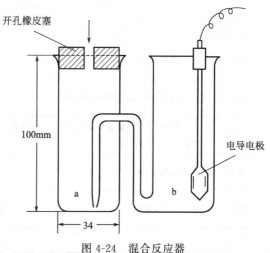

开孔橡皮塞

100mm

34

a

b

电导电极

图 4-24 混合反应器

2. 于大试管中，用移液管加入 25mL 去离子水和 $0.020mol \cdot L^{-1}$ 的 NaOH 溶液，置于 $(25.0 \pm 0.1)℃$ 或 $(30.0 \pm 0.1)℃$ 的恒温槽内。恒温后由该溶液的电导率标定所用光亮铂电极的电导池常数。(已知 $0.010mol \cdot L^{-1}$ NaOH 的电导率：25℃时 $\kappa = 2.38 \times 10^3 \mu S \cdot cm^{-1}$；30℃时 $\kappa = 2.54 \times 10^3 \mu S \cdot cm^{-1}$。)

3. 将光亮铂电极插入混合反应器的 b 管中，并用移液管加入 25mL $0.020mol \cdot L^{-1}$ 的 NaOH 溶液；用另一移液管吸取 25mL $0.020mol \cdot L^{-1}$ 的乙酸乙酯溶液于 a 管中，并用开孔的橡皮塞塞住，置于恒温槽内。

4. 恒温后进行混合，即用吸球自 a 管的橡皮塞孔中鼓入空气，把乙酸乙酯压向 b 管，使其与 b 管内的 NaOH 溶液瞬间混合，并开始计时。每隔 4min 测电导率一次，共记录反应时间约为 50min。随着反应的进行，测定的时间间隔可适当增加。

5. 测定 $0.010mol \cdot L^{-1}$ CH_3COONa 溶液的电导率，即为 κ_∞。

五、安全及注意事项

1. 化学品安全卡

中文名称：氢氧化钠　英文名称：Sodium Hydrate　化学式：NaOH

危害/接触类型	危害/症状	防护措施
火灾	不可燃。接触湿气或水可能产生足够热量,引燃可燃物质	禁止与水接触。周围环境着火时,使用适当的灭火剂
爆炸	接触某些物质有着火和爆炸危险	禁止与不相溶物质接触
吸入	咳嗽,咽喉痛,灼烧感,呼吸短促	局部排气通风或呼吸防护。新鲜空气,休息。立即给予医疗护理
皮肤	发红,疼痛,严重的皮肤烧伤,水疱	防护手套。防护服。脱去污染的衣服。用大量水冲洗皮肤或淋浴至少 15min。立即给予医疗护理
眼睛	发红,疼痛,视力模糊,严重烧伤	面罩,或眼睛防护结合呼吸防护。先用大量水冲洗几分钟(如可能尽量摘除隐形眼镜),然后就医
食入	腹部疼痛,口腔和咽喉烧伤,咽喉和胸腔有灼烧感,恶心,呕吐,休克或虚脱	实验时不得进食,饮水或吸烟。漱口。不要催吐。食入后几分钟内,可饮用 1 小杯水。立即给予医疗护理

中文名称：乙酸乙酯　英文名称：Ethyl Ester　化学式：$CH_3COOC_2H_5$

危害/接触类型	危害/症状	防护措施
火灾	高度易燃	禁止明火,禁止火花和禁止吸烟。水成膜泡沫,抗溶性泡沫,干粉,二氧化碳
爆炸	蒸气/空气混合物有爆炸性	密闭系统,通风,防爆型电气设备和照明。使用无火花的工具。着火时喷雾状水保持料桶冷却
吸入	咳嗽,头晕,瞌睡,头痛,恶心,咽喉疼痛,神志不清,虚弱	通风,局部排气通风或呼吸防护。新鲜空气,休息,必要时进行人工呼吸,给予医疗护理
皮肤	皮肤干燥	防护手套。防护服。脱去污染的衣服,用大量水冲洗或淋浴,给予医疗护理
眼睛	发红,疼痛	护目镜。先用大量水冲洗几分钟(如果可能,尽量摘除隐形眼镜),然后就医
食入		实验时不得进食,饮水或吸烟。漱口,给予医疗护理

2. 实验注意事项

(1) 在恒温槽中操作时应避免接触到水浴中的水，以防触电。

(2) 取样后试剂瓶盖子要盖好，以免溶液挥发。

(3) 电接点水银温度计的示数不是很准确，开始时设定温度要比实验温度低 $1\sim2$℃，再慢慢逼近。

(4) 乙酸乙酯溶液在恒温时可用塞子塞住，以避免挥发。

(5) 混合时塞子要塞紧，注意溶液是否从 a 管全部冲入 b 管中，并避免溶液溅出。

六、数据处理

1. 列表表示不同时间 t 的 κ_t、$\dfrac{\kappa_0-\kappa_t}{\kappa_t-\kappa_\infty}$。

2. 以 $\dfrac{\kappa_0-\kappa_t}{\kappa_t-\kappa_\infty}$ 对 t 作图，由所得直线的斜率计算反应速率常数 k_{CH_3COONa}。

七、思考题

1. 本实验为什么可用测定反应液的电导率变化来代替浓度的变化？为什么要求反应物的溶液浓度相当稀？

2. 为什么本实验要求当反应液一开始混合就立刻计时？此时反应液中的 c_0 应为多少？

3. 试由实验结果得到的 k_{CH_3COONa} 值计算反应开始 10min 后 NaOH 作用掉的百分数？并由此解释实验过程中测定电导率的时间间隔可逐步增加的原因。

八、进一步讨论

1. 本实验对各溶液的要求

(1) $CH_3COOC_2H_5$ 溶液要新鲜配制。因为乙酸乙酯易挥发，且易水解生成乙酸和乙醇。

(2) NaOH 溶液不宜在空气中久置，以防其吸收 CO_2 生成 Na_2CO_3。

(3) 必须用高质量的去离子水配制溶液。若用吸收了 CO_2 的水配制溶液，则将含有较多的 H^+，会加速酯的水解与降低碱的浓度。

2. 式(4-48) 还有多种变化的形式，如：

$$\kappa_t=\frac{1}{k_{CH_3COONa}c_0}\times\frac{\kappa_0-\kappa_t}{t}+\kappa_\infty$$

$$\frac{1}{\kappa_t-\kappa_\infty}=\frac{k_{CH_3COONa}c_0}{\kappa_0-\kappa_\infty}t+\frac{1}{\kappa_0-\kappa_\infty}$$

$$\kappa_t=-k_{CH_3COONa}c_0t(\kappa_t-\kappa_\infty)+\kappa_0$$

等，均可用于处理得到反应速率常数。

3. 测定几个不同温度下的 $k_{CH_3COONHa}$ 值，按阿仑尼乌斯方程求得反应表观活化能 E_a。

实验四十四　氨基甲酸铵分解平衡常数的测定

一、实验目的

1. 测定氨基甲酸铵的分解压力，并求得反应的标准平衡常数和有关热力学函数。

2. 掌握空气恒温箱的结构原理及其使用。

二、实验原理

氨基甲酸铵的分解可用下式表示：

$$NH_4COONH_2(固) \rightleftharpoons 2NH_3(气) + CO_2(气)$$

设反应中产生的气体为理想气体，则其标准平衡常数 $K^\ominus$ 可表达为

$$K^\ominus = \left(\frac{p_{NH_3}}{p^\ominus}\right)^2 \left(\frac{p_{CO_2}}{p^\ominus}\right) \qquad (4\text{-}49)$$

式中，p_{NH_3} 和 p_{CO_2} 分别表示反应温度下 NH_3 和 CO_2 的平衡分压；$p^\ominus$ 为 100kPa。设平衡总压为 p，则

$$p_{NH_3} = \frac{2}{3}p; \quad p_{CO_2} = \frac{1}{3}p$$

代入式(4-49)，得到

$$K^\ominus = \left(\frac{2}{3}\frac{p}{p^\ominus}\right)^2 \left(\frac{1}{3}\frac{p}{p^\ominus}\right) = \frac{4}{27}\left(\frac{p}{p^\ominus}\right)^3 \qquad (4\text{-}50)$$

因此测得一定温度下的平衡总压后，即可按式(4-50)算出此温度时的标准平衡常数 $K^\ominus$。氨基甲酸铵分解是一个热效应很大的吸热反应，温度对平衡常数的影响比较灵敏。但当温度变化范围不大时，按平衡常数与温度的关系式，可得：

$$\ln K^\ominus = \frac{-\Delta_r H_m^\ominus}{RT} + C \qquad (4\text{-}51)$$

式中，$\Delta_r H_m^\ominus$ 为该反应的标准摩尔反应热；R 为摩尔气体常数；C 为积分常数。根据式(4-51)，只要测出几个不同温度下的 $K^\ominus$，以 $\ln K^\ominus$ 对 $1/T$ 作图，由所得直线的斜率即可求得实验温度范围内的 $\Delta_r H_m^\ominus$。

利用如下热力学关系式还可计算标准摩尔反应吉布斯函数 $\Delta_r G_m^\ominus$ 和标准反应摩尔熵 $\Delta_r S_m^\ominus$：

$$\Delta_r G_m^\ominus = -RT\ln K^\ominus \qquad (4\text{-}52)$$

$$\Delta_r G_m^\ominus = \Delta_r H_m^\ominus - T\Delta_r S_m^\ominus \qquad (4\text{-}53)$$

本实验用静态法测定氨基甲酸铵的分解压力。参看图 4-25 所示的实验装置。样品瓶 A 和零压计 B 均装在空气恒温箱 D 中。实验时先将系统抽空（活塞 1 处于打开状态，零压计两液面相平），然后关闭活塞 1，让样品在恒温箱的温度下分解，此时零压计右管上方为样品分解得到的气体，通过活塞 2、3 不断放入适量空气于零压计左管上方，使零压计中的液面始终保持相平。待分解反应达到平衡后，从外接的数字压力计测出零压计左管上方的气体压力，即为该温度下氨基甲酸铵分解的平衡压力。

三、试剂与仪器

试剂：氨基甲酸铵（固体粉末）。
仪器：空气恒温箱，样品瓶，数字压力计，硅油零压计，机械真空泵，活塞等。

四、实验步骤

1. 按图 4-25 的装置接好管路，并在样品瓶 A 中放入少量氨基甲酸铵粉末。在通大气的状态下，调节数字压力计零点。

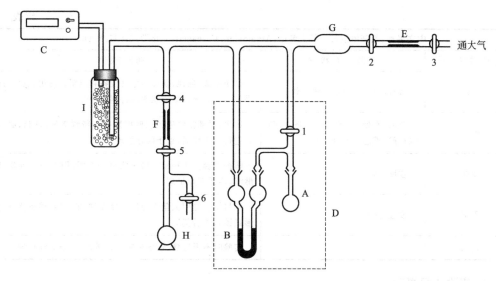

图 4-25　分解压测定装置

A—样品瓶；B—零压计；C—数字压力计；D—空气恒温箱；E,F—毛细管；G—缓冲管；

H—真空泵；I—氨吸收瓶；1～6—真空活塞

2. 打开活塞 1，关闭其余所有活塞。然后开动机械真空泵，再缓缓打开活塞 5 和 4，使系统逐步抽真空。约 5min 后，关闭活塞 5、4 和 1。

3. 调节空气恒温箱温度为（25.0±0.3）℃。

4. 随着氨基甲酸铵分解，零压计中右管液面降低，左管液面升高，出现了压差。为了消除零压计中的压差，维持零压，先打开活塞 3，随即关闭，再打开活塞 2，此时毛细管 E 中的空气经过缓冲管 G 降压后进入零压计左管上方。再关闭活塞 2，打开活塞 3，如此反复操作，待零压计中液面相平且不随时间而变，从数字压力计上测得平衡压差 Δp_t。

注意：①不可将活塞 2、3 同时打开，以免压差过大而使零压计中的硅油冲入样品瓶。②若空气放入过多，造成零压计左管液面低于右管液面，此时可打开活塞 5，通过真空泵将毛细管 F 抽真空，随后再关闭活塞 5，打开活塞 4。如此反复操作，可以降低零压计左管上方的压力，直至两边液面相平。

5. 将空气恒温箱分别调到 30℃、35℃、40℃，同上述实验步骤操作，从数字压力计测得各温度下系统达平衡后的压差。

6. 实验结束，必须先打开活塞 6，再关闭真空泵（为什么?），然后打开活塞 1、2、3，使系统通大气。关闭数字压力计，同时关闭活塞 2 和 3，防止样品受潮。最后关闭继电器和加热电源。

7. 测定大气压，见本书附录一。

五、安全及注意事项

1. 化学品安全卡

中文名称:氨基甲酸铵　英文名称:Ammonium Carbamate　化学式:$CH_6N_2O_2$		
危害/接触类型	危害/症状	防护措施
火灾	高度易燃	禁止明火,禁止火花和禁止吸烟。水成膜泡沫,抗溶性泡沫,干粉,二氧化碳

中文名称:氨基甲酸铵　英文名称:Ammonium Carbamate　化学式:$CH_6N_2O_2$		
危害/接触类型	危害/症状	防护措施
爆炸	蒸气/空气混合物有爆炸性	密闭系统,通风,防爆型电气设备和照明。使用无火花的手工具。着火时喷雾状水保持料桶冷却
吸入	咳嗽,头晕,瞌睡,头痛,恶心,咽喉疼痛,神志不清,虚弱	通风,局部排气通风或呼吸防护。新鲜空气,休息,必要时进行人工呼吸,给予医疗护理
皮肤	皮肤干燥	防护手套。防护服。脱去污染的衣服,用大量水冲洗或淋浴,给予医疗护理
眼睛	发红,疼痛	护目镜。先用大量水冲洗几分钟(如果可能,尽量摘除隐形眼镜),然后就医
食入		实验时不得进食、饮水或吸烟。漱口,给予医疗护理

2. 实验注意事项

(1) 由于测温用的精密温度计与电接点水银温度计感温灵敏度不同,在达到指定温度后尚需一段时间,才能使恒温精度达到<0.3℃。因此设置恒温箱温度时,首先应略低于所需温度,然后慢慢调控至所需温度。

(2) 恒温时的实际温度应以恒温箱上精密水银温度计为准。

(3) 抽真空时恒温箱中的活塞1必须打开,否则将使零压计中的硅油冲出零压计而污染系统。系统通进少量大气时要注意两个活塞不能同时打开,少量抽空时也是同样。

六、数据处理

1. 将测得的大气压校正(见书后附录一)。

2. 求不同温度下系统的平衡总压 p:$p=p_{大气}-\Delta p$,并与如下经验式计算结果相比较:$\ln p=\dfrac{-6313.5}{T}+30.5546$。式中 p 的单位为 Pa,T 的单位为 K。

3. 计算各分解温度下的 $K^{\ominus}$ 和 $\Delta_r G_m^{\ominus}$。

4. 以 $\ln K^{\ominus}$ 对 $1/T$ 作图,由斜率求得 $\Delta_r H_m^{\ominus}$。

5. 按式(4-53)计算 $\Delta_r S_m^{\ominus}$。

七、思考题

1. 在一定温度下,氨基甲酸铵的用量多少对分解压力有何影响?

2. 为何要对大气压力计读数进行温度校正?若不进行此项校正,对平衡总压的值会引入多少误差?

3. 装置中毛细管 E 与 F 各起什么作用?为什么在系统抽真空时必须将活塞1打开?否则,会引起什么后果?

4. 本实验为什么要用零压计?零压计中液体为什么选用硅油?

八、进一步讨论

1. 由于 NH_2COONH_4 易吸水,故在制备及保存时使用的容器都应保持干燥。若

NH_2COONH_4 吸水，则生成 $(NH_4)_2CO_3$ 和 NH_4HCO_3，会给实验结果带来误差。

2. 本实验的装置与测定液体饱和蒸气压的装置相似，故本装置也可用来测定液体的饱和蒸气压。

3. 氨基甲酸铵极易分解，所以无商品销售，需要在实验前制备。方法如下：在通风橱内将钢瓶中的氨与二氧化碳在常温下同时通入一塑料袋中，一定时间后在塑料袋内壁上即附着氨基甲酸铵的白色结晶。

实验四十五　有机物燃烧热测定

一、实验目的

1. 通过测定萘的燃烧热，掌握有关热化学实验的一般知识和技术。
2. 掌握氧弹式量热计的原理、构造及其使用方法。
3. 掌握高压钢瓶的有关知识并能正确使用。

二、实验原理

燃烧热是指 1mol 物质完全燃烧时的热效应，是热化学中重要的基本数据。一般化学反应的热效应，往往因为反应太慢或反应不完全，因而难以直接测定。但是，通过盖斯定律可用燃烧热数据间接求算，因此燃烧热广泛地用在各种热化学计算中。许多物质的燃烧热和反应热已经精确测定。测定燃烧热的氧弹式量热计是重要的热化学仪器，在热化学、生物化学以及某些工业部门中广泛应用。

燃烧热可在恒容或恒压情况下测定。由热力学第一定律可知，在不做非膨胀功的情况下，恒容反应热 $Q_V = \Delta U$，恒压反应热 $Q_p = \Delta H$。在氧弹式量热计中所测燃烧热为 Q_V，而一般热化学计算用的是 Q_p，这两者可通过下式进行换算：

$$Q_p = Q_V + \Delta nRT \qquad (4-54)$$

式中，Δn 为反应前后生成物与反应物中气体的物质的量之差；R 为摩尔气体常数；T 为反应温度，K。

在盛有定量水的容器中，放入内装有一定量样品和氧气的密闭氧弹，然后使样品完全燃烧，放出的热量通过氧弹传给水及仪器，引起温度升高。测量介质在燃烧前后温度的变化值，则恒容燃烧热为：

$$Q_V = -\frac{CM\Delta t}{m} \qquad (4-55)$$

式中，C 为测量介质及仪器所组成的测量系统的总热容量；Δt 为介质燃烧前后的温差；M 和 m 分别为所测物质的摩尔质量与质量。

C 的求法是用已知燃烧热的物质（如本实验用苯甲酸）放在量热计中燃烧，测定介质的温差，然后采用式(4-55)来计算。

热化学实验常用的量热计有环境恒温式量热计和绝热式量热计两种。环境恒温式量热计的构造如图 4-26 所示。

由图可知，环境恒温式量热计的最外层是储满水的外筒（图中 5），当氧弹中的样品开始燃烧时，内筒与外筒之间有少许热交换，因此不能直接测出初温和最高温度，需要由

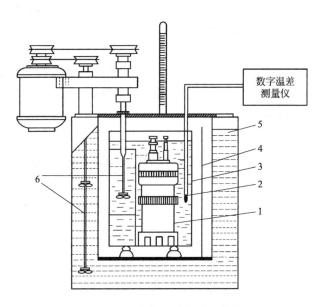

图 4-26 环境恒温式氧弹量热计

1—氧弹；2—温度传感器；3—内筒；4—空气隔层；5—外筒；6—搅拌器

温度-时间曲线（即雷诺曲线）进行确定，详细步骤如下：

将样品燃烧前后历次观察的水温对时间作图，联成 $FHIDG$ 折线，如图 4-27 所示。图中 H 相当于开始燃烧之点，D 为观察到的最高温度读数点，作相当于环境温度的平行线 JI 交折线于 I，过 I 点作 ab 垂线，然后将 FH 线和 GD 线外延交 ab 线于 A、C 两点，A、C 线段所代表的温度差即为所求的 ΔT。图中 AA' 为开始燃烧到温度上升至环境温度这一段时间 Δt_1 内，由环境辐射进来和搅拌引进的能量而造成体系温度的升高值，故必须扣除，CC' 为温度由环境温度升高到最高点 D 这一段时间 Δt_2 内，体系向环境辐射出能量而造成体系温度的降低，因此需要添加上。由此可见，AC 两点的温差较客观地表示了由于样品燃烧使量热计温度升高的数值。

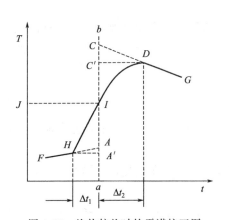

图 4-27 绝热较差时的雷诺校正图

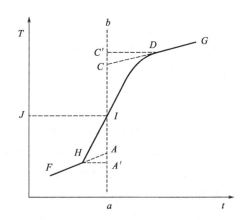

图 4-28 绝热良好时的雷诺校正图

有时量热计的绝热情况良好，热漏小，而搅拌器功率大，不断稍微引进能量使得燃烧后的最高点不出现，如图 4-28 所示。这种情况下 ΔT 仍然可以按照同样方法校正。

三、试剂与仪器

仪器：氧弹式量热计，氧气钢瓶（带氧气表），台秤；电子天平（0.0001g）。

试剂：苯甲酸：已知热值，并具备标准物质证书。

点火丝：直径约 0.1mm 的铂、铜、镍铬丝或其他已知热值的金属丝，将长度截成约 100mm（实际长度应根据氧弹内部构造和引火系统确定），再把同等长度 10～15 根点火丝放在天平上称量并计算出每根丝的平均质量，各种点火丝点火时发出的热量如下。

铁丝：6699J·g^{-1}　　　　镍铬丝：6000J·g^{-1}

铜丝：2512J·g^{-1}　　　　纯棉丝：7500J·g^{-1}

氧气：不应有氢气或其他可燃物，禁止使用电解氧。

四、实验步骤

1. 苯甲酸应预先研细，在 60～70℃烘箱内烘至 3～4h，冷却后在盛有浓硫酸的干燥器皿内干燥，称取一定质量的苯甲酸（一般约 1g），用压饼机压成片状，并称准到 0.0001g，放入坩埚中。

2. 取一段已知质量的点火丝，把两端分别接在电极的两个柱上，注意与试样保持近似接触，不要让点火丝接触到坩埚，以免引起短路，致使点火失败。燃烧丝的安装方法如图 4-29 所示。

3. 在氧弹内加入 10mL 蒸馏水，把盛有苯甲酸的坩埚固定在支架上，再将点火丝的中段近似接触于压好的苯甲酸片上，拧紧氧弹盖，然后通过输氧管缓慢地通入氧气，直到氧弹内压力大于 2.5MPa 为止，氧弹不应漏气。

4. 用台秤准确称量 3000g 去离子水（称准到 1g，注意每次实验用量必须相同），加入到内筒中，注意调节内筒水温，使内筒水温比外筒水温低 0.7～1℃。将内筒平稳地放在外筒的绝缘架上。

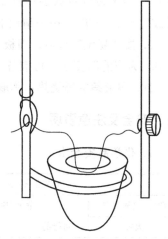

图 4-29　燃烧丝安装示意图

5. 打开仪器电源开关，此时面板上"切换"键上方指示灯"T"亮，表示显示窗口显示的后六位数字（一位绿色数字，五位红色数字）为当前温度"T"。将充有氧气的氧弹放入内筒中，氧弹接上点火电极，接上搅拌插头，打开搅拌开关，面板上搅拌指示灯亮，搅拌叶轮转动，开始搅拌。按"复位"键，把测温探头插入内筒，此时显示的温度"T"为内筒当前温度。

6. 当显示的内筒温度数值趋于平稳后，便可按"开始"键（该键上方指示灯亮），进行温度测量。此时"切换"键上方指示灯"ΔT"亮，每隔 30s 仪器会自动响一声，并自动记录一个温差数据，同时显示的序号（绿色 2 位数字）会相应地自动加 1。当序号变为 10 时，按"点火"键后，绿色第 2 位序号数字增显了一个小数点，说明已执行了点火命令（如果没有出现绿色小数点，则需再按"点火"键）。显示的温差 ΔT（红色数字）明显增大，表明点火成功，进入主期测量，当序号变为 30 后，可按"结束"键（该键上方指示灯亮）停止测量。

7. 关搅拌开关停止搅拌，取出内筒和氧弹，开启放气阀，放出燃烧废气。旋开氧弹盖，仔细观察弹筒和燃烧筒内部，如果有试样燃烧不全的迹象或有炭黑存在，则该次试验作废。用蒸馏水充分冲洗氧弹内各部分、放气阀、燃烧器内外和残渣。

8. 切换键的应用：按"结束"键后，测量结束。然后不断地按"切换"键，则面板"切换"键上方的 T、$T0$、ΔT 指示灯依次闪亮。同时，显示窗口依次相应显示测量中自动记录的所有数据。

① 指示灯"T"亮时，显示的后六位数字（一位绿色数字，五位红色数字）为按下"结束"键时的温度（T）。

② 指示灯"$T0$"亮时，显示的后六位数字（一位绿色数字，五位红色数字）为按下"开始"键时的温度（$T0$）。

③ 此时按一下"结束"键，如果上排的五个指示灯全暗，显示的数据就是 Δt（校正后的内筒水的温升）。再按"切换"键，指示灯"ΔT"亮时，"序号"（绿色数码管显示的数字）为 01 的"温差（ΔT）"（五位红色数字）为 ΔT_1（如果此时按下"结束"键，显示的数字为 T_1，则 $\Delta T_1 = T_1 - T_0$）……按 n 次"切换"键后，"序号"n 的"温差（ΔT）"（五位红色数字）为 ΔT_1，（如果此时按一下"结束"键，显示的数字则为 T_n，则 $\Delta T_n = T_n - T_0$）……请记下上述测试数据，以用作计算。

9. 按"复位"键后，而板上指示灯 T 亮，显示六位数字（一位绿色数字，五位红色数字）为当前温度 T，可准备下一次测试。

10. 测量萘的燃烧热：称取 $0.6\sim0.7g$ 萘，重复上述步骤。

五、安全及注意事项

1. 化学品安全卡

中文名称：苯甲酸　英文名称：Benzoic Acid　化学式：C_6H_5COOH		
危害/接触类型	危害/症状	防护措施
火灾	可燃的	禁止明火，干粉，雾状水、泡沫、二氧化碳
爆炸	微细分散的颗粒物的空气中形成爆炸性混合物	防止粉尘沉积。密闭系统。防止粉尘爆炸型电气设备和照明。着火时，喷雾状水保持料桶等冷却
吸入	咳嗽。咽喉痛	局部排气通风或呼吸防护。新鲜空气，休息
皮肤	发红，灼烧感，发痒	防护手套。脱去污染的衣服，冲洗，然后用水和肥皂清洗皮肤
眼睛	发红，疼痛	安全护目镜。先用大量水冲洗几分钟（如可能，尽量摘除隐形眼镜），然后就医
食入	腹部疼痛，恶心，呕吐	实验时不得进食、饮水或吸烟。漱口，催吐，给予医疗护理

2. 注意事项

（1）内筒中加一定体积的水后若有气泡逸出，说明氧弹漏气，设法排除。

（2）搅拌时不得有摩擦声。

（3）燃烧样品萘时，内筒水要更换且需重新调温。

（4）氧气瓶在开总阀前要检查减压阀是否关好；实验结束后要关上钢瓶总阀，注意排净余气，使指针回零。

六、数据处理

按式(4-54) 和式(4-55) 和计算下列内容：

1. 已知苯甲酸的恒容燃烧热为 $-26446J \cdot g^{-1}$，计算本实验量热计系统的总热容量 C。

2. 计算萘的恒容燃烧热 Q_V 和恒压燃烧热 Q_p。

七、思考题

1. 为什么量热计中内筒的水温应调节得略低于外筒的水温？

2. 在标定热容量和测定萘燃烧热时，量热计内筒的水量是否可以改变？为什么？

八、进一步讨论

1. 除本实验所采用的环境恒温式量热外，较常用的还有绝热式量热计，这种量热计外筒中有温度控制系统，在实验过程中，内桶与外筒温度始终相同或始终略低0.3℃，热损失可以降低到极微小程度，因而，可以直接测出初温和最高温度。

2. 本次量热实验采用氧弹式量热计自动点火，点火电流是恒定的。对于难以引燃的样品，为了保证被测物质能完全燃烧，可以在样品与燃烧丝之间缚一段棉纱线，以起助燃作用。棉纱线的燃烧热为 $-16.7kJ \cdot g^{-1}$。

3. 用氧弹式量热计也可测定液态物质的燃烧热，这在石油工业中有广泛的应用。沸点高的油类可直接置于坩埚中，用引燃物引燃测定；沸点较低的物质，通常将其密封在已知燃烧热的胶管或塑料薄膜中，通过引燃物将其燃烧而进行测定。另外还可用于测量食品、生物等材料的燃烧热，是实验室常用的量热仪。

实验四十六 不同外压下液体沸点的测定

一、实验目的

1. 了解控制系统压力的原理和操作方法。

2. 测定不同外压下水的沸点并计算水的平均摩尔汽化热。

二、实验原理

1. 液体蒸气压与温度的关系

液体在一定温度下具有一定的蒸气压，当其蒸气压等于外压时的温度称为该液体的沸点。据汽液平衡原理，若液体的摩尔体积与其蒸汽体积相比可以忽略不计，并假定蒸汽为理想气体，则它的蒸气压与温度的关系可用克劳修斯-克拉佩龙（Clausius-Clapeyron）方程来描述，即：

$$\frac{\mathrm{d}\ln p}{\mathrm{d}T} = \frac{\Delta_{\mathrm{vap}}H_{\mathrm{m}}}{RT^2} \tag{4-56}$$

式中，T 为该液体的蒸气压为 p 时的平衡温度，也即当外压为 p 时液体的沸点；$\Delta_{\mathrm{vap}}H_{\mathrm{m}}$ 为液体的摩尔汽化热，$\mathrm{J} \cdot \mathrm{mol}^{-1}$；$R$ 为摩尔气体常数，$8.3145\mathrm{J} \cdot \mathrm{mol}^{-1} \cdot \mathrm{K}^{-1}$。

液体的摩尔汽化热 $\Delta_{\mathrm{vap}}H_{\mathrm{m}}$ 随温度而变化，当温度变化不大时，可将其看作常数，据

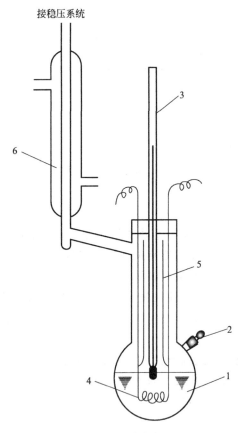

接稳压系统

图 4-30 沸点仪

1—被测液；2—加液口；3—温度计；
4—电热丝；5—保温玻璃管；6—冷凝管

此将上式积分可得

$$\ln p = \frac{-\Delta_{vap}H_m}{RT} + C \qquad (4\text{-}57)$$

式中，C 为积分常数。由此式可知，以 $\ln p$ 对 $1/T$ 作图应得到一条直线，由该直线的斜率 k 可计算液体在实验温度范围内的平均摩尔汽化热：

$$\Delta_{vap}H_m = -kR \qquad (4\text{-}58)$$

2. 液体沸点的测定

本实验用内加热式的沸点测定仪——奥斯默（Othmer）沸点仪测定液体的沸点，如图 4-30 所示。为了使蒸汽和蒸汽冷凝液可同时冲击在温度计的感温泡上，以测得汽液两相平衡的温度，温度计的感温泡应该一半露在气相中。另外，为了减少环境温度对测温的影响，在温度计的外面还应该套一个小玻璃管。

3. 系统压力的控制

为测定液体在一系列恒定压力下的沸点，系统的压力必须可以调节并能控制在预定的恒定值下。图 4-31 所示控压装置，其作用原理与水浴恒温槽相似，电接点控压计相当于电接点水银温度计，电磁阀与抽气泵相当于电热棒，都是用继电器控制电接点的开与关，从而达到控压和控温的目的（具体可参见本书附录一）。

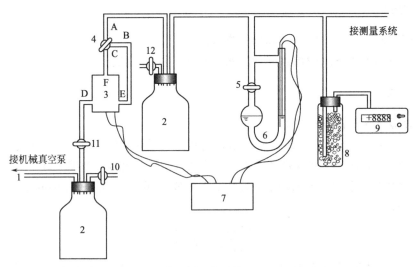

图 4-31 控压装置

1—接抽气泵；2—缓冲瓶；3—电磁阀；4,5,10～12—活塞；6—硫酸控压计；
7—继电器；8—干燥管；9—数字式低真空测压仪；D—进气口；E,F—出气口

三、试剂与仪器

试剂：去离子水。

仪器：奥斯默沸点仪，机械真空泵，可控硅调压器，0～30V 交流电压表，控压装置。

四、实验步骤

1. 在沸点仪中加入约 50mL 去离子水，调整水银温度计的位置，使温度计的水银感温泡的 1/2 插入液体中。将沸点仪冷凝管的上端出口接入控压装置的"接测量系统"处。

2. 关闭活塞 10、12，打开活塞 5，并将活塞 4 旋至三路皆通的位置，启动继电器与抽气泵。待系统压力降至 60kPa（即低真空测压仪显示读数为 −40kPa 左右），将活塞 4 旋至 A、B 相通而与 C 不通的位置，并关闭活塞 5。此时硫酸控压计活塞 5 下方的压力为定值，此时系统压力变化通过控压计中的电解液（硫酸溶液）上下波动，结合继电器、电磁阀、泵的共同作用，系统压力即可控制在 60kPa 左右。

3. 接通沸点仪上的冷却水，通过可控硅调节沸点仪中电热丝的加热电压为 15～20V。待液体沸腾后读出平衡温度 $t_{观}$ 与环境温度 $t_{环}$，读取数字式低真空测压仪上的压差 Δp_t。

4. 打开活塞 5，然后微开活塞 12，向系统引入少量空气，待系统压力增大约 5kPa 后，关闭活塞 5。在此新的恒压条件下按步骤 3 继续加热，测定读出平衡温度 $t_{观}$ 与环境温度 $t_{环}$，读取数字式低真空测压仪上的压差 Δp_t。

5. 重复步骤 4，共测定 6 组以上的平衡温度、环境温度和 Δp_t。

6. 测定结束后，首先打开活塞 5，关闭可控硅加热电压，等待沸点仪液体冷却后，关闭冷却水。为避免系统中液体倒灌入真空泵中，必须先将活塞 10 打开通大气，然后关闭抽气泵。

7. 由气压计测定实验时的大气压（参见本书附录一）。

五、安全及注意事项

1. 化学品安全卡

硫酸同实验四十一。

2. 注意事项

（1）恒压控制时，以红、绿灯交替亮的时间大致相等为宜。若红灯亮的时间很短，即表示抽气速率太快，将导致系统压力波动较大。此时应调节三通活塞略略偏转，以减缓抽气率，最后达到压力波动为 ±0.2kPa 的要求。

（2）沸腾程度通过调压变压器控制，不能过分剧烈，但温度计外的小套管内必须有气相冷凝液在向下回流，电压以 20V 左右为宜。

（3）加热前开冷凝水，且冷凝水的流量不能太大。

（4）向系统微引入空气增大系统压力时，需先打开活塞 5。如果引入空气过多，系统压力大于需控制的系统压力值，则三通活塞旋至三路皆通抽气，直至压力达到需控制的系统压力后再关闭活塞 5。

（5）实验过程中，三通活塞抽气时与恒压控制时转向不同，导致三通活塞只有两种状态：打开活塞 5 抽气时旋至 A、B、C 三路皆通位置，关闭活塞 5 恒压控制时旋至 A、B 相通而与 C 不通的位置。

六、数据处理

1. 对测得的沸点 t 进行温度计的示值校正和露茎校正（参见本书附录一）。

2. 利用校正后大气压数值求得系统压力 $p = p_{大气} + \Delta p$。

3. 将校正后的 t 与 p 值列表记录，并按式(4-57)以 $\ln p$ 对 $1/T$ 作图，由所得直线的斜率计算实验温度范围内水的平均摩尔汽化热。

七、思考题

1. 简述控压装置的控压原理，它与恒温装置的控温原理有何相似之处？

2. 电接点控压计中活塞 5 起什么作用？为什么在加压或减压时均应先打开它？

3. 为什么停泵前必须使活塞 10 通大气？

4. 若将抽气泵改为空气压缩泵，玻璃管更换成铁管后，将系统控制在高于 101.3kPa (1atm) 的某恒定压力，在不改动实验装置工艺的条件下，设计本实验的操作步骤。

八、进一步讨论

1. 若要求得到某一温度下的汽化热，可作 $\ln p\text{-}T$ 图，从曲线上某温度下的斜率 $\left(\dfrac{\Delta_{vap}H_m}{RT^2}\right)$ 即可求得该温度下的液体摩尔汽化热。

2. 图 4-31 所示的控压装置为一级控压装置，控制的系统压力精度一般约为 $\pm 133Pa$ （相当于 1mmHg），若要求更高的控压精度，则必须再串接一套控压装置，组成二级控压装置。

3. 测定液体沸点的装置尚有多种结构不同的沸点仪，可参阅有关专业书籍。

实验四十七　蔗糖水解酶米氏常数的测定

一、实验目的

1. 掌握最大反应速率法测定蔗糖水解酶米氏常数的方法。

2. 了解底物浓度与酶反应速率之间的关系。

二、实验原理

生物酶是一种具有催化活性的蛋白质，其有极强的催化能力，其催化能力可以达到一般化学催化剂的 $10^7 \sim 10^{13}$ 倍；另其具有高度的专一选择性，一种酶通常只催化某一种或某一类的物质。

生物酶的催化反应机理是由 Michaelis-Menten 首先提出的，其机理描述如下：

$$E + S \Longrightarrow ES \tag{4-59}$$

$$ES \Longrightarrow E + P \tag{4-60}$$

式中，E 代表"酶"；S 代表"底物"；P 代表"产物"；ES 代表"中间络合物"。

反应（4-59）是一快速反应（k_1 和 k_{-1} 很大），反应（4-60）相对较慢，速率常数 k_{-2} 很小，可以忽略。因此

$$v=\frac{\mathrm{d}p}{\mathrm{d}t}=k_2(\mathrm{ES}) \tag{4-61}$$

Michaelis 应用酶反应过程中形成的中间络合物的学说，导出了著名的米氏方程，此方程直接给出了酶反应速率与底物浓度的关系：

$$v=\frac{v_{\max}c_{\mathrm{s}}}{K_{\mathrm{m}}+c_{\mathrm{s}}} \tag{4-62}$$

式中，K_{m} 为米氏常数，在指定条件下，对每一种酶反应都有其特定的 K_{m} 值，与酶的浓度无关，因此 K_{m} 对研究酶反应动力学具有重要的应用意义。

由式（4-62）变形可知：米氏常数是反应速率达到最大值一半时的底物浓度，即：$v=1/2v_{\max}$ 时，$K_{\mathrm{m}}=c_{\mathrm{s}}$。

因此只需测定不同底物浓度时的酶反应速率，利用作图法求出 $v_{\max}$，在 $1/2v_{\max}$ 处的相应位置上就可以求出 K_{m} 的近似值。

为准确求得 K_{m} 值，将式（4-62）变形为：

$$\frac{1}{v}=\frac{K_{\mathrm{m}}}{v_{\max}}\times\frac{1}{c_{\mathrm{s}}}+\frac{1}{v_{\max}} \tag{4-63}$$

以 $1/v$ 为纵坐标，$1/c_{\mathrm{s}}$ 为横坐标作图，所得直线斜率为 $K_{\mathrm{m}}/v_{\max}$，截距为 $1/v_{\max}$，由此可精确求得米氏常数 K_{m}。

本实验中蔗糖酶是一种水解酶，其催化蔗糖的反应如下：

$$\mathrm{C_{12}H_{22}O_{11}}（蔗糖）+\mathrm{H_2O}\xrightarrow{\text{蔗糖酶}}\mathrm{C_6H_{12}O_6}（果糖）+\mathrm{C_6H_{12}O_6}（葡萄糖）$$

该反应的速率可用单位时间内葡萄糖浓度的增加（即蔗糖浓度的减小）来表示。葡萄糖是一种还原糖，它与 3,5-二硝基水杨酸共热（约 100℃）后被还原成棕红色的氨基化合物，在一定浓度范围内还原糖（即葡萄糖）的量与棕红色物质颜色的深浅程度有一定比例关系，故可用分光光度法测定单位时间内生成的葡萄糖的量，从而计算出反应速率。由不同蔗糖底物浓度 c_{s} 与对应的反应速率 v 的关系，据式（4-63）作图，可计算出米氏常数 K_{m}。

三、仪器与试剂

仪器：722 型分光光度计，恒温槽，移液枪（一套），秒表，试管，容量瓶。

试剂：葡萄糖，蔗糖，蔗糖转化酶，氢氧化钠，醋酸，醋酸钠，3,5-二硝基水杨酸。

四、实验步骤

1. 溶液的配制

（1）0.1mol·L 蔗糖溶液：准确称取 3.42g 蔗糖于 100mL 烧杯中，加少量水溶解后定容到 100mL。

（2）0.1% 葡萄糖标准溶液（1mg·mL^{-1}）：预先在 90℃ 温度下将葡萄糖烘约 1h，然后准确称取 0.5g 于 100mL 烧杯中，加少量水溶解后定容到 500mL。

（3）3,5-二硝基水杨酸（DNS）试剂：称 1.26g DNS 试剂，量取 52.4mL 的 2mol·L^{-1}

NaOH 加到酒石酸钾钠的热溶液中（36.4g 酒石酸钾钠溶于 100mL 水中），再加 0.5g 重蒸酚和 0.5g 亚硫酸钠，微热搅拌溶解，冷却定容于 200mL 棕色瓶中。

（4）乙酸缓冲溶液的配制：称取 $NaAc \cdot 3H_2O$ 8g 溶于水中，加入 $6mol \cdot L^{-1}$ HAc 53.6mL，稀释至 200mL，其 pH＝4.6。

2. 葡萄糖标准曲线的制作

（1）了解 722 型分光光度计的原理与使用方法（见本书附录一）。

（2）在 9 个 50mL 容量瓶中，按下表配成一系列不同浓度的葡萄糖溶液。

序号	V(0.1%葡萄糖)/mL	V(H₂O)/mL	葡萄糖浓度/μg·mL⁻¹	A(吸光度)
1	1	49	20	
2	2	48	40	
3	3	47	60	
4	4	46	80	
5	5	45	100	
6	6	44	120	
7	7	43	140	
8	8	42	160	
9	9	41	180	

依次吸取上述溶液 1mL，加入 DNS 1.5mL，摇匀，加热沸腾 5min 后冷却，加蒸馏水 1mL。在分光光度计上测定吸光度 A 值（波长为 540nm）。由葡萄糖浓度与吸光度对应的数据做出一条标准曲线。

3. 蔗糖酶米氏常数 K_m 的测定

按下表分别在试管中加入 $0.1mol \cdot L^{-1}$ 蔗糖溶液（底物）及乙酸缓冲溶液，总体积为 2mL，置于 30℃水浴中恒温 10min，另取制备好的酶溶液也在恒温槽中恒温 10min，然后在每一试管中加入酶液 1mL，准确反应 5min（秒表计时），然后加入 0.5mL $2mol \cdot L^{-1}$ NaOH 溶液中止反应。

序号	1	2	3	4	5
蔗糖溶液/mL	0.00	0.20	0.30	0.40	0.60
缓冲溶液/mL	2.00	1.80	1.70	1.60	1.40

分别吸取 0.5mL 上述反应液，加入 1.5mL DNS 溶液沸腾 5min，冷却。加入 1.5mL 蒸馏水，测定吸光度 A 值。

五、安全及注意事项

1. 化学品安全卡

中文名称:蔗糖　英文名称:Sucrose　化学式:$C_{12}H_{22}O_{11}$		
危害/接触类型	危害/症状	防护措施
火灾	可燃	禁止明火,干粉,抗溶性泡沫,大量水,二氧化碳灭火
爆炸	微细分散的颗粒物在空气中形成爆炸性混合物	防止粉尘积淀,密闭系统,防止粉尘爆炸型电气设备和照明。着火时,喷雾状水保持料桶等冷却
吸入	咳嗽	局部排气通风或呼吸防护。新鲜空气,休息

2. 注意事项

（1）做标准曲线的葡萄糖试剂在使用前要烘干至少 1h。

（2）测定用的固体生物酶需低温保存（4℃左右），长时间保存需冷冻。生物酶溶液需现用现配。

六、数据处理

据上述各反应液测得的吸光度 A 值，在葡萄糖标准曲线上查得对应的葡萄糖浓度，结合反应时间计算出其反应速率 v，并将对应的底物浓度（蔗糖）c_s，用表格列出。将 $1/v$ 对 $1/c_s$ 作图。然后用直线的斜率和截距求出米氏常数 K_m 值。

七、思考题

1. 为什么测定生物酶的米氏常数可采用最大速率法？

2. 试讨论米氏常数与底物浓度，反应温度和酸度的关系？

实验四十八　离子迁移数测定

一、实验目的

1. 掌握界面移动法测定 H^+ 离子迁移数的基本原理和方法。

2. 通过求算 H^+ 的电迁移率，加深对电解质溶液有关概念的理解。

二、实验原理

电解质溶液的导电是靠溶液内的离子定向迁移和电极反应来实现的。而通过溶液的总电量 Q 就是向两极迁移的阴、阳离子所输送电量的总和。现设两种离子输送的电量分别为 Q_+、Q_-，则总电量

$$Q = Q_+ + Q_- = It \tag{4-64}$$

式中，I 为电流强度；t 为通电时间。

为了表示每一种离子对总电量的贡献，令离子迁移数为 t_+ 与 t_-，则：

$$t_+ = \frac{Q_+}{Q}, \quad t_- = \frac{Q_-}{Q} \tag{4-65}$$

离子的迁移数与离子的迁移速度有关，而后者与溶液中的电位梯度有关。为了比较离子的迁移速度，引入离子电迁移率概念。它的物理意义为：当溶液中电位梯度为 $1V \cdot m^{-1}$ 时的离子迁移速度，用 u_+、u_- 表示，单位为 $m^2 \cdot s^{-1} \cdot V^{-1}$。

本实验采用界面移动法测定 HCl 溶液中 H^+ 的迁移数，其原理如图 4-32 所示。在一根垂直安置的有体积刻度的玻璃管中，装入含甲基橙指示剂的 HCl 溶液，顶部插入 Pt 丝作阴极，底部插入 Cu 极作阳极。通电后，H^+ 向 Pt 极迁移，放出氢气，Cl^- 向 Cu 极迁移，且在底

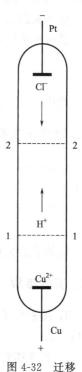

图 4-32　迁移管中离子迁移示意图

部与由 Cu 电极氧化而生成的 Cu^{2+} 形成 $CuCl_2$ 溶液，逐步替代 HCl 溶液。由于 Cu^{2+} 的电迁移率小于 H^+，所以底部的 Cu^{2+} 总是跟在 H^+ 后面向上迁移。因为 $CuCl_2$ 与 HCl 对指示剂呈现不同的颜色，因此在迁移管内形成了一个鲜明的界面。下层 Cu^{2+} 层为黄色，上层 H^+ 层为红色。这个界面移动的速度即为 H^+ 迁移的平均速度。

若溶液中 H^+ 浓度为 c_{H^+}，实验测得 t 时间内界面从 1—1 到 2—2 移动过的相应体积为 V，则根据式(4-64)与式(4-65)，H^+ 的迁移数为

$$t_{H^+} = \frac{c_{H^+} VF}{It} \tag{4-66}$$

式中，F 为法拉第常数，$96485 \text{C} \cdot \text{mol}^{-1}$。

应该指出，由于迁移管内任一位置都是电中性的，所以当下层的 H^+ 迁移后即由 Cu^{2+} 来补充。这样，稳定界面的存在意味着 Cu^{2+} 的迁移速度与 H^+ 的迁移速度相等。即

$$u_{Cu^{2+}} \left(\frac{dE}{dl} \right)_{Cu^{2+} 层} = u_{H^+} \left(\frac{dE}{dl} \right)_{H^+ 层} \tag{4-67}$$

式中，$\left(\dfrac{dE}{dl} \right)$ 为迁移管内的电位梯度，即单位长度上的电位降。

因为离子电迁移率不同，$u_{Cu^{2+}} < u_{H^+}$，所以 $\left(\dfrac{dE}{dl} \right)_{Cu^{2+} 层} > \left(\dfrac{dE}{dl} \right)_{H^+ 层}$。此式表明 Cu^{2+} 层电位梯度比 H^+ 层大，也即 Cu^{2+} 层单位长度的电阻较大。因此，若在下层有 H^+，其迁移速度不仅比同层的 Cu^{2+} 快，而且要比处在上层的 H^+ 也快，它总能赶到上层去。反之，超前的 Cu^{2+} 也必会减慢迁移速度而到下层来。这样，形成并保持了稳定的界面。同时，随着界面上移，H^+ 浓度减小，Cu^{2+} 浓度增加，迁移管内溶液电阻不断增大，整个回路的电流会逐渐下降。

通过离子迁移数的测定，用下式可求得离子的电迁移率：

$$u_+ = \frac{t_+ \Lambda_m}{F}, \quad u_- = \frac{t_- \Lambda_m}{F} \tag{4-68}$$

式中，Λ_m 为一定温度下溶液的摩尔电导率，单位为 $\text{S} \cdot \text{m}^2 \cdot \text{mol}^{-1}$。

三、试剂与仪器

试剂：$0.1 \text{mol} \cdot \text{L}^{-1}$ HCl 标准溶液，0.1% 的甲基橙指示剂，Cu 棒（$\phi 3 \times 30 \text{mm}$），Pt 片。

仪器：带恒温水夹套迁移管，LHQY300V-5mA 型离子迁移数测定仪，超级恒温槽，秒表。

仪器装置见图 4-33。

四、实验步骤

1. 用去离子水与待测液先后淋洗迁移管的内壁，通恒温水使系统恒温于（25.0 ± 0.1）℃。

2. 在迁移管底部安装 Cu 电极（注意：装、拆迁移管底部的铜电极时，切勿用力过猛，以防底部细管断裂）。

3. 注入含甲基橙指示剂的浓度为 $0.1 \text{mol} \cdot \text{L}^{-1}$ 的 HCl 标准溶液（其体积比为：指示

剂：酸＝5：100）。用细电线将迁移管内可能存在的气泡引出，特别要注意消除迁移管底部铜电极上附着的气泡。

4. 在迁移管顶部安装 Pt 电极，按图 4-33 接妥测量线路。其中 Cu 电极和 Pt 电极分别与离子迁移数测定仪（具体使用说明见本书附录一）上"＋""－"两接线端口相连接。检查电路接线准确无误后打开电源，预热 1min 后打开"输出启动"旋钮，调电压微调旋钮控制直流电源输出电压为 300V，通过电流调节"粗调"、"细调"旋钮，使电流表读数为 3.000mA（本实验用高压直流电作为电源，通电之后，手不要与接线夹、电极等金属裸露部位直接接触，**以防触电**）。

5. 待迁移管内界面移动到 0.2mL 时开始计时，界面每移过 0.02mL 记录相应的时间和电流表读数。直至界面移动到 0.5mL 为止。

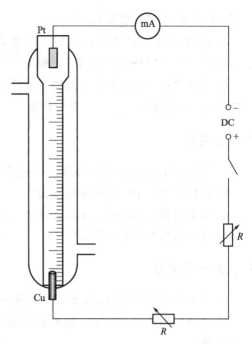

图 4-33　界面移动法实验装置

五、安全及注意事项

1. 化学品安全卡

中文名称：盐酸　英文名称：Hydrochloric Acid　化学式：HCl		
危害/接触类型	危害/症状	防护措施
火灾	不可燃	周围环境着火时允许使用各种灭火剂
接触	腐蚀作用,严重皮肤烧伤,疼痛	避免一切接触！一切情况下均向医生咨询！
吸入	腐蚀作用,灼烧感,咳嗽,呼吸困难,气促,咽喉痛	局部排气通风或呼吸防护。新鲜空气,休息,半直立体位。必要时进行人工呼吸,给予医疗护理
眼睛	腐蚀作用,疼痛,视力模糊,严重深度烧伤	眼睛防护结合呼吸防护。先用大量水冲洗几分钟,然后就医

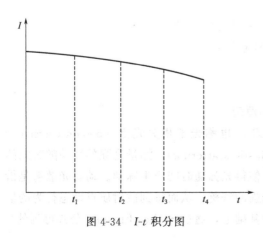

图 4-34　I-t 积分图

2. 注意事项

（1）迁移管内不可有气泡。

（2）为获得稳定的界面，防止管内两层液体间对流、扩散，电流不宜过高，应控制在 3mA 左右。

六、数据处理

1. 由测得电流 I 对相应的时间 t 作图，如图 4-34 所示，求出其包围的面积即总电量 It。如为直线，可按梯形法求出面积。

2. 用与总电量 It 对应的界面移过的体

积 V，代入式（4-66）求得 t_{H^+}。

3. 已知 25.0℃ 时 0.1mol·L^{-1} HCl 溶液的摩尔电导率为 0.03913S·m^2·mol^{-1}，30.0℃时为 0.04191S·m^2·mol^{-1}，根据式（4-68）计算 H$^+$ 的迁移率。

4. 考虑到迁移管的体积未经校正以及电源电压的波动，可以取不同间隔的体积 V 及对应的 It，分别求得 t_{H^+}，再取平均值。

七、思考题

1. 为什么在迁移过程中会得到一个稳定界面？为什么界面移动速度就是 H$^+$ 移动速度？

2. 如何得到一个清晰的移动界面？

3. 实验过程中电流值为什么会逐渐减小？

4. 如何求得 Cl$^-$ 的迁移数？

八、进一步讨论

1. 界面移动法的关键是要形成一个鲜明的移动界面，为达此目的，必须：

① 选择适当的指示离子。如本实验选用 Cu^{2+}，因为 $u_{Cu^{2+}} < u_{H^+}$，使上、下两层分开而不相混。

② 防止迁移管内两层间的对流和扩散。所以迁移管内温度应该均匀，且温度不宜过高；通过的电流不宜过大；迁移管截面积要小；实验时间不宜过长。

③ 选择最合适的指示剂，使两层的颜色反差明显。

2. 影响离子迁移数的因素主要是电解质溶液的浓度与温度。温度升高，正、负离子迁移数的差值减小。浓度的影响，考虑到离子间的相互作用力，故难有普遍规律。

3. 测定离子迁移数除界面移动法外，还有希脱夫（Hittorf）法。它是根据电解前后在两电极区由于离子迁移与电极反应导致电极区溶液浓度的变化。此法适用面较广，但要配置库仑计及繁多的溶液浓度分析工作。

实验四十九　光散射法测定表面活性剂聚集体粒径/Zeta电位

一、实验目的

1. 理解动态光散射法测定胶体颗粒粒径的原理及测定方法。

2. 理解光散射法测定 Zeta 电位的原理及测定方法。

二、实验原理

1. 动态光散射法测定胶体颗粒粒度分布的原理

动态光散射（dynamic light scattering，DLS），也称光子相关光谱（photon correlation spectroscopy，PCS）、准弹性光散射（quasi-elastic scattering），测量光强的波动随时间的变化。由于胶体颗粒在悬浮液中的布朗运动，使得光强随时间产生脉动。动态光散射是借助光子原理，检测因布朗运动而产生的散射光强的涨落，从而得到散射质点动态行为的信息。样品的流体力学半径是在估算扩散系数的基础上，通过 Stokes-Einstein 公式得到的

$$r_h = \frac{k_B T}{6\pi\eta D} \tag{4-69}$$

式中，T 为温度，K；η 为连续相的黏度，Pa•s；k_B 为波耳兹曼常数，J•K^{-1}；D 为扩散系数，m^2•s^{-1}。

动态光散射中所测定的直径称为流体力学直径，体现的是微粒在液体中的扩散方式。通过这种技术得到的直径与所测定的微粒具有相同的平动扩散系数的球体的直径（见图 4-35）。平动扩散系数不仅取决于微粒"核心"的大小，还取决于其表面结构，以及媒介中离子浓度和类型。这意味着其大小可能大于电子显微镜的测定结果。

DLS 技术测量粒子粒径，具有准确、快速、可重复性好等优点，已经成为胶体科学、纳米科技中比较常规的一种表征方法。代表性的用途是测定分散或溶解在液体中乳液微粒和分子的粒径和粒径分布。例如蛋白质、聚合物、胶束、碳水化合物、纳米微粒、胶体分散系、乳液、微乳液。

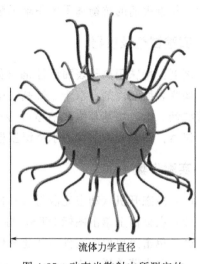

图 4-35　动态光散射中所测定的流体力学直径示意

2. 光散射法测定 Zeta 电位的原理

Zeta 电位是一个表征分散体系稳定性的重要指标。由于分散粒子表面带有电荷而吸引周围的反离子，这些反离子在两相界面呈扩散状态分布而形成扩散双电层。根据 Stern 双电层理论可将双电层分为两部分，即 Stern 层和扩散层。当分散粒子在外电场的作用下，稳定层与扩散层发生相对移动时的滑动面即为剪切面，该处对远离界面的流体中某点的电位称为 Zeta 电位或电动电位（ζ 电位）。即 Zeta 电位是连续相与附着在分散粒子上的流体稳定层之间的电势差，如图 4-36 所示。Nano-ZS 是通过 LDV（laser doppler velocimetry）和 PAL（phase analysis light scattering）的方法来测量溶液的 Zeta 电位。实验数据由仪器自带软件处理。所谓的 LDV 就是测量离子的迁移速度。图 4-37 给出了实验中使用的样品槽结构。主要是通过统计图示中离子迁移的速度来测量 Zeta 电位。

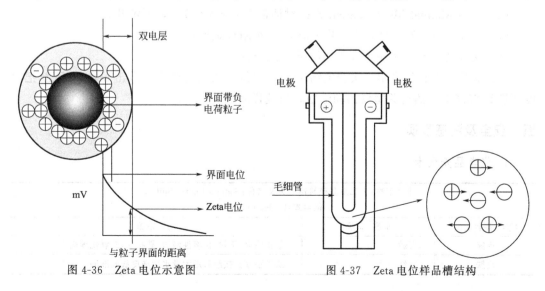

图 4-36　Zeta 电位示意图　　　　　图 4-37　Zeta 电位样品槽结构

Zeta 电位的主要用途之一就是研究胶体与电解质的相互作用。由于许多胶质，特别是那些通过离子表面活性剂达到稳定的胶质是带电的，它们以复杂的方式与电解质产生作用。与它表面电荷极性相反的电荷离子（抗衡离子）会与之吸附，而同样电荷的离子（共离子）会被排斥。因此，表面附近的离子浓度与溶液中与表面有一定距离的主体浓度是不同的。靠近表面的抗衡离子的积聚屏蔽了表面电荷，因而降低了 Zeta 电位。

三、实验试剂及仪器

试剂：特殊阳离子表面活性剂（如离子液体表面活性剂：溴化 1-十二烷基-3-甲基咪唑；偶联表面活性剂：双十二烷基二甲基溴化铵等），传统阴离子表面活性剂（如十二烷基硫酸钠、十二烷基苯磺酸钠等），去离子水。

仪器：动态光散射仪，水浴恒温槽，黏度计，折光仪。

四、实验步骤

（1）冷态开机（动态光散射仪）预热 20min。

（2）在桌面上单击图标 DTS，打开其操作界面。

（3）单击菜单栏的文件→新建→保存，新建文件以保存数据。

（4）单击菜单栏的 Measure→manual，弹出 Manual Measurement→Size 对话框，设定参数：

A：Measurement type 中选择测量项，以 Size 为例：

B：Labels→sample name，注明样品名称。

C：Cell→cell type，使用聚苯乙烯样品池。

D：Sample→Material→选择测试原料→Dispersant→Dispersant name，选择对应的分散剂名称。

E：Temperature 选择实验温度。

F：其他参数设定：输入溶液的黏度和折射率，采用背散射模式、173°检测角进行测量。

（5）设定完毕后，按 TS 仪器正上方圆形按钮，插入样品池即可，注意样品池上有 ▽ 的面面向操作者。

（6）单击 Manual Measurement-Size 对话框上的 start 按钮，测定开始。

（7）若要改变实验条件，则单击 setting，重新设定即可。

（8）文件的输出：文件→打印→PDF 格式→保存。

（9）聚集体粒径值采用三次测定结果的平均值，测定完毕后，点击 setting 重新把温度调换到 25.0℃，然后关闭仪器和电脑，清洗样品池。

五、安全及注意事项

1. 化学品安全卡

中文名称：十二烷基硫酸钠　英文名称：Sodium Lauryl Sulfate

化学式：$C_{12}H_{25}O_4SNa$

危害/接触类型	危害/症状	防护措施
火灾	可燃	禁止明火，干粉，抗溶性泡沫，雾状水，二氧化碳灭火
皮肤	发红	防护手套。接触后用大量水冲洗皮肤或淋浴

中文名称:十二烷基硫酸钠　英文名称:Sodium Lauryl Sulfate

化学式:$C_{12}H_{25}O_4SNa$

危害/接触类型	危害/症状	防护措施
眼睛	发红,疼痛	安全眼镜,用大量水冲洗(如可能,尽量摘除隐形眼镜)。给予医疗护理
吸入	咽喉痛,咳嗽	局部排气通风或呼吸防护。新鲜空气,休息
环境	对水生生物有毒	强烈建议不要让该化学品进入环境

2. 注意事项

请严格遵循仪器操作手册操作。

六、数据处理

(1) 实验测定 25℃/30℃下正、负离子表面活性剂混合溶液（0.1mol·L^{-1}）中聚集体粒度分布随表面活性剂混合比的变化关系。

(2) 实验测定 25℃/30℃下正、负离子表面活性剂混合体系（0.1mol·L^{-1}）的 Zeta 电位随表面活性剂混合比的变化关系。

七、思考题

(1) 为什么动态光散射中所测微粒的直径通常大于电子显微镜的测定结果?

(2) 为什么说 Zeta 电位（正或负）越高,体系越稳定;Zeta 电位（正或负）越低,体系越倾向于凝结或凝聚?

(3) 通常情况下,单一表面活性剂聚集体的粒径在几到几十纳米,而对于特定比例的正、负离子表面活性剂混合溶液而言,其内部聚集体的粒径可达到几百纳米,为什么? 根据实验结果试分析较大聚集体形成的原因,并画出聚集体的结构示意。

八、进一步讨论

在实际应用中,各类表面活性剂可根据需要单独使用,也可将两种或两种以上相同或不同类型的表面活性剂按一定的比例进行复配使用。其原因是：通过表面活性剂之间的复配,可望达到以下目的：

① 克服单一表面活性剂的局限性;

② 提高表面活性剂的性能;

③ 降低表面活性剂的应用成本;

④ 减少表面活性剂对生态环境的破坏。

实践证明,在所有的表面活性剂混合体系中,阴、阳离子表面活性剂具有最强的协同作用。对于单一离子型表面活性剂溶液而言,由于离子头基间存在静电斥力,极性基的横截面面积较大,导致在很大的浓度范围内均形成较小的球状胶束,直径通常为5～15nm,只有在浓度很高时才可以形成棒状或层状等较大聚集体。然而,对于正、负离子表面活性剂混合体系来说,通常在 cmc 时就形成较大的胶团,且胶团的形状通常不为球形。当然,在 cmc 时形成的胶团不可能太大,通常为 40～50nm。一旦体系的浓度超过 cmc,胶团就会迅速增大,形成较大的蠕虫状表面活性剂混合胶束,使体系具有较大的黏度。

实验五十　可燃气-氧气-氮气三元系爆炸极限的测定

一、实验目的

1. 测定丙酮蒸气在氧氮混合气中的爆炸极限。
2. 学会三元系组成图的制作。

二、实验原理

许多可燃气体的氧化反应表现为链反应，一般链反应可表示为：

$$A \xrightarrow{k_1} R\cdot$$

$$R\cdot + A \xrightarrow{k_2} \alpha R\cdot + P$$

$$R\cdot \xrightarrow{k_3} 销毁$$

式中，R·是含有未成对电子的自由基，自由基是反应的传递者。若 $\alpha = 1$，为直链反应；若 $\alpha > 1$，则为支链反应。

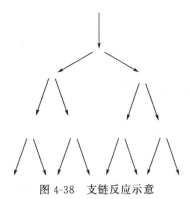

图 4-38　支链反应示意

图 4-38 所示为 $\alpha = 2$ 的情况。由图可知，若 R·不能及时销毁，反应速率猛增，可导致反应失去控制，发生爆炸。

自由基的销毁途径有两种：一种是由于自由基与器壁碰撞而失去活性，称为墙面销毁；第二种情况是自由基在气相中互撞或与惰性气体相撞而失去活性，称为气相销毁。

正因为自由基可能在反应过程中销毁，所以可燃气体的氧化反应并不是在所有情况下都发生爆炸。当可燃气体含量较少时，自由基很容易扩散到器壁上销毁，此时墙面销毁速率大于支链产生速率，因此反应进行缓慢。可燃气浓度越大，产生支链的速率越大，当支链产生速率大于墙面销毁速率时，就发生爆炸。进一步增大可燃气的浓度，会使自由基在气相中互撞而销毁的机会增多。当浓度达到某一值后，自由基销毁速率又超过支链产生速率，反应又进入慢速区。因此，可燃气的氧化反应存在着两个爆炸极限：高限和低限。只有当可燃气的浓度在两个极限之间时，才发生爆炸。由此可见，测定爆炸极限对工业生产具有重要的意义。

当系统中有惰性气体（不仅指惰性元素气体，也包括氮气等气体）存在时，爆炸极限也会有所改变。例如在氢、氧混合气中，氢气的爆炸低限为 4%（体积分数），高限为94%（体积分数）。而在氢气与空气的混合气中，分别为 4% 和 74%。一般来说，低限变化不大，这是因为对于 4% 的氢气来说，即使在空气中氧气也是大大过量的。但对高限的影响较大，因为增加了自由基与惰性气体分子碰撞而销毁的可能性，从而降低了高限。测定试样气在氧气、各种比例的氧氮混合气中的爆炸极限后可绘成如图 4-39 所示的三元系组成图。图中 ABC 为等边三角形，边长均为单位长度，A 点表示试样气，B 点表示氧气，C 点表示氮气。AB 线段表示试样气与氧气的混合气。如 E 点表示氧气的摩尔分数为 EA。同理，BC 为氧氮混合气，BC 上取点 P，$PC=0.21$，$PB=0.79$，则 P 点表示空气。由此可见，线段 AP 即表示试样与空气的混合气。在三角形内部的点如 E' 点表示三元混合气。

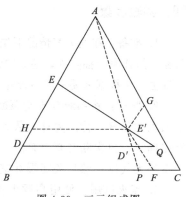

图 4-39　三元组成图

作 $E'H\parallel BC$，$E'G\parallel AB$，$E'F\parallel AC$，显然 $E'F+E'G+E'H=1$。在三元组成图中规定，三角形内某一点向某一条边作平行于另两边中任一边的直线段的长度表示该边所对顶点组分的摩尔分数。也就是说，$E'F$ 表示试样气的摩尔分数，而 $E'G$、$E'H$ 分别表示氧气、氮气的摩尔分数。

一般的可燃气爆炸极限如图 4-39。D、E 为试样气在氧气中的爆炸低限、高限，D'、E' 为试样气在空气中的爆炸低限、高限。在测定了试样气在各种不同比例的氧、氮混合气中的爆炸低限、高限后，可得到如图 4-39 中 DQE 的图形。DQE 内为爆炸区，DQE 外为非爆炸区。

三、仪器与试剂

实验装置如图 4-40 所示。所需试剂为丙酮、氧气、氮气。

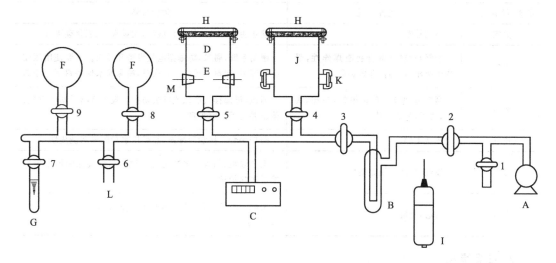

图 4-40　可燃气爆炸极限测定教学实验装置简图

A—真空泵；B—冷阱；C—数字真空计；D—爆炸室；E—放电针尖；F—储气瓶；G—液体样品管；
H—贴有硅橡胶层压板；I—高频电火花发生器；J—取样室；K—硅橡胶取样口；L—进气口；
M—高频电火花点火处；1～9—活塞

注意：爆炸室上的盖板为贴有硅橡胶的酚醛塑料层压板，点火电源用 10kV 高频火花检漏器。

为了保证安全，爆炸室外应套以金属丝网，并在实验者与爆炸室之间隔以透明的有机玻璃板。

四、实验步骤

1. **准备**：在通大气情况下先将数字式压力计置零，然后进行系统抽空和检漏。除了将管路、爆炸室等抽空外，还必须将样品管内液面以上、活塞以下的死空间抽空（为防止样品被抽去，可根据需要将样品管处于−10℃冷冻盐水中冷却），使死空间被样品蒸气充满。

2. **配气**：将系统与真空泵断开，记录压力计初始读数。打开样品管上方活塞向管路中通入样品气，待压力计遍数到达所需压力时，停止通气，并关闭爆炸室活塞。此后，将管路抽空，再次断开真空泵后，打开通大气活塞，旋转爆炸室活塞使爆炸室内气体总压等于室外大气压；然后关闭爆炸室活塞。

3. **点火试爆**：使用高频电火花发生器在爆炸室点火处点火并观察是否爆炸。注意：爆炸室内有火光、烟雾、声响或者层压板有异动，均应视为发生爆炸。

4. **确定爆炸极限**：改变丙酮和空气的组成比例，重复步骤 2 和 3。当丙酮分压改变 0.3kPa，混合气即由爆炸转变为不爆炸，此爆炸点即为爆炸极限。

5. 改变氧、氮气的比例，确定丙酮在不同氧、氮混合气中的爆炸极限。

6. **结束实验**：将系统抽空，然后关闭真空泵。

五、安全及注意事项

1. 化学品安全卡

中文名称：丙酮　英文名称：Acetone,Methyl Ketone　化学式：CH_3COCH_3		
危害/接触类型	危害/症状	防护措施
火灾	高度易燃	禁止明火，干粉，抗溶性泡沫，大量水，二氧化碳灭火
爆炸	蒸气与/空气混合物有爆炸性，受热引起压力升高，有爆裂危险	密闭系统，通风，防爆型电气设备和照明。不要使用压缩空气灌装、卸料或转运。着火时，喷雾状水保持料桶等冷却
吸入	咽喉痛，咳嗽，意识模糊，头痛，头晕，嗜睡，神志不清	通风，局部排气通风或呼吸防护。吸入后给予新鲜空气，休息并给予医疗护理
皮肤	皮肤干燥	防护手套。接触后冲洗，然后用水和肥皂清洗皮肤
眼睛	发红，疼痛。视力模糊	安全眼镜，用大量水冲洗（如可能，尽量摘除隐形眼镜）。给予医疗护理。
食入	恶心，呕吐	实验时不得进食、饮水或吸烟。进食前洗手。食入后漱口，给予医疗护理

2. 注意事项

（1）本实验装置已经非常安全，为了确保安全万无一失，当气体混合物处在爆炸区间内时，除了爆炸室以外的管路中气体必须要抽空后才能进行点火试验，此外还要在实验者与爆炸室之间隔以透明的有机玻璃板，该有机玻璃板应有足够的厚度和强度。

（2）本实验突出化学动力学定义的爆炸概念，不要求产生火焰的传播现象，通过目测、耳闻直接观察爆炸现象，因此与安全工程领域实验装置相比，爆炸室高度大大降低，大部分爆炸过程都没有明显燃烧现象产生，而只有声音和爆炸现象。

（3）本实验使用高频电火花作为点火源，尽量控制点火时附加的能量，强调点火能量对爆炸极限测定的影响，即微小能量也能引发爆炸。

六、数据处理

1. 在三元组成图上作出丙酮、氧气、氮气三元系的爆炸极限曲线。
2. 计算丙酮在空气中的爆炸低限和高限。

七、思考题

1. 为什么氮气量的增加对爆炸高限影响较大而对爆炸低限则没有什么影响？
2. 为什么各种组分的含量可以用 U 形水银压力计测得？
3. 为什么在系统抽空时需将样品进行冷却？
4. 实验结束后，为什么必须将系统抽空？

附　录

附录一　部分实验仪器使用方法介绍

一、水银压力计读数的校正及温度计使用与读数校正

1. 水银压力计读数的校正

由于 mmHg 作为压力单位是用汞标准密度而定义的，所以汞柱压力计的测量值必须进行温度校正。

汞的体胀系数为 $\beta = 1.815 \times 10^{-2} \, ℃^{-1}$，压力计木标尺的线胀系数为 $\alpha \approx 10^{-6} \, ℃^{-1}$，$\rho_0$、$\rho_t$ 分别为汞标准密度与温度 t 时的密度；h、h_t 分别为校正到汞标准密度与温度 t 时从标尺上读到的汞柱高度。根据

$$\rho_0 = \rho_t (1 + \beta t)$$

则

$$h \rho_0 g = h_t (1 + \alpha t) \rho_t g$$

$$h = h_t \left(1 - \frac{\beta - \alpha}{1 + \beta t} t \right) \tag{附-1}$$

因木标尺的 α 值很小，对测量值的影响可忽略不计，则

$$h = \frac{h_t}{1 + \beta t} \approx h_t (1 - 0.00018 t) \tag{附-2}$$

对于实验室最常用的福丁（Fortin）式大气压力计，其读数 p_t 的温度校正项为

$$\Delta_t = \frac{0.0001631 t_{室}}{1 + 0.0001815 t_{室}} p_t \tag{附-3}$$

则大气压力值为 $p_{大气} = p_t - \Delta_t - \Delta$，其中 Δ 为压力计重力加速度校正和仪器误差校正常数。

应该指出，用 U 形汞压力计测得的 h_t（mm）应根据 $1\text{mmHg} = 1.333 \times 10^2 \, \text{Pa}$ 的关系式将它换算为以 Pa 表示的压差 Δp_t，按式（附-3）进行温度校正。

2. 玻璃液体温度计的使用与读数校正

（1）水银温度计与酒精温度计　常用的玻璃液体温度计典型结构如图附-1 所示。

其中毛细管顶部的安全泡，用于防止温度超过温度计使用范围时可能引起温度计的破裂。毛细管底部的扩大泡是用于代替毛细管贮藏液体之用，以满足在测温范围内温度示值精度的要求。玻璃液体温度计利用液体的热胀冷缩性质来表征温度。当感温泡的温度变化时，内部液体体积随之变化，表现为毛细管中液柱弯月面的升高或降低。应该指出，人们观察到的毛细管中液柱高度的变化，实质上是液体本身的体积变化与玻璃（感温泡、毛细管）体积变化之差。所以，在有关

安全泡

扩大泡

零位线

感温泡

图附-1　水银温度计

校正计算中，常用到液体视膨胀系数 α 的概念，即

$$\alpha = \alpha_L - \alpha_G \qquad\qquad (\text{附-4})$$

式中，α_L、α_G 分别为液体与玻璃的平均膨胀系数。对水银温度计而言，

$$\alpha_L = 0.00018\,℃^{-1}, \quad \alpha_G = 0.00002\,℃^{-1}$$

则汞的视膨胀系数 $\alpha = 0.00016\,℃^{-1}$。

在玻璃液体温度计中，水银温度计使用最广泛。其优点如下。

① 汞体积随温度变化线性关系很好（尤其是在 100℃ 以下），便于温度计示值等分刻度。

② 液相稳定的范围宽（常压下汞凝固点为 $-38.9℃$，若配成汞铊齐，凝固点可降到 $-60℃$；常压下汞沸点为 356.9℃，若在毛细管中充一定的惰性气体，沸点可升到 500℃以上）。

③ 汞对玻璃表面不润湿，沾附少，所以可用内径很小的毛细管，有利于提高示值精度。

水银温度计按精度等级可分为一等标准温度计、二等标准温度计与实验温度计。实验温度计分度有 1℃、1/5℃、1/10℃ 等几种。按温度计在分度时的条件不同，可分为全浸式与局浸式两种。全浸式温度计使用时必须将温度计上的示值部分全浸入测温系统（为了读数方便起见，水银柱的弯月面可露出系统，但不超过 1cm）；而局浸式温度计使用时只需浸到温度计下端某一规定的位置。一般来说，分度为 1/10℃ 的精密温度计都是全浸式温度计。

酒精温度计也是常用的玻璃液体温度计。测温液体用酒精代替水银的优点如下。

① 膨胀系数大，所以在温度变化相同时，液柱高度的变化更显著。

② 凝固点低，利于低温测量。

但酒精温度计有以下四个缺点。

① 体积随温度变化的线性关系较差，所以温度计示值等分刻度的误差较大。

② 平均比热比水银大将近 20 倍。显然，酒精温度计热惰性大，测温灵敏度差。

③ 传热系数小，故测温滞后现象明显。

④ 有机液体对玻璃润湿性好，易产生沾附现象，所以玻璃毛细管内径不宜太小，否则示值精度较差。即使如此，由于酒精毒性比汞小，制作方便，故在一般测温中（尤其对低温测量），酒精温度计仍被普遍使用。

（2）水银温度计的读数校正　水银温度计的读数误差主要来源于：玻璃毛细管内径不均匀；温度计的感温泡受热后体积发生变化；全浸式温度计局浸使用。

基于上述原因，测温时对温度计的读数要进行如下校正。

① 示值校正　由于毛细管直径不均匀和水银不纯引起温度计的示值偏差。此项偏差可用比较法校正。即将二等标准温度计与待校的温度计同置于恒温槽中，比较两者的示值，以求出校正值。

实验装置如图附-2 所示。对用于示值校正的恒温槽，要求其控温精度较高，精度应小于 $\pm0.03℃$。恒温浴的介质：$-30℃\sim$室温用酒精，室温$\sim80℃$用水，$80\sim300℃$用变压器油或菜油。

【例附-1】　对某一 1/10℃ 分度的水银温度计进行示值校正。当标准温度计指示为 42.00℃ 时，在待校的温度计上读得 42.05℃，则示值校正值为

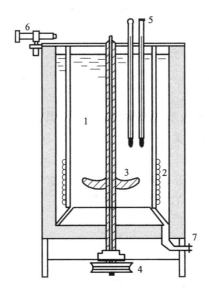

图附-2　水银温度计的示值校正

1—浴槽；2—电热丝；3—搅拌器；4—接电机转轮；5—标准
温度计和待校温度计；6—放大镜；7—出液口

$$\Delta t_{示} = 标准值 - 测量值$$

$$\Delta t_{示} = 42.00 - 42.05 = -0.05 \quad (℃)$$

② 零位校正　因为玻璃属于过冷液体，当温度计在高温使用时，体积膨胀，但冷却后玻璃结构仍冻结在高温状态，感温泡体积不会立即复原，导致了零位下降。

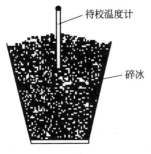

待校温度计

碎冰

图附-3　简便的冰点器
（零位校正）

在示值校正中作为基准的二等标准温度计虽每年经计量局检定，但若该温度计经常在高温使用，有可能从上次检定以来感温泡体积已发生了变化。因此，当再要用它对待校温度计进行示值校正时，就应将它插入冰点器中（见图附-3）对其零位进行检查。方法如下：

将二等标准温度计处在其示值最高温度下维持30min，取出并冷却到室温后马上浸入冰点器中，测定其零位值与原检定单上的零位值之差。一般认为，零位位置的改变使温度计上所有示值产生相同的改变。如某标准温度计检定单上零位值为 $-0.02℃$，现测得为 $0.03℃$，即升高 $0.05℃$，因此该温度计所有示值均应比检定单上的检定值高 $0.05℃$。零位校正值 $\Delta t_{零}$ 不仅与温度计的玻璃成分有关，而且与其受冷热变化的使用经历有关。所以，标准温度计应定期检定零位值。

③ 露茎校正　全浸式温度计使用时往往受到测温系统的各种限制，只能局浸使用。这时露在环境中的那部分毛细管和汞柱未处在待测的温度，而是处在环境温度之中，因此需进行露茎校正。设 n 为露出的汞柱高度（以℃表示）；$t_{观}$ 是观察到的温度值；$t_{环}$ 是用辅助温度计测得露在环境中那部分汞柱（露茎）的温度值。如图附-4所示，则露茎校正值 $\Delta t_{露}$ 表示为

$$\Delta t_{露} = 0.00016 n (t_{观} - t_{环}) \qquad (附-5)$$

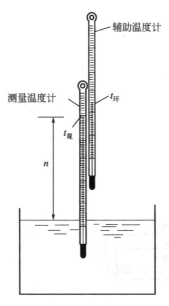

图附-4 露茎校正

【例附-2】 将一支 1/10℃ 的全浸式温度计局浸使用，在液面处待校温度计刻度为 60.50℃，在温度计上观察到 $t_观$ 为 80.35℃，则露出汞柱高度

$$n = 80.35 - 60.50 = 19.85 \ (℃)$$

辅助温度计测得露茎环境温度 $t_环$ 为 30.10℃，按式(附-5) 可求得露茎校正值：

$$\Delta t_露 = 0.00016 \times 19.85 \times (80.35 - 30.10) = 0.16℃$$

综上所述，标准温度计的读数值 $t_观$ 应进行如下校正，即实际温度值

$$t = t_观 + \Delta t_示 + \Delta t_零 \tag{附-6}$$

而全浸式温度计局浸使用时读得的温度值 $t_观$ 应进行如下校正，即

$$t = t_观 + \Delta t_示 + \Delta t_露 \tag{附-7}$$

二、恒温槽及其控温原理

1. 液浴恒温槽

液浴恒温槽是实验室中控制恒温最常用的设备，全套装置如图附-5所示。它的主要构件及其作用分述如下。

(1) 浴槽　最常用的是水浴槽，在较高温度时采用油浴，见表附-1。浴槽的作用是为浸在其中的研究系统提供一个恒温的环境。

表附-1　不同液浴的恒温范围

恒温介质	恒温范围/℃
水	5～95
棉籽油、菜油	100～200
52～62 号汽缸油	200～300
55%KNO₃＋45%NaNO₃	300～500

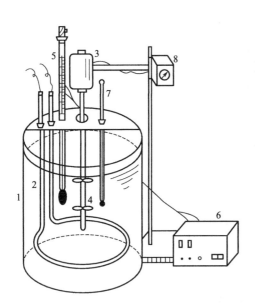

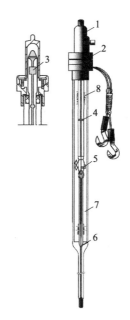

图附-5　液浴恒温槽

1—浴槽；2—电热棒；3—电机；4—搅拌器；

5—电接点水银温度计；6—晶体管或电子管

继电器；7—精密温度计；8—调速变压器

图附-6　电接点水银温度计

1—调节帽；2—磁钢；3—调温转动铁芯；4—定温

指示标杆；5—上铂丝引出线；6—下铂丝引出线；

7—下部温度刻度板；8—上部温度刻度板

（2）加热器　常用的是电阻丝加热棒。对于容积为 20L 的水浴槽，一般采用功率约 1kW 的加热器。为提高控温精度，常通过调压器调节其加热功率。

（3）搅拌器　其作用是促使浴槽内温度均匀。

（4）温度调节器　常用电接点水银温度计（即水银导电表）。它相当于一个自动开关，用于控制浴槽达到所要求的温度。控制精度一般为 ±0.1℃。其结构见图附-6。它的下半部与普通温度计相仿，但有一根铂丝 6（下铂丝）与毛细管中的水银相接触；上半部在毛细管中也有一根铂丝 5（上铂丝），借助顶部磁钢 2 旋转可控制其高低位置。定温指示标杆 4 配合上部温度刻度板 8，用于粗略调节所要求控制的温度值。当浴槽内温度低于指定温度时，上铂丝与汞柱（下铂丝）不接触；当浴槽内温度升到下部温度刻度板 7 指定温度时，汞柱与上铂丝接通。原则上依靠这种"断"与"通"，即可直接用于控制电加热器的加热与否。但由于电接点水银温度计只允许约 1mA 电流通过（以防止铂丝与汞接触面处产生火花），而通过电热棒的电流却较大，所以两者之间应配继电器以过渡。

（5）继电器　常用的是各种型式的电子管或晶体管继电器，它是自动控温的关键设备。其简明工作原理见图附-7。

插在浴槽中的电接点温度计，在没有达到所要求控制的温度时，汞柱与上铂丝之间断路，即回路Ⅰ中没有电流。衔铁 4 由弹簧 5 拉住与 A 点接触，从而在回路Ⅱ中有电流通过电热棒，这时继电器上红灯亮表示加热。随着电热棒加热，使浴槽温度升高，当电接点温度计中汞柱上升到所要求的温度时，就与上铂丝接触，回路Ⅰ中的电流使线圈 6 产生磁性将衔铁 4 吸起，回路Ⅱ断路。此时，继电器上绿灯亮表示停止加热。当热浴槽温度由于向周围散热而下降，汞柱又与上铂丝脱开，继电器重复前一动作，回路Ⅱ又接通……如此不断进行，使浴槽内的介质控制在某一要求的温度。

在上述控温过程中，电热棒只处于两种可能的状态，即加热或停止加热。所以，这种控温属于二位控制作用。

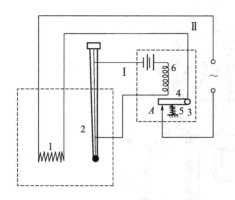

图附-7 继电器控温原理
1—电热棒；2—电接点温度计；3—固定点；
4—衔铁；5—弹簧；6—线圈

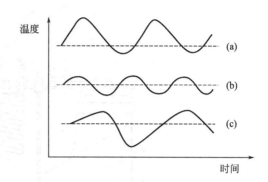

图附-8 温度波动曲线（虚线为要控制的温度）
（a）加热功率过大；（b）加热功率适当；
（c）加热功率过低

（6）水银温度计　常用分度为1/10℃的温度计，供测定浴槽的实际温度。应该指出，恒温槽控制的某一恒定温度，实际上只能在一定范围内波动。因为控温精度与加热器的功率、所用介质的热容、环境温度、温度调节器及继电器的灵敏度、搅拌的快慢等都有关系。而且在同样条件下，浴槽中位置的不同，恒温的精度也不同。图附-8 表示了因加热功率不同而导致恒温精度的变化情况。

2. 超级恒温槽

基本结构和工作原理与上述恒温槽相同，见图附-9。特点是内有水泵，可将浴槽内恒温水对外输出并进行循环。同时，浴槽外壳有保温层，浴槽内设有恒温筒，筒内可作液体恒温（或空气恒温）之用。若要控制较低的温度，可在冷凝管中通以冷水，予以调节。

3. 低温的获得

低温的获得主要靠一定配比的组分组成冷冻剂，并使其在低温下建立相平衡。表附-2 列举了常用的冷冻剂及其制冷温度。

表附-2　常用冷冻剂及其制冷温度

冷冻剂	液体介质	制冷温度/℃
冰	水	0
冰与 NaCl(3∶1)	20%NaCl 溶液	-21
冰与 $MgCl_2 \cdot 6H_2O$(3∶2)	20%NaCl 溶液	$-27 \sim -30$
冰与 $CaCl_2 \cdot 6H_2O$(2∶3)	乙醇	$-20 \sim -25$
冰与浓 HNO_3(2∶1)	乙醇	$-35 \sim -40$
干冰	乙醇	-60
液氮		-196

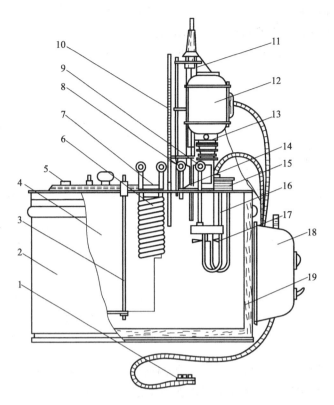

图附-9　超级恒温槽

1—电源插头；2—外壳；3—恒温筒支架；4—恒温筒；5—恒温筒加水口；6—冷凝管；

7—恒温筒盖子；8—水泵进水口；9—水泵出水口；10—温度计；11—电接点温度计；

12—电机；13—水泵；14—加水口；15—加热元件线盒；16—两组加热元件；

17—搅拌叶；18—电子继电器；19—保温层

三、恒压控制

实验中常要求系统保持恒定的压力（如 101325Pa 或某一负压），这就需要一套恒压装置。其基本原理如图附-10 所示。在 U 形的控压计中充以汞（或电解质溶液），其中设有 a、b、c 三个电接点。当待控制的系统压力升高到规定的上限时，b、c 两接点通过汞（或电解质溶液）接通，随之电控系统工作，使泵停止对系统加压；当压力降到规定的下限时，a、b 接点接通（b、c 断路），泵向系统加压，如此反复操作以达到控压目的。

1. 控压计

常用的是图附-11 所示的 U 形硫酸控压计。在右支管中插一铂丝，在 U 形管下部接入另一铂丝，灌入浓硫酸，使液面与上铂丝下端刚好接触。这样，通过硫酸在两铂丝间形成通路。使用时，先开启左边活塞，使两支管内均处于要求的压力下，然后关闭活塞。若系统压力发生变化，则右支管液面波动，两铂丝之间的电信号时通时断地传给继电器，以此控制泵或电磁阀工作，从而达到控压目的（这与电接点温度计控温原理相同）。控压计左支管中间的扩大球的作用是只要系统中压力有微小的变化，都会导致右支管液面较大的波动，从而提高了控压的灵敏度。由于浓硫酸黏度较大，控压计的管径应取一般 U 形汞压计管径的 3～4 倍为宜。至于控制恒常压的装置，一般采用 KI（或 NaCl）水溶液的控压计，就可取得很好的灵敏度。

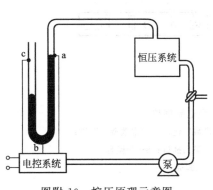

图附-10　控压原理示意图

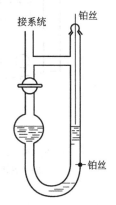

图附-11　U 形硫酸控压计

2. 电磁阀

它是靠电磁力控制气路阀门的开启或关闭，以切换气体流出的方向，从而使系统增压或减压。常用的电磁阀结构见图附-12。在装置中电磁阀工作受继电器控制，当线圈 2 中未通电时，铁芯 4 受弹簧 5 压迫，盖住出气口通路，气体只能从排气口流出。当线圈 2 通电时，磁化了的铁箍 1 吸引铁芯 4 往上移动，盖住了排气口通路，同时把出气口通路开启，气体从出气口排出。这种电磁阀称为二位三通电磁阀。

图附-13 为另一种利用稳压管控制流动系统压力的装置。从钢瓶输出的气体，经针形阀 3 与毛细管 4 缓冲后，再经过水柱稳压管 5 流入系统。通过调节水平瓶的高度，给定了流动气体的压力上限，若流动气体的表压大于稳压管中水柱的静压差 h，气体便从水柱稳压管的出气口逸出而达到控压目的。

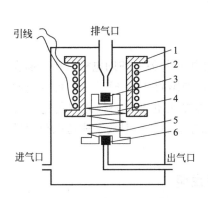

图附-12　Q23XD 型电磁阀结构

1—铁箍；2—螺管线圈；3,6—压紧橡皮；
4—铁芯；5—弹簧

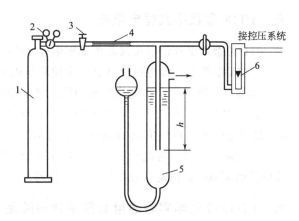

图附-13　流动系统控压流程

1—钢瓶；2—减压阀；3—针形阀；4—毛细管；
5—水柱稳压管；6—流量计

四、DDS-307 型电导率仪

DDS-307 型电导率仪是直接测定溶液电导率的仪器，它的面板如图附-14 所示。

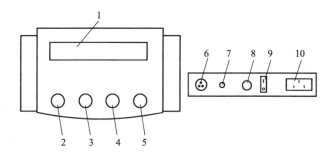

图附-14 DDS-307型电导率仪

1—显示屏；2—"测量"键；3—"电极常数"键；4—"常数调节"键；

5—"确认"键；6—电极插座；7—输出插口；8—保险丝；

9—电源开关；10—电源插座

1. 电极常数（即电导池常数）**的标定**

（1）电极常数的选择　电极常数有四挡可供选择：0.01、0.1、1、10，本实验选择 "1"，按下"确定"。将电导电极用去离子水清洗，然后用卷筒纸吸干（注意：勿碰电极片!），接到仪器上。

（2）标定电极的电导池常数　取配好的 $0.01mol \cdot L^{-1}$ NaOH 标准溶液，在指定温度如 25℃恒温约 10min，按"测定"键，如显示为 $2.20mS \cdot cm^{-1}$，则 $2.38/2.20 = 1.081$ 为电导池常数，在"常数数值"中调节常数为 1.081，按下"测量"键，若仪器显示数值为 $2.35mS \cdot cm^{-1}$，再按下"常数数值"键的上下箭头调节，直到按下"确定"及"测量"键，仪器显示数值为 $2.38mS \cdot cm^{-1}$。

2. 待测溶液电导率的测量

将电极放入已混合好的溶液中，按下"测量"键，直接测定。

五、JH2X型数字式恒电位仪

JH2X 型数字式恒电位仪面板如图附-15所示。

JH2X 型数字式恒电位仪具有恒电位和恒电流功能。

用恒电位法进行金属钝化曲线测量，将研究电极（金属）与另一辅助电极（Pt）插在腐蚀介质中组成电解池，用参比电极与阳极组成原电池，如图附-15。通过调节可变电阻 R，给予电解池一系列恒定的电位，通过数字电压表测得参比电极与阳极之间的电动势后，从电流表中读出各电位下的电流而求得对应的电流密度，JH2X 型数字式恒电位仪就是根据此原理提供恒定电极电位的专门仪器。

六、FJ-3003 化学实验通用数据采集与控制仪使用说明

计算机辅助化学实验是计算机辅助教学的一个重要组成部分。随着计算机技术日益发展、成熟，成本不断下降，整个化学工业已经越来越多地采用了计算机控制生产、辅助设计等。FJ-3003 型化学实验通用数据采集与控制仪，以满足高校计算机辅助化学实验教学的目的。该系统是一套通用的实验监控系统，不同的实验只需简单配置参数即可。

整个系统分为数据采集控制硬件、监控软件以及中央（教师）监视软件三大部分。

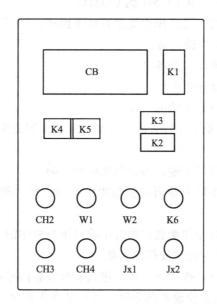

图附-15　JH2X 型恒电位仪面板示意

K1—电源开关；K2—给定/参比选择开关；K3—恒电位时极化电流测量程开关，有 0～2mA、0～20mA 两挡；K4—恒电流/恒电位转换开关，按下时为恒电位；K5—电流/电位显示选择开关，按下时通过转换 K3 电流测量量程开关即可显示所测量的电流值。当 K5 置于电位选择时，通过 K2，即可分别显示给定或参比电位值；K6—准备/工作开关；W1、W2—给定电位调节旋钮；CB—数字显示屏，可分别显示极化电流、给定或参比电位值

此实验监控程序上部有一个工具条，六个按钮，分别表示程序的六个功能。具体分述如下。

1. 项目管理

按"项目管理"按钮，弹出一个项目菜单，共有五个菜单项。

（1）新建项目　弹出新建项目的对话框，依次输入项目名称、作者名称、文件名称。项目名称和文件名称必须是唯一的，不能重名。文件名称必须符合 Windows 95 文件名规范。项目名称和作者名称可以包含任何字符。

（2）打开项目　弹出项目打开的对话框，左边的列表框表示已有的项目。选中对应的项目，按"确定"按钮，就可以打开选中的项目；单击"删除"按钮，将出现一个警告框讯问是否删除选中的项目以及项目所包含的文件。按"是"按钮就可以删除选中的项目以及项目所包含的文件；按"否"按钮就只删除选中的项目不删除项目所包含的文件；按"取消"按钮，则不删除任何东西。

（3）关闭项目　把已打开的项目关闭，并保存项目的设置。

（4）项目属性　察看项目的名称、作者、参数个数、存盘文件个数、项目创建时间。

（5）退出　退出应用程序，并自动把项目设置存盘。

2. 实验设置

实验设置分为三步，由设置向导完成。在每一步中可以按"上一步"回到上一步，可以按"取消"退出实验设置。

（1）端口组态对话框（实验设置向导第一步）的操作步骤：

① 先选择 COM 端口号（从 COM1 到 COM4）。

② 再选择端口操作类型。端口操作类型有如下四种：

a. 模拟量输入：从设备中读入数据。

b. 模拟量输出：发送数据到设备中。

c. 开关量输入：获得设备的状态。

d. 开关量输出：设置设备的状态。

③ 单击"添加输入"，把上述设置的端口加入到端口列表框中。同一种类型可以添加多个输入输出。

④ 端口上下限的编辑框用于输入端口电压的上下限。

⑤ 如果设置错误，选中输入输出列表框中的端口，按"删除输入"按钮，把选中的端口删除。

⑥ 如果需要设置端口的硬件参数，则选中端口下拉框中的端口号，单击"设置端口"按钮，弹出一个对话框，从中设置硬件的参数。

⑦ 上述全部设置好之后，按"下一步"进入实验设置向导第二步。

（2）参数组态对话框（实验设置向导第二步）的操作步骤

① 先单击"增加参数"按钮，参数名编辑框和参数列表框中出现缺省的名称"参数 1"。

② 用户可以在参数名编辑框中修改名称，此时参数列表框中对应的参数名相应地改变。

③ 在"参数类型"下拉框中选择参数的物理量类型，选好之后，在"参数单位"下拉框中选择参数物理量单位。

④ 在"有效数字"编辑框中单击上下箭头，可以增减编辑框中的数字。编辑框中的数字表示此参数有效数字的个数。

⑤ 在"值类型"单选框中选择参数值的类型。参数值有三种类型。

⑥ 测量值：通过实验设备采集的数据。

在"选择端口"下拉框中设置参数对应的端口输入输出路数；然后设置参数缺省的采样时间间隔；用户可以在"校正"编辑框中手工输入校正数据，也可以选中"是否校正"复选框，再按"参数校正"按钮，弹出"参数校正"对话框进行参数校正。"参数校正"对话框上部有四个编辑框，前两个为只读编辑框，显示校正的斜率和截距。第三个由用户输入参数。第四个显示采集的物理量的值。用户先根据实际的物理量输入物理量的值，按"测量"按钮，程序将对应的电压值显示出来，并以物理量的值为纵坐标，电压值为横坐标作一个点。重复上述步骤，作两个以上的点，按"先行拟合"按钮，程序根据最小二乘法画出一条直线，并显示直线的斜率和截距。用户如对校正满意，按"确定"按钮，将把校正结果记录下来；否则，按"取消"按钮，退出校正。计算值：其他参数通过选择的公式计算出的数据。在"自变量"下拉框中选择计算公式中的自变量。在"选择公式"下拉框中选择公式。然后在"计算公式的系数"编辑框中输入系数 a 和 b 的值。输入值：用户手工输入的数据。

⑦ 如果设置错误，选中"参数列表框"中的参数，按"删除输入"按钮，把它从列表框中删除。

⑧ 按"下一步"进入实验设置向导第三步。

（3）总览（实验设置向导第三步）

对话框的上部是一个标签页，共有四个页面，分别对应四种端口输入输出类型。选中不同的标签页可以查看相应的设置。对话框的上部是一个表格，其中包含了参数设置的主要信息。这时按"完成"按钮就完成了实验的设置。

3. 测量

主要有四个标签页，即周期采样、动态曲线、手动采样和控制输出。四个标签页的功能是独立的。四个标签页可以同时工作。

（1）周期采样

① 选择参数　在"同时测量参数"复选框中选中需要测量的参数。在"显示动态曲线"复选框中选中需要察看动态的参数。

② 设置时间　依次输入测量的总时间和采样间隔时间。

③ 开始测量　按"开始采样"按钮，就可以周期性地从设备中采集数据。参数名右边的编辑框中显示对应参数的采样值。界面下方的进度条指示周期测量完成的比例。

④ 动态曲线　在测量过程和测量结束后，均可以选择"动态曲线"标签页察看实验曲线。

⑤ 终止测量　在测量过程中按"结束采样"按钮可立即终止测量。

⑥ 保存数据　测量结束后，在"数据文件名"编辑框中输入文件名，然后按"保存数据"按钮，则把数据存入指定的文件。如果在测量之前选中"自动存盘"复选框，则在测量结束时，会自动地把数据存入指定的文件中。

（2）动态曲线　用切分条把窗口分成若干窗格，以便实时地显示多个实验曲线。用户可以用鼠标拖动切分条来改变各个窗格的大小。用户在窗格中单击鼠标右键，弹出一快捷菜单。快捷菜单有如下功能：

① 设置绘图范围：弹出一个对话框，用户可以在对话框中设置绘图窗格的上下限和比例尺。

② X 轴调零：X 轴方向自动滚到当前点的位置。

③ Y 轴调零：Y 轴方向自动滚到当前点的位置。

④ 画实验点：画出孤立的实验点。

⑤ 实验点连线：画出实验点并用直线把各个实验点连起来。

⑥ 线性拟合：画出用最小二乘法拟合出的直线。

⑦ 设置颜色：弹出一个颜色设置对话框，用户可以设定绘图的各种颜色。

（3）手动采样

① 单独采样：按参数名右边的"采样"按钮，则单独采集此参数的值并显示在参数名右边的编辑框中。

② 同时采样：在"手动采样"复选框中选中需要同时采样的参数，按参数名右边的"同时采样"按钮，则同时采集选中参数的测量值并显示在参数名右边的编辑框中。

③ 保存数据：如果用户需要保存数据，选中"是否存盘"复选框，在下拉框中输入文件名或从下拉框中选择已有的文件名，则用户在同时采样时采集到的数据会自动存入指定的文件中。

（4）控制输出

① 左边是开关输出量：按参数名旁边的"打开"按钮打开相应的开关输出量，按

"关闭"按钮关闭相应的开关输出量。

② 右边是模拟输出量：在编辑框中输入要输出的物理量，按"输出"按钮把模拟输出量输出到设备中。

4. 数据处理

数据处理有"曲线"和"表格"两个标签页，两个标签页中的数据是等价的，在一个标签页中读入的数据会在另一个标签页中反映出来。

（1）曲线

① 按"读入数据"按钮，弹出"打开数据文件"对话框，用户可以在对话框中选中要打开的数据文件。

② 在"X 轴参数"和"Y 轴参数"的下拉框中选中参数（X 轴可以选择"时间"），然后在"上下限"和"比例尺"编辑框中输入相应的上下限和比例尺。

③ 按"绘制实验点"，画出孤立的实验点。

④ 按"绘制曲线"，画出实验点并用直线把各个实验点连起来。

⑤ 按"直线拟合"按钮，画出用最小二乘法拟合出的直线。

（2）用户在窗口中单击鼠标右键，弹出一快捷菜单。快捷菜单具有如下功能：

① 设置绘图范围：弹出一个对话框，用户可以在对话框中设置绘图窗格的上下限和比例尺。

② X 轴调零：X 轴方向自动滚到当前点的位置。

③ Y 轴调零：Y 轴方向自动滚到当前点的位置。

④ 画实验点：画出孤立的实验点。

⑤ 实验点连线：画出实验点并用直线把各个实验点连起来。

⑥ 线性拟合：画出用最小二乘法拟合出的直线。

⑦ 设置颜色：弹出一个颜色设置对话框，用户可以设定绘图的各种颜色。

（3）表格

① 按"读入数据"按钮，弹出"打开数据文件"对话框，用户可以在对话框中选中要打开的数据文件。打开数据文件后，表格右边会显示文件的摘要信息。

② 按"打印表格"按钮，把表格中的数据用打印机输出。

5. 系统设置

按"系统设置"按钮后，弹出"颜色设置"对话框。对话框上有五个复选框：坐标颜色、背景颜色、曲线颜色和参比曲线颜色和实验点曲线颜色。复选框名称右边的矩形表示此种颜色当前的设置。用户选中某一复选框，再按"更改设置"按钮，弹出 Window 标准的颜色设置对话框，用户可以选择满意的颜色。设置之后，动态曲线和数据处理将据此显示缺省的颜色。

6. 帮助

此处略。

七、参比电极

1. 甘汞电极

实验室中最常用的参比电极是甘汞电极。作为商品出售的有单液接与双液接两种，它们的结构如图附-16 所示。

甘汞电极的电极反应为：

$$Hg_2Cl_2(s)+2e^- \longrightarrow 2Hg(l)+2Cl^-(a_{Cl}^-)$$

它的电极电位可表示为：

$$E\{Cl^-|Hg_2Cl_2(s),Hg|\}=E^\ominus\{Cl^-|Hg_2Cl_2(s),Hg|\}-\frac{RT}{F}\ln a_{Cl^-} \qquad (附-8)$$

由此式可知，$E\{Cl^-|Hg_2Cl_2(s)$，$Hg\}$ 值仅与温度 T 和氯离子活度 a_{Cl^-} 有关。甘汞电极中常用的 KCl 溶液有 $0.1mol \cdot L^{-1}$、$1.0mol \cdot L^{-1}$ 和饱和 3 种浓度，其中以饱和式为最常用（使用时溶液内应保留少许 KCl 晶体，以保证饱和）。各种浓度的甘汞电极的电极电位与温度的关系见表附-3。

表附-3　不同 KCl 浓度的 $E\{Cl^-|Hg_2Cl_2(s),Hg\}$ 与温度的关系

KCl 浓度/mol·L^{-1}	电极电位($E_{甘汞}$)/V
饱和	$0.2412-7.6\times10^{-4}(t-25)$
1.0	$0.2801-2.4\times10^{-4}(t-25)$
0.1	$0.3337-7.0\times10^{-5}(t-25)$

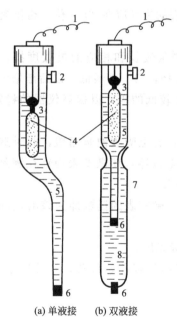

图附-16　甘汞电极

(a) 单液接　(b) 双液接

1—导线；2—加液口；3—汞；4—甘汞；5—KCl
溶液；6—素瓷塞；7—外管；8—外充
满液（KNO$_3$ 或 KCl 溶液）

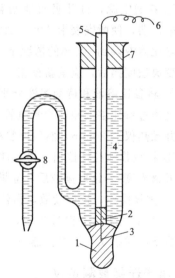

图附-17　自制甘汞电极

1—汞；2—甘汞糊状物；3—铂丝；
4—饱和氯化钾溶液；5—玻璃管；
6—导线；7—橡皮塞；8—活塞

　　甘汞电极在实验中也可自制：在一个干净的研钵中放一定量的甘汞（Hg_2Cl_2）、数滴汞与少量饱和 KCl 溶液，仔细研磨后得到白色的糊状物（在研磨过程中，如果发现汞粒消失，应再加一点汞；如果汞粒不消失，则再加一些甘汞……以保证汞与甘汞相饱和）。随后在此糊状物中加入饱和 KCl 溶液，搅拌均匀成悬浊液。将此悬浊液小心地倾入电极容器中，见图附-17，待糊状物沉淀在汞面上后，打开活塞 8，用虹吸法使上层饱和 KCl

溶液充满 U 形支管，再关闭活塞 8，即制成甘汞电极。

2. 银-氯化银电极

银-氯化银电极与甘汞电极相似，都是属于金属-微溶盐-负离子型的电极。它的电极反应和电极电位表示如下：

$$AgCl(s) + e^- \longrightarrow Ag(s) + Cl^-(a_{Cl^-})$$

$$E\{Cl^- \,|\, AgCl, Ag\} = E^{\ominus}\{Cl^- \,|\, AgCl, Ag\} - \frac{RT}{F}\ln a_{Cl^-} \tag{附-9}$$

可见，$E\{Cl^- \,|\, AgCl,\ Ag\}$ 也只决定于温度与氯离子活度。

制备银-氯化银电极方法很多。较简便的方法是取一根洁净的银丝与一根铂丝，插入 $0.1\,mol \cdot L^{-1}$ 的盐酸溶液中，外接直流电源和可调电阻进行电镀。控制电流密度为 $5\,mA \cdot cm^{-2}$，通电时间约为 5min，在作为阳极的银丝表面镀上一层 AgCl。用去离子水洗净，为防止 AgCl 层因干燥而剥落，可将其浸在适当浓度的 KCl 溶液中，保存待用。

银-氯化银电极的电极电位在高温下较甘汞电极稳定。但 AgCl(s) 是光敏性物质，见光易分解，故应避免强光照射。当银的黑色微粒析出时，氯化银将略呈紫黑色。

八、721 型分光光度计的使用

① 接通电源前，将各旋钮调节至起始位置，微安表的指针应在 "0" 位，否则旋转校正螺丝加以调节。

② 接通电源，打开吸收池暗箱盖，选择适当的测量波长和相应的灵敏度挡，调节 "0" 电位器，使微安表指 "0"。放大器的灵敏度共有 5 挡，"1" 挡最低，以后渐增大，在能使参比溶液调到 100% 的情况下，应尽量使用灵敏度较低的挡，以提高仪器的稳定性。在改变灵敏度挡后，应重新校正 "0" 和 "100%"。

③ 将参比溶液和待测溶液分别倒入两个吸收池中，合上吸收池暗箱盖，此时选定的单色光透过参比溶液照射到光电管上，旋转 "100%" 电位器，使微安表指针在满刻度附近，并预热仪器 20min，然后反复校正 "0" 和 "100%"。

④ 将吸收池拉杆拉出一格，使待测溶液进入光路，微安表的读数即为该溶液的吸光度（或透光度），读取读数后，立即打开吸收池暗箱盖。

⑤ 重复操作，校核读数，再依次测量其他溶液的吸光度。

⑥ 测量完毕，取出吸收池，洗净擦干，将各旋钮回复到起始位置，开关置于 "关" 处，拔下电源插头，罩好仪器罩。

九、离子迁移数测定仪

LHQY300V-500mA 离子迁移数测定仪，是界面移动法测离子迁移数实验的专用仪器。其操作面板如图附-18 所示，测量步骤如下。

1. 测试信号输入 "−"、"+" 两端口分别与迁移管的阴、阳两电极相连接，经检查无误后打开电源开关，预热 1min 后按下测试启动按钮，此时恒压工作状态绿色指示灯亮。如果按下测试启动按钮后，恒流工作状态红色指示灯亮，则需先调节电流调节旋钮 4，使电流显示值为 4.500mA 后，再缓慢调节限流调节旋钮 5，使工作状态指示灯由红灯亮（限流工作状态）转为绿灯亮（恒压工作状态）。

2. 通过调节电压微调旋钮，使电压显示值为 300V，调节电流调节的 "粗调"、"细

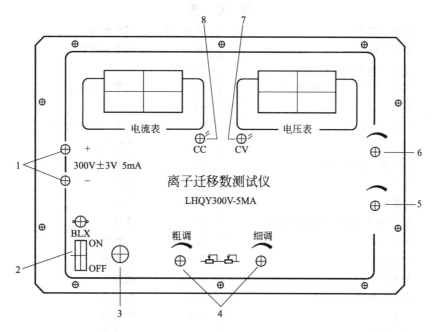

图附-18　离子迁移数测试仪示意图

1—测试信号输入端口；2—电源开关；3—测试启动按钮；4—电流调节旋钮；5—限流调节旋钮；
6—电压微调旋钮；7—恒压工作状态指示灯；8—恒流工作状态指示灯

调"旋钮，按实验要求调节电流表读数值，即可开始进入测量过程。

附录二　化合物的物理常数表

1. 说明
2. 略字表
3. 有机化合物的物理常数
4. 有机化合物的分子式索引

说　明

此表根据教材所涉及的内容，以及其他常用的化合物汇编而成，以方便学生学习时使用。

Name（名称）　按化合物英文名称的字母顺序排列，可使学生熟悉英语化学名词。对此有困难的学生，可用有机化合物的分子式索引来查找。

Specific gravity（密度）　若不标明压力，指常压（760mmHg×133.3Pa）下的沸点。18.8^{30} 表示在 30mmHg×133.3Pa 压力下沸点为 18.8℃。

Refractive index（折射率）　通常指 n_D，VK 1.4401^{20} 表示在 20℃时的折射率为 1.4401。

Solubility（溶解度）　为每 100 份溶剂溶解该化合物的份数。如 48.6^{50} 表示在 50℃时 100 份溶剂溶解该化合物 48.6 份。在有机化合物表中所列出的物质，为能溶解该化合物的溶剂。

根据 SI 单位制，压力单位 mmHg 均应通过 1mmHg=133.322Pa 的关系式换算为 Pa。

略 字 表

>	大于，高于	distb	可蒸馏的
<	小于，低于	dk	暗色，深色
±	左右（在所示数字邻近）	DL, *dl*	外消旋
∞	混溶（可以任意比例相溶）	DMF	二甲基甲酰胺
aa	醋酸	eff	风化
abs	绝对（无水）	Et	乙基（CH_3CH_2—）
ac	酸	et. ac	乙酸乙酯
Ac	乙酰基（CH_3CO）	eth	乙醚
ace	丙酮	exp	爆炸
al	乙醇	extrap	外推
alk	碱（NaOH 或 KOH 水溶液）	fl	片状
Am	戊基	flam	可燃的
amor	无定形的	flr	荧光的
anh	无水的	fr	凝固
aq	水，水溶液	fr. p.	凝固点
aq reg	王水	fum	发烟的
as	不对称的	gel	凝胶状
atm	大气压	gl	冰的
b	沸腾	glyc	甘油
bipym	双锥体的	gold	金色的
bk	黑色	gr	绿色
bl	蓝色	gran	粒状
br	棕色	gy	灰色
bt	明亮色	h	热的
Bu	丁基	hex	六方晶
bz	苯	hp	庚烷
c	冷的，百分浓度	htng	加热（的）
ca	大约	hx	己烷
CAS	化学文摘	hyd	水合物
chl	氯仿	hyg	吸湿性的
col	无色或白色	i	不溶
con	浓的	*i-*	异-
cor	校正的	ign	着火、灼热
cr	晶体，结晶	in	不活泼的，不旋光的
cryst	结晶的，晶状的	inflam	易燃的
cub	立方（体）的	infus	不熔（化）的
cy	环己烷	irid	闪光的
d	分解	L, *l*	左旋
D, d	右旋	la	大的
dd	轻微分解	lf	小叶
dil	稀	lig	轻汽油
diox	二噁烷	liq	液体
diq	易潮解的	lo	长的

lt	浅色，亮	sc	鳞状物
lust	有光泽的，闪光的	*sec*	仲，第二
m	熔化	sf	软化
m-	间位	silv	银白色
mcl	单斜晶	sl	略微，略溶
Me	甲基（CH_3—）	so	固体
MeOH	甲醇	sol	溶液
met	金属的	solv	溶剂
micr	显微，细数	sph	半面晶形
min	无机的，矿物的	st	稳定的
mod	限制，修改	sub	升华
n	正，折射率	suc	过冷的
nd	针状物	sulf	硫酸
o-	邻位	sym	对称的
oct	八面晶	syr	浆状的
odorl	无气味的	ta	片
og	橙色	tcl	三斜晶
ord	普通的	*tert*	叔
org	有机的	tet	四面体
orh	斜方（晶）的	tetr	四方晶
p-	对位	THF	四氢呋喃
pa	浅色	to	甲苯
par	部分的	tr	转变点，透明的
peth	石油醚	trg	三角晶
ph	苯基	undil	未稀释的
pk	桃红（色）	uns	不对称
pl	片状物	unst	不稳定的
pois	（有）毒的	v	很，易
pr	棱柱体	vac	真空
Pr	丙基	vap	蒸气
purp	红紫（色）	var	可变的
pw	粉末	vic	连
py	嘧啶	viol	猛烈，强烈
pym	棱锥形	visc	黏稠的
pyr	吡啶	volat	挥发的
rac	外消旋的	vs	易溶
rect	长方（形）的	vt	紫色
reg	正规的，规则的	w	水
reg	树脂的	wh	白色
rh	斜方晶	wr	温热的，加温
rhd	菱面体	wx	蜡（状）的
rhomb	正交晶	xyl	二甲苯
s	可溶，溶解	ye	黄色

有机化合物的物理常数

名 称	结 构 式	相对分子质量	颜色和晶形	相对密度	熔点/°C	沸点/°C	折射率 (n_D)	溶 解 性
乙醛 Acetaldehyde	CH_3CHO	44.05	col liq	$0.7834^{18/4}$	-121	20.8	1.3316^{20}	w,al,eth,ace,bz
乙酰胺 Acetamide	CH_3CONH_2	59.07	trg mcl(al-eth)	$0.9986^{85/4}$	82.3	$221.2;120^{20}$	1.4278^{78}	w,al
乙酰苯胺 Acetanilide	$CH_3CONHC_6H_5$	135.17	pl(w)	1.2190^{15}	114.3	304		al,eth,ace,bz
对硝基乙酰苯胺 Acetanilide, *p*-nitro	$NO_2C_6H_4NHCOCH_3$	180.16	ye Pr(w)		216(217)	$100^{0.008}$		al,eth,ace,lig
乙酸 Acetic acid	CH_3COOH	60.05	rh(hyg)	$1.0492^{20/4}$	16.6	$117.9;17^{10}$	1.3716^{20}	w,al,bz,al
乙酸铵 Acetic acid, Ammonium salt	CH_3COONH_4	77.08	wh hyg cr	$1.17^{20/4}$	114	d		w,al
乙酸钾 Acetic acid,K salt	CH_3COOK	98.15	wh Pw	1.57^{25}	292			w
乙酸钠 Acetic acid,Na salt	CH_3COONa	82.03	wh mcl	1.528	324			w
乙酸酐 Acetic anhydride	$(CH_3CO)_2O$	102.09	col liq	$1.0820^{20/4}$	-73.1	$139.55;44^{15}$	1.39006^{20}	al,eth,ace
乙酰乙酸乙酯 Acetoacetic acid	$CH_3COCH_2CO_2H$	102.09	syr		36~37	<100d		w,al,eth
丙酮 Acetone	CH_3COCH_3	58.08	col liq	$0.7899^{20/4}$	-95.35	56.2	1.3588^{20}	w,al,eth,bz,ace,chl
乙腈 Acetonitrile	CH_3CN	41.05	col liq	0.7857^{20}	-45.7	81.6	1.34423^{20}	w,al,eth,ace,bz
苯乙酮 Acetophenone	$C_6H_5COCH_3$	120.15	mcl pr	$1.0281^{20/4}$	20.5	$202.6;79^{10}$	1.53718^{20}	al,eth,ace,bz,chl
乙酰氯 Acetylchloride	CH_3COCl	78.50	col liq	$1.1051^{20/4}$	-112	50.9	1.38976^{20}	eth,ace,bz,chl
乙炔 Acetylene	$CH\equiv CH$	26.04	col gas	$0.6208^{-82/4}$	-80.8	-84.0	1.00051^{0}	al,ace
乙酰水杨酸 Acetylsalicylic acid	$2\text{-}(CH_3CO)C_6H_4CO_2H$	180.16			138~140			w,al,eth,ace
丙烯醛 Acrolein	$CH_2=CHCHO$	56.06	col liq	$0.8410^{20/4}$	-86.9	52.5~53.5	1.4017^{20}	w,al,eth,ace
丙烯酸 Acylic acid	$CH_2=CHCO_2H$	72.06	col liq	$1.0511^{20/4}$	13	$141.6;48.5^{15}$	1.4224^{20}	w,al,eth,ace,bz
丙烯腈 Acylonitrile	$CH_2=CHCN$	53.06	col liq	$0.8060^{20/4}$	-83.5	77.5~77.9	1.3911^{20}	al,eth,ace,bz
己二酸 Adipic acid	$HO_2C(CH_2)_4CO_2H$	146.14	mcl pr	$1.360^{25/4}$	153	265^{100}	1.4380^{20}	al,eth
己二腈 Adipic dinitrile	$NC(CH_2)_4CN$	108.14	nd(eth)	0.9676^{20}	1	$295,180^{20}$		al,chl
邻氨基苯酚 *o*-Aminophenol	$2\text{-}H_2NC_6H_4OH$	109.13	wh nd(bz)	1.328	174	sub 153^{11}		al,eth,w
苯胺 Aniline	$C_6H_5NH_2$	93.13	col oil	$1.0217^{20/4}$	-6.3	$184,68.3^{10}$	1.5863^{20}	al,eth,ace,bz,lig
N,*N*-二甲基苯胺 Aniline,*N*,*N*-dimethyl	$C_6H_5N(CH_3)_2$	121.18	Pa ye	$0.9557^{20/4}$	2.45	$194,77^{13}$	1.5582^{20}	al,eth,ace
2-硝基苯胺 Aniline,2-nitro	$2\text{-}(NO_2)C_6H_4NH_2$	138.13	gold-ye pl	1.442^{15}	71.5	$284,165~166^{18}$		al,eth,ace,bz
3-硝基苯胺 Aniline,3-nitro	$3\text{-}(NO_2)C_6H_4NH_2$	138.13	ye mcl nd(w)	$1.1747^{160/4}$	114	$305~307d,100^{0.16}$		al,eth,ace
4-硝基苯胺 Aniline,4-nitro	$4\text{-}(NO_2)C_6H_4NH_2$	138.13	ye nd(w)	$1.424^{20/4}$	148~149	$331.7,106^{0.03}$		al,eth,ace,chl

名称	结构式	相对分子质量	颜色和晶形	相对密度	熔点/℃	沸点/℃	折射率(n_D)	溶解性
苯甲醚 Anisole	$C_6H_5OCH_3$	108.14	col liq	$0.9961^{20/4}$	-37.5	155	1.5179^{20}	al,eth,ace,bz
偶氮苯(顺式)Azobenzene(cis)	$C_6H_5N{=}NC_6H_5$	182.22	og-red pl(Peth)	$1.203^{20/4}$	71	293	1.6266^{78}	al,eth,bz,aa
偶氮苯(反式)Azobenzene(trans)	$C_6H_5N{=}NC_6H_5$	182.22	og-red mcl lf(al)	$1.203^{20/4}$	68.5			al,eth,bz,aa
苯甲醛 Benzaldehyde	C_6H_5CHO	106.12	col liq	$1.0415^{10/4}$	-26(fr-56)	$178;62^{10}$	1.5463^{20}	al,eth,ace,bz,lig
苯 Benzene	C_6H_6	78.11	rh pr	$0.8765^{20/4}$	5.5	80.1	1.5011^{20}	al,eth,ace,aa
溴苯 Benzene,bromo	C_6H_5Br	157.01	col liq	$1.4950^{20/4}$	-30.8	$156,43^{18}$	1.5597^{20}	al,eth,bz
氯苯 Benzene,chloro	C_6H_5Cl	112.56	col liq	$1.1058^{20/4}$	-45.6	$132,22^{10}$	1.5241^{20}	al,eth,bz
氯化重氮苯 Benzenediazonium chloride	$C_6H_5N_2Cl$	140.57	nd(al)		exp			w,al,ace
硝基苯 Benzene,Nitro	$C_6H_5NO_2$	123.11	lt ye liq	$1.2037^{20/4}$	5.7	210.8	1.5562^{20}	al,eth,ace,bz
4-氨基苯磺酰胺 Benzenesulfon-amide,4-amino	$4\text{-}H_2NC_6H_4SO_2NH_2$	172.20	lf	1.08	165~166			w,al,eth,ace MeOH
苯磺酰氯 Benzenesulfonyl chloride	$C_6H_5SO_2Cl$	176.62	cr	$1.384^{15/15}$	14.5	$251{\sim}252d,120^{10}$		al,eth
苯甲酸 Benzoic acid	$C_6H_5CO_2H$	122.12	mcl lf	$1.2659^{15/4}$	122.13	$249,133^{10}$	1.504^{12}	al,eth,ace,bz,chl
4-乙酰氨基苯甲酸 Benzoic acid, 4-acetamide	$4\text{-}(CH_3CONH)C_6H_5CO_2H$	179.18	nd(al)		256.5			al
二苯甲酮 Benzophenone	$C_6H_5COC_6H_5$	182.22	(α)rh pr (β)mcl pr	$(\alpha)1.146^{20}$ $(\beta)1,1076$	$(\alpha)48.1$ $(\beta)26$	305.9	$(\alpha)1.6077^{19}$ $(\beta)1.6059^{21}$	al,eth,ace bz
苯甲酰氯 Benzoyl chloride	C_6H_5COCl	140.57	col liq	$1.2120^{20/4}$	-15.3	$197.2;71^{9}$	1.5537^{20}	eth
苯醇 Benzyl alcohol	$C_6H_5CH_2OH$	108.14	col liq	$1.0419^{24/4}$	-15.3	$205.3;93^{10}$	1.5396^{20}	w,al,ace,eth,bz
联苯 Biphenyl	$C_6H_5C_6H_5$	154.21	lf(dil al)	$0.8660^{20/4}$	71	$255.9;145^{22}$	1.475^{22} 1.588^{75}	al,eth,bz
丁酮 Butanone	$CH_3COCH_2CH_3$	72.11	col liq	$0.8054^{20/4}$	-86.3	$79.6,30^{110}$	1.3788^{20}	w,al,eth,ace,bz
1-丁烯 1-Butene	$CH_2{=}CHCH_2CH_3$	56.11	col gas	$0.5951^{20/4}$liq	-185.3	-6.3	1.3962^{20}	al,eth,bz
乙酸正丁酯 n-Butyl acetate	$CH_3CO_2(CH_2)_3CH_3$	116.16	col liq	$0.8825^{20/4}$	-77.9	126.5	1.3941^{20}	w,al,eth,ace,bz
正丁醇 n-Butyl alcohol	$CH_3CH_2CH_2CH_2OH$	74.12	col liq	$0.8098^{20/4}$	-89.5	117.2	1.3993^{20}	al,eth,ace
异丁醇 iso-Butyl alcohol	$(CH_3)_2CHCH_2OH$	74.12	col liq	$0.8018^{20/4}$	-103	108.1	1.3955^{20}	al,eth,ace,chl
正溴丁烷 n-Butyl bromide	$CH_3CH_2CH_2CH_2Br$	137.02	liq	$1.2758^{20/4}$	-112.4	$101.6;18.6^{30}$	1.4401^{20}	al,eth,ace,bz
异溴丁烷 iso-Butyl bromide	$(CH_3)_2CHCH_2Br$	137.02	liq	$1.2532^{20/4}$	-117.4	$91.7,41{\sim}43^{135}$	1.4348^{20}	al,eth,ace,bz
正氯丁烷 n-Butyl chloride	$CH_3(CH_2)_3Cl$	92.57	col liq	$0.8862^{20/4}$	-123.1	78.44	1.4021^{20}	al,eth

名 称	结 构 式	相对分子质量	颜色和晶形	相对密度	熔点/℃	沸点/℃	折射率 (n_D)	溶 解 性
叔氯丁烷 tert-Butyl chloride	$(CH_3)_3CCl$	92.57		$0.8420^{20/4}$	-25.4		1.3857^{20}	al,eth,bz,chl
正碘丁烷 n-Butyl iodide	$CH_3(CH_2)_3I$	184.82	liq	$1.6154^{20/4}$	-103	$130.5;19.2^{10}$	1.5001^{20}	al,eth, chl
苯丁醚 n-Butyl phenyl ether	$C_4H_9OC_6H_5$	150.22	col liq	$0.9351^{20/4}$	-19.4	$210;95^{17}$	1.4969^{20}	al,eth.ace
正丁醛 n-Butyraldehyde	$CH_3CH_2CH_2CHO$	72.11	col liq	$0.8170^{20/4}$	-99	75.7	1.3843^{20}	w,al,eth,ace,bz
正丁酸 n-Butyric acid	$CH_3CH_2CH_2CO_2H$	88.11	col liq	$0.9577^{20/4}$	-4.5	165.5	1.3980^{20}	al,eth
咖啡因 Caffeine	$C_8H_{10}N_4O_2$	194.19	wh nd(w+al)	1.23^{19}	238(anh)	sub 178		al,eth,py,chl
ε-己内酰胺 ε-Caprolactam	$HN(CH_2)_5C=O$	113.16	lf(lig)		69~71	139^{12}		w,al,bz,chl
四氯化碳 Carbon tetrachloride	CCl_4	153.82	col liq	$1.5940^{20/4}$	-23	76.5	1.4601^{20}	al,eth,ace,bz,chl
氯乙酸 Chloroacetic acid	$ClCH_2CO_2H$	94.50	α,βmcl pr	$1.4043^{40/4}$	$(\alpha)63;(\beta)$ 56.2; γ 52.5	$187.8,104^{20}$	1.4351^{55}	w,al,eth,bz,chl
氯仿 Chloroform	$CHCl_3$	119.38	col liq	$1.4832^{20/4}$	-63.5	61.7	1.4459^{20}	al,eth,ace,bz,lig
(反式)肉桂醛 Cinnamaldehyde (trans)	$C_6H_5CH=CHCHO$	132.16	ye	$1.0497^{20/4}$	-7.5	$253d;127^{16}$	1.6195^{20}	al eth chl
(顺式)肉桂酸 Cinnamic acid(cis)	$C_6H_5CH=CHCO_2H$	148.16	mcl pr		68			al,eth, lig
(反式)肉桂酸 Cinnamic acid (trans)	$C_6H_5CH=CHCO_2H$	148.16	mcl pr(dil al)	$1.2475^{4/4}$	135~136	300(cor)		al,eth,ace,bz,chl
反式β-胡萝卜素	$C_{40}H_{56}$	536.89			178~179			Eth,lig,chl,ace
(反式)肉桂酸乙酯 Cinnamicacid (ethyl) ester(trans)	$C_6H_5CH=CHCOOC_2H_5$	176.22	col liq	$1.0491^{20/4}$	12	$271.5;144^{15}$	1.5598^{20}	al,eth, ace,bz
环己烷 Cyclohexane	$(CH_2)_6$	84.16	col liq	$0.7785^{20/4}$	6.5	80.7	1.4266^{20}	al,eth
环己醇 Cyclohexanol	$(CH_2)_5CHOH$	100.16	hyg nd	$0.9624^{20/4}$	25.1	161.1	1.4641^{20}	w,al,ace,eth,bz
环己酮 Cyclohexanone	$(CH_2)_5C=O$	98.14	col oil	$0.9478^{20/4}$	-16.4	$155.6;47^{15}$	1.4507^{20}	al,eth,
环己烯 Cyclohexene	$CH_2(CH_2)_3CH=CH$	82.15	liq	$0.8102^{20/4}$	-103.5	83	1.4465^{20}	al,eth, ace,bz
正丁醚 n-Dibutyl ether	$(CH_3CH_2CH_2CH_2)_2O$	130.23	liq	$0.7689^{20/4}$	-95.3	142	1.3992^{20}	al,eth
丙二酸二乙酯 Diethyl melonate	$CH_2(CO_2C_2H_5)_2$	160.17	col liq	$1.0551^{20/4}$	-48.9	$199.3;96^{22}$	1.4139^{20}	al,eth, ace,bz,
二苯甲烷 Diphenylmethane	$(C_6H_5)_2CH_2$	168.24	pr nd	$1.0060^{20/4}$	25.3	264.3;125.5	1.5753^{20}	al,eth,chl
1,2-二氯乙烷 Ethane,1.2-dichloro	$ClCH_2CH_2Cl$	93.96	col liq	1.2351^{20}	-35.3	83.5	1.4448^{20}	al,eth,ace,bz
乙酸乙酯 Ethyl acetate	$CH_3CO_2C_2H_5$	88.11	col liq	$0.9003^{20/4}$	-83.6	77.06	1.3723^{20}	w,al,eth,ace,bz

名 称	结 构 式	相对分子质量	颜色和晶形	相对密度	熔点/℃	沸点/℃	折射率(n_D)	溶解性
乙酰乙酸乙酯 Ethylaceto,acetate	$CH_3COCH_2CO_2C_2H_5$	130.14	col liq	$1.0282^{20/4}$	<-80	$180.4.74^{14}$	1.4194^{20}	al,eth,bz,chl
乙醇 Ethyl alcohol	CH_3CH_2OH	46.07	col liq	$0.7893^{20/4}$	-117.3	78.5	1.3611^{20}	w,eth,ace,bz
苯甲酸乙酯 Ethyl benzoate	$C_6H_5CO_2C_2H_5$	150.18	col liq	$1.0468^{20/4}$	-34.6	$213;87^{10}$	1.5007^{20}	al,eth,ace,bz,peth
溴乙烷 Ethyl bromide	CH_3CH_2Br	108.97	col liq	$1.4604^{20/4}$	-118.6	38.4	1.4239^{20}	al,eth,chl
氯乙烷 Ethyl chloride	CH_3CH_2Cl	64.51	col liq	$0.8978^{20/4}$	-136.4	12.3	1.3676^{20}	al,eth
乙烯 Ethylene	$CH_2{=}CH_2$	28.05	gas,mcl,pr	$0.566^{-102/4}$	-169	-103.7	1.363^{100}	eth
乙二醇 Ethylene glycol	$HOCH_2CH_2OH$	62.07	col liq	$1.1088^{20/4}$	-11.5	$198,93^{13}$	1.4318^{20}	w,al,eth,ace
乙醚 Ethyl ether	$C_2H_5OC_2H_5$	74.12	col liq	$0.7138^{20/4}$	fr-116.2	34.5	1.3526^{20}	al,ace,bz,chl
碘乙烷 Ethyl iodide	CH_3CH_2I	155.97	col liq	$1.9358^{20/4}$	-108	72.3	1.5133^{20}	al,eth
甲醛 Formaldehyde	$HCHO$	30.03	gas	$0.815^{-20/4}$	-92	-21		w,al,eth,ace,bz
N,N-二甲基甲酰胺 Formamide,N,N-dimethyl	$HCON(CH_3)_2$	73.09		$0.9487^{20/4}$	-60.5	149~156	1.4305^{20}	ace,bz,chl
甲酸 Formic acid	HCO_2H	46.03	col liq	$1.220^{20/4}$	8.4	$100.7,50^{120}$	1.3714^{20}	w,al,eth,ace,bz
呋喃甲醛 α-Furaldehydy	$2\text{-}(C_4H_3O)CHO$	96.09	liq	$1.1594^{20/4}$	-38.7	$161.7,90^{65}$	1.5261^{20}	Al,eth,ace,bz,chl
呋喃 Furan	$CH{=}CHCH{=}CHO$	68.08	col liq	$0.9514^{20/4}$	-85.6	31.4	1.4214^{20}	al,eth,ace,bz
四氢呋喃 Furan,tetrahydro	$CH_2CH_2CH_2CH_2O$	72.11	col liq	$0.8892^{20/4}$	fr-108	67	1.4050^{20}	al,eth,ace,bz
α-羟基苯乙酸(外消旋)α-Hydroxy-phenylacetic acid(DL)	$C_6H_5CH(OH)CO_2H$	152.15	Pl(wh)	$1.300^{20/4}$	121.3	d		w,al,eth
碘仿 Iodoform	CHI_3	393.73	ye hex pr	$4.008^{20/4}$	123	ca 218		eth,ace,chl,aa
甲烷 Methane	CH_4	16.04	gas	0.5547^{0}	-182	-164		al,eth,bz
重氮甲烷 Methane,diazo	CH_2N_2	42.04	ye gas		-145			eth
甲醇 Methyl alcohol	CH_3OH	32.04	col liq	$0.7914^{20/4}$	-93.9	$65,15^{73}$	1.3288^{20}	w,al,eth,ace,bz,chl
甲基橙 Methyl orange	$C_{14}H_{14}N_3O_3NaS$	327.33	og ye pl		d			ac,eth
萘 Naphthaltene	$C_{10}H_8$	128.17	mcl pl(al)	$1.1536^{25/4}$	80.5	$218;87.5^{10}$	1.589^{85} 1.4003^{24}	ace,bz
α-萘酚 α-Naphthol	$\alpha\text{-}C_{10}H_7OH$	144.17	ye mel nd(w)	$1.0989^{99/4}$	96	288 sub	1.6224^{99}	al,eth,ace,bz,chl
β-萘酚 β-Naphthol	$\beta\text{-}C_{10}H_7OH$	144.17	mcl lf(w)	1.28^{20}	123~124	295		al,eth,bz
α-萘胺 α-Naphthyl amine	$\alpha\text{-}C_{10}H_7NH_2$	143.19	nd(dil al eth)	$1.1229^{25/25}$	50	$300.8;160^{12}$ s	1.6703^{51}	al,eth
β-萘胺 β-Naphthyl amine	$\beta\text{-}C_{10}H_7NH_2$	143.19	lf(w)	$1.061^{98/4}$	113	306.1	1.6493^{98}	al,eth
4-硝基苯甲酸 4-Nitrobenzoic acid	$4\text{-}NO_2C_6H_4CO_2H$	167.12	mcl lf(w)	1.610^{20}	242	sub		al,eth,chl

名 称	结 构 式	相对分子质量	颜色和晶形	相对密度	熔点/℃	沸点/℃	折射率(n_D)	溶 解 性
草酸 Oxalic acid	HO_2CCO_2H	90.04	mcl ta	$(\alpha)1.900^{17/4}$ $(\beta)1.895$	$(\alpha)189.5$ $(\beta)182(anh)$ $101.5(hyd)$	157 sub	1.4049^{20}	w,al
三聚乙醛 Paraldehyde	$C_6H_{12}O_3$	132.16	col cr	$0.9943^{20/4}$	12.6	128		al,eth,chl
对位红 Para Red	$4\text{-}NO_2C_6H_4N{=}N\text{-}(a\text{-}C_{10}H_6OH)$	293.28	br-og pl		257			al,bz
苯酚 Phenol	C_6H_5OH	94.11	col nd	$1.0576^{20/4}$	43	181.7;70.	1.5408^{41}	w,al,eth,ace,bz
邻硝基苯酚 Phenol,o-nitro	$2\text{-}O_2NC_6H_4OH$	139.11	ye nd	1.2942^{40}	45~46	$216,96{\sim}97^{10}$	1.5723^{50}	al,eth, bz, ace,chl
对硝基苯酚 Phenol,p-nitro	$4\text{-}O_2NC_6H_4OH$	139.11	ye mel pr(to)	1.479^{20}	114~116	279d;sub		al,eth,ace,py
邻苯二甲酸 Phthalic acid	$1,2\text{-}C_6H_4(CO_2H)_2$	166.13	pl(w)	1.593	210~211(d), 191(sealed tube)	d		al
异丙醇 iso-Propyl alcohol	$(CH_3)_2CHOH$	60.10	col liq	$0.7855^{20/4}$	-89.5	82.4	1.3776^{20}	w,al,eth,ace,bz
喹啉 Quinoline	C_9H_7N	129.16	nd(w)	$1.0929^{20/4}$	fr -15.6	$238;114^{17}$	1.6268^{20}	al,eth,ace,bz
水杨酸 Salicylic acid	$2\text{-}HOC_6H_4CO_2H$	138.12	pa ye	$1.443^{20/4}$	159	211^{20} sub	1.565	al,eth,ace
苯乙烯 Styrene	$C_6H_5CH{=}CH_2$	104.15	col liq	$0.9060^{20/4}$	-30.6	145.2;33.60	1.5468^{20}	al,eth,ace,bz,peth
酒石酸 Tartaric acid	$HO_2CCH(OH)CH(OH)CO_2H$	150.09	mcl(anh)	1.7598^{20}	171~174		1.4955	w,al,ace
4-氨基甲苯 Toluene,4-amino	$4\text{-}CH_3C_6H_4NH_2$	107.16	lf(w+al)	$0.9619^{20/4}$	44~45	$200.5;79.6^{10}$	1.5534^{45} 1.5636^{20}	al,eth,ace,py
2-硝基甲苯 Toluene,2-nitro	$2\text{-}NO_2C_6H_4CH_3$	137.14	(i)nd (ii)cr	1.1629^{20}	(i)-9.5 (ii)-2.9	$221.7;118^{16}$	1.5450^{20}	al,eth
3-硝基甲苯 Toluene,3-nitro	$3\text{-}NO_2C_6H_4CH_3$	137.14	pa ye	$1.1571^{20/4}$	16	232.6	1.5466^{20}	al,eth,bz
4-硝基甲苯 Toluene,4-nitro	$4\text{-}NO_2C_6H_4CH_3$	137.14	orh cr(al,eth)	$1.1038^{75/4}$	54.5	$238.3;105^{9}$		al,eth,ace,bz
对甲苯磺酰氯 P-Toluenesulfonyl chloride	$CH_3C_6H_4SO_2Cl$	190.65	tcl		71	$145{\sim}146^{15}$		al,eth,bz
三乙胺 Triethylamine	$(C_2H_5)_3N$	101.19	hyg liq	$0.7275^{20/4}$	-114.7	89.3	1.4010^{20}	w,al,eth,ace,bz
三乙二醇 Triethylene glycol	$HO(CH_2CH_2O)_2CH_2CH_2OH$	150.17	pl(al)	$1.1274^{15/4}$	-5	$278.3;165^{14}$	1.4531^{20}	w,al,bz
三苯甲醇 Triphenyl methanol	$(C_6H_5)_3COH$	260.34	tetr pr(al)	$1.199^{0/4}$	-164.2	380		al,eth,ace,bz,aa
尿素 Urea	H_2NCONH_2	60.06	col pr(al)	$1.3230^{20/4}$	132.7	d	1.484	w,al,py
乙酸乙烯酯 Vinyl acetate	$CH_3CO_2CH{=}CH_2$	86.09	col pr(al)	$0.9317^{20/4}$	-93.2	72.2	1.3959^{20}	al,eth,ace,bz,chl
氯乙烯 Vinyl chloride	$CH_2{=}CHCl$	62.50	gas	$0.9106^{20/4}$	-153.5	-13.4	1.3700^{20}	al,eth
邻二甲苯 o-Xylene	$1,2\text{-}(CH_3)_2C_6H_4$	106.17	col liq	$0.8802^{20/4}$	-25.2	$144.4;32^{10}$	1.5055^{20}	al,eth,ace,bz
间二甲苯 m-Xylene	$1,3\text{-}(CH_3)_2C_6H_4$	106.17	col liq	$0.8642^{20/4}$	-47.9	$139.1;28.1^{11}$	1.4972^{20}	al,eth,ace,bz
对二甲苯 p-Xylene	$1,4\text{-}(CH_3)_2C_6H_4$	106.17	mcl pr(al)	$0.8611^{20/4}$	13.3	$138.3;27.2^{1}$	1.4958^{20}	al,eth,ace,bz

附录三　20℃乙醇水溶液密度与浓度关系表

此表适用于在20℃时不同质量百分浓度 w（％）的乙醇水溶液所对应的乙醇水溶液的密度 ρ（g·mL^{-1}）以及体积百分浓度 φ。

w	ρ	φ	w	ρ	φ	w	ρ	φ
1.0	0.99631	1.3	35.0	0.94492	41.9	69.0	0.86999	76.1
2.0	0.99448	2.5	36.0	0.94303	43.0	70.0	0.86761	77.0
3.0	0.99273	3.8	37.0	0.94110	44.1	71.0	0.86522	77.8
4.0	0.99102	5.0	38.0	0.93915	45.2	72.0	0.86282	78.7
5.0	0.98938	6.3	39.0	0.93716	46.3	73.0	0.86042	79.6
6.0	0.98778	7.5	40.0	0.93514	47.4	74.0	0.85801	80.4
7.0	0.98623	8.8	41.0	0.93310	48.5	75.0	0.85559	81.3
8.0	0.98473	10.0	42.0	0.93103	49.6	76.0	0.85317	82.2
9.0	0.98327	11.2	43.0	0.92893	50.6	77.0	0.85074	83.0
10.0	0.98185	12.4	44.0	0.92682	51.7	78.0	0.84830	83.8
11.0	0.98046	13.7	45.0	0.92468	52.7	79.0	0.84584	84.7
12.0	0.97909	14.9	46.0	0.92253	53.8	80.0	0.84338	85.5
13.0	0.97776	16.1	47.0	0.92036	54.8	81.0	0.84091	86.3
14.0	0.97644	17.3	48.0	0.91818	55.8	82.0	0.83842	87.1
15.0	0.97513	18.5	49.0	0.91598	56.9	83.0	0.83592	87.9
16.0	0.97383	19.7	50.0	0.91377	57.9	84.0	0.83341	88.7
17.0	0.97254	21.0	51.0	0.91154	58.9	85.0	0.83087	89.5
18.0	0.97124	22.1	52.0	0.90931	59.9	86.0	0.82832	90.3
19.0	0.96993	23.4	53.0	0.90706	60.9	87.0	0.82575	91.0
20.0	0.96860	24.6	54.0	0.90481	61.9	88.0	0.82315	91.8
21.0	0.96726	25.7	55.0	0.90254	62.9	89.0	0.82053	92.5
22.0	0.96590	26.9	56.0	0.90027	63.9	90.0	0.81788	93.3
23.0	0.96451	28.1	57.0	0.89799	64.8	91.0	0.81520	94.0
24.0	0.96309	29.3	58.0	0.89570	65.8	92.0	0.81249	94.7
25.0	0.96163	30.5	59.0	0.89340	66.8	93.0	0.80975	95.4
26.0	0.96014	31.6	60.0	0.89109	67.7	94.0	0.80696	96.1
27.0	0.95861	32.8	61.0	0.88878	68.7	95.0	0.80414	96.8
28.0	0.95704	34.0	62.0	0.88646	69.6	96.0	0.80127	97.5
29.0	0.95543	35.1	63.0	0.88413	70.6	97.0	0.79835	98.1
30.0	0.95378	36.2	64.0	0.88179	71.5	98.0	0.79538	98.8
31.0	0.95209	37.4	65.0	0.87944	72.4	99.0	0.79234	99.4
32.0	0.95036	38.5	66.0	0.87709	73.4	100.0	0.78923	100.0
33.0	0.94858	39.7	67.0	0.87473	74.3			
34.0	0.94677	40.8	68.0	0.87236	75.2			

附录四 30.0℃环己烷-乙醇二元系组成（以环己烷摩尔分数表示）-折射率对照表

折射率	0	1	2	3	4	5	6	7	8	9
1.357	0.000	0.001	0.002	0.003	0.005	0.006	0.007	0.008	0.009	0.010
1.358	0.012	0.013	0.014	0.015	0.016	0.017	0.018	0.020	0.021	0.022
1.359	0.023	0.024	0.025	0.026	0.028	0.029	0.030	0.031	0.032	0.033
1.360	0.035	0.036	0.037	0.038	0.039	0.040	0.041	0.042	0.044	0.045
1.361	0.046	0.047	0.048	0.049	0.051	0.052	0.053	0.054	0.055	0.056
1.362	0.057	0.059	0.060	0.061	0.062	0.063	0.064	0.065	0.067	0.068
1.363	0.069	0.070	0.071	0.072	0.073	0.074	0.076	0.077	0.078	0.079
1.364	0.080	0.081	0.082	0.084	0.085	0.086	0.087	0.088	0.089	0.090
1.365	0.092	0.093	0.094	0.095	0.096	0.097	0.098	0.100	0.101	0.102
1.366	0.103	0.104	0.105	0.106	0.108	0.109	0.110	0.111	0.112	0.113
1.367	0.114	0.116	0.117	0.118	0.119	0.120	0.121	0.122	0.124	0.125
1.368	0.126	0.127	0.128	0.129	0.130	0.132	0.133	0.134	0.135	0.136
1.369	0.137	0.138	0.139	0.141	0.142	0.143	0.144	0.145	0.146	0.147
1.370	0.149	0.150	0.151	0.152	0.153	0.154	0.155	0.157	0.158	0.159
1.371	0.160	0.161	0.162	0.164	0.165	0.166	0.167	0.169	0.170	0.171
1.372	0.172	0.173	0.175	0.176	0.177	0.178	0.180	0.181	0.182	0.183
1.373	0.184	0.186	0.187	0.188	0.189	0.191	0.192	0.193	0.194	0.195
1.374	0.197	0.198	0.199	0.200	0.201	0.203	0.204	0.205	0.206	0.208
1.375	0.209	0.210	0.211	0.212	0.214	0.215	0.216	0.217	0.219	0.220
1.376	0.221	0.222	0.224	0.225	0.226	0.228	0.229	0.230	0.232	0.233
1.377	0.234	0.236	0.237	0.238	0.239	0.241	0.242	0.243	0.245	0.246
1.378	0.247	0.249	0.250	0.251	0.253	0.254	0.255	0.257	0.258	0.259
1.379	0.261	0.262	0.263	0.265	0.266	0.267	0.269	0.270	0.271	0.272
1.380	0.274	0.275	0.276	0.278	0.279	0.280	0.282	0.283	0.284	0.286
1.381	0.287	0.288	0.290	0.291	0.293	0.294	0.295	0.297	0.298	0.299
1.382	0.301	0.302	0.304	0.305	0.306	0.308	0.309	0.310	0.312	0.313
1.383	0.315	0.316	0.317	0.319	0.320	0.322	0.323	0.324	0.326	0.327
1.384	0.328	0.330	0.331	0.333	0.334	0.335	0.337	0.338	0.339	0.341
1.385	0.342	0.344	0.345	0.346	0.348	0.349	0.350	0.352	0.353	0.355
1.386	0.356	0.358	0.359	0.361	0.362	0.364	0.365	0.367	0.368	0.370
1.387	0.371	0.373	0.374	0.376	0.378	0.379	0.381	0.382	0.384	0.385
1.388	0.387	0.388	0.390	0.391	0.393	0.395	0.396	0.398	0.399	0.401
1.389	0.402	0.404	0.405	0.407	0.408	0.410	0.411	0.413	0.415	0.416
1.390	0.418	0.419	0.421	0.422	0.424	0.425	0.427	0.428	0.430	0.431
1.391	0.433	0.435	0.436	0.438	0.440	0.441	0.443	0.444	0.446	0.448
1.392	0.449	0.451	0.453	0.454	0.456	0.458	0.459	0.461	0.463	0.464
1.393	0.466	0.467	0.469	0.471	0.472	0.474	0.476	0.477	0.479	0.481
1.394	0.482	0.484	0.485	0.487	0.489	0.490	0.492	0.494	0.495	0.497
1.395	0.499	0.500	0.502	0.504	0.505	0.507	0.508	0.510	0.512	0.513
1.396	0.515	0.517	0.518	0.520	0.522	0.524	0.525	0.527	0.529	0.531
1.397	0.532	0.534	0.536	0.538	0.539	0.541	0.543	0.545	0.546	0.548
1.398	0.550	0.552	0.553	0.555	0.557	0.559	0.560	0.562	0.564	0.565
1.399	0.567	0.569	0.571	0.572	0.574	0.576	0.578	0.579	0.581	0.583
1.400	0.585	0.586	0.588	0.590	0.592	0.593	0.595	0.597	0.599	0.600
1.401	0.602	0.604	0.606	0.608	0.610	0.611	0.613	0.615	0.617	0.619
1.402	0.621	0.623	0.625	0.626	0.628	0.630	0.632	0.634	0.636	0.638
1.403	0.640	0.641	0.643	0.645	0.647	0.649	0.651	0.653	0.655	0.657
1.404	0.658	0.660	0.662	0.664	0.666	0.668	0.670	0.672	0.673	0.675
1.405	0.677	0.679	0.681	0.683	0.685	0.687	0.688	0.690	0.692	0.694
1.406	0.696	0.698	0.700	0.702	0.704	0.706	0.708	0.710	0.712	0.714
1.407	0.716	0.718	0.720	0.722	0.724	0.726	0.728	0.730	0.732	0.734
1.408	0.736	0.738	0.740	0.742	0.744	0.746	0.749	0.751	0.753	0.755
1.409	0.757	0.759	0.761	0.763	0.765	0.767	0.769	0.771	0.773	0.775
1.410	0.777	0.779	0.781	0.783	0.785	0.787	0.789	0.791	0.793	0.795

折射率	0	1	2	3	4	5	6	7	8	9
1.411	0.797	0.799	0.801	0.803	0.806	0.808	0.810	0.812	0.814	0.816
1.412	0.819	0.821	0.823	0.825	0.827	0.829	0.832	0.834	0.836	0.838
1.413	0.840	0.842	0.845	0.847	0.849	0.851	0.853	0.855	0.857	0.860
1.414	0.862	0.864	0.866	0.868	0.870	0.873	0.875	0.877	0.879	0.881
1.415	0.883	0.886	0.888	0.890	0.892	0.894	0.896	0.899	0.901	0.903
1.416	0.905	0.907	0.910	0.912	0.914	0.916	0.919	0.921	0.923	0.925
1.417	0.928	0.930	0.932	0.934	0.937	0.939	0.941	0.943	0.946	0.948
1.418	0.950	0.952	0.955	0.957	0.959	0.961	0.963	0.966	0.968	0.970
1.419	0.972	0.975	0.977	0.979	0.981	0.984	0.984	0.988	0.990	0.993
1.420	0.995	0.997	1.000							

附录五　不同温度下水的密度、表面张力、黏度、蒸气压

温度 $t/℃$	密度 $\rho/kg \cdot m^{-3}$	表面张力 $\sigma/N \cdot m^{-1}$	黏度 $\eta/Pa \cdot s$	蒸气压 p/kPa
0	999.842 5	0.075 64	0.001 787	0.610 5
1	999.901 5		0.001 728	0.656 7
2	999.942 9		0.001 671	0.705 8
3	999.967 2		0.001 618	0.757 9
4	999.975 0		0.001 567	0.813 4
5	999.966 8	0.074 92	0.001 519	0.872 3
6	999.943 2		0.001 472	0.935 0
7	999.904 5		0.001 428	1.001 6
8	999.851 2		0.001 386	1.072 6
9	999.783 8		0.001 346	1.147 7
10	999.702 6	0.074 22	0.001 307	1.227 8
11	999.608 1	0.074 07	0.001 271	1.312 4
12	999.500 4	0.073 93	0.001 235	1.402 3
13	999.380 1	0.073 78	0.001 202	1.497 3
14	999.247 4	0.073 64	0.001 169	1.598 1
15	999.102 6	0.073 49	0.001 139	1.704 9
16	998.946 0	0.073 34	0.001 109	1.817 7
17	998.777 9	0.073 19	0.001 081	1.937 2
18	998.598 6	0.073 05	0.001 053	2.063 4
19	998.408 2	0.072 90	0.001 027	2.196 7
20	998.207 1	0.072 75	0.001 002	2.337 8
21	997.995 5	0.072 59	0.000 977 9	2.486 5
22	997.773 5	0.072 44	0.000 954 8	2.643 4
23	997.541 5	0.072 28	0.000 932 5	2.808 8
24	997.299 5	0.072 13	0.000 911 1	2.983 3
25	997.047 9	0.071 97	0.000 890 4	3.167 2
26	996.786 7	0.071 82	0.000 870 5	3.360 9
27	996.516 2	0.072 66	0.000 851 3	3.564 9
28	996.236 5	0.071 50	0.000 832 7	3.779 5
29	995.947 8	0.071 35	0.000 814 8	4.005 4
30	995.650 2	0.071 18	0.000 797 5	4.242 8
31	995.344 0		0.000 780 8	4.492 3
32	995.029 2		0.000 764 7	4.754 7
33	994.706 0		0.000 749 1	5.031 2
34	994.374 5		0.000 734 0	5.319 3
35	994.034 9	0.070 38	0.000 719 4	5.619 5
36	993.687 2		0.000 705 2	5.941 2
37	993.331 6		0.000 691 5	6.275 1
38	992.968 3		0.000 678 3	6.625 0
39	992.597 3		0.000 665 4	6.991 7

参 考 文 献

[1] 奚关根，赵长宏，高建宝．有机化学实验．上海：华东理工出版社，1999.

[2] 虞大红，吴海霞．实验化学（Ⅱ）．北京：化学工业出版社，2007.

[3] 焦家俊．有机化学实验．第2版．上海：交通大学出版社，2010.

[4] 阴金香．基础有机化学实验．北京：清华大学出版社，2010.

[5] 吴美芳，李琳．有机化学实验．北京：科学出版社，2013.

[6] 曾和平，王辉，李兴奇，赵蓓，苏桂发．有机化学实验．第4版．北京：高等教育出版社，2014.

[7] 王俊儒，马柏林，李炳奇．有机化学实验．第2版．北京：高等教育出版社，2012.

[8] 丁长江．有机化学实验．北京：科学出版社，2006.

[9] 何树华，朱云云，陈贞干．有机化学实验．武汉：华中科技大学出版社，2012.

[10] 郗英欣，白艳红．有机化学实验．西安：西安交通大学出版社，2014.

[11] 胡英．物理化学．第5版．北京：高等教育出版社，2007.

[12] 罗澄源．物理化学实验．第4版．北京：高等教育出版社，2004.

[13] 马沛生．有机化合物实验物性数据手册．北京：化学工业出版社，2006.

[14] 李兴华，陈大舟，徐彦发．新编酒精密度、浓度和温度常用数据表．北京：中国计量出版社，2008.

化学实验报告本

班级_____

姓名_____

学号_____

指导教师_____

实验时间_____

实验报告

实验名称＿＿＿＿＿＿＿＿＿＿＿＿＿＿＿＿＿＿＿＿＿＿＿＿＿＿＿＿＿

班级＿＿＿＿＿＿＿＿＿＿＿　姓名＿＿＿＿＿＿＿＿＿＿＿　学号＿＿＿＿＿＿＿＿＿＿＿

实验时间＿＿＿＿＿＿＿＿＿　实验地点＿＿＿＿＿＿＿＿＿指导教师＿＿＿＿＿＿＿＿＿

一、原理

二、物理常数

三、仪器装置图

四、操作注意事项

五、记录

六、结果和讨论

教师签名：　　　　　　　成绩：　　　　　　批改日期：

实验报告

实验名称_____

班级_____ 姓名_____ 学号_____

实验时间_____ 实验地点_____ 指导教师_____

一、原理

二、物理常数

三、仪器装置图

四、操作注意事项

五、记录

六、结果和讨论

教师签名：　　　　　成绩：　　　　　批改日期：

实验报告

实验名称＿＿＿＿＿＿＿＿＿＿＿＿＿＿＿＿＿＿＿＿＿＿＿＿＿＿＿＿＿＿＿＿＿＿

班级＿＿＿＿＿＿＿＿＿＿　姓名＿＿＿＿＿＿＿＿＿＿　学号＿＿＿＿＿＿＿＿＿＿

实验时间＿＿＿＿＿＿＿＿＿　实验地点＿＿＿＿＿＿＿＿　指导教师＿＿＿＿＿＿＿

一、原理

二、物理常数

三、仪器装置图

四、操作注意事项

五、记录

六、结果和讨论

教师签名：　　　　　　　成绩：　　　　　　批改日期：

实验报告

实验名称＿＿＿＿＿＿＿＿＿＿＿＿＿＿＿＿＿＿＿＿＿＿＿＿＿＿

班级＿＿＿＿＿＿＿＿＿＿　姓名＿＿＿＿＿＿＿＿＿＿　学号＿＿＿＿＿＿＿＿＿＿

实验时间＿＿＿＿＿＿＿　实验地点＿＿＿＿＿＿＿　指导教师＿＿＿＿＿＿＿

一、原理

二、物理常数

三、仪器装置图

四、操作注意事项

五、记录

六、结果和讨论

教师签名：　　　　　成绩：　　　　　批改日期：

实验报告

实验名称_____

班级_____姓名_____学号_____

实验时间_____实验地点_____指导教师_____

一、原理

二、物理常数

三、仪器装置图

四、操作注意事项

五、记录

六、结果和讨论

教师签名：　　　　　　　成绩：　　　　　　　批改日期：

实验报告

实验名称_____

班级_____ 姓名_____ 学号_____

实验时间_____ 实验地点_____ 指导教师_____

一、原理

二、物理常数

三、仪器装置图

四、操作注意事项

五、记录

六、结果和讨论

教师签名：　　　　　成绩：　　　　　批改日期：

实验报告

实验名称_____

班级_____ 姓名_____ 学号_____

实验时间_____ 实验地点_____ 指导教师_____

一、主副反应方程式

二、主要试剂及主副产物的物理常数

名　称	分子量	性　状	熔点	沸点	比重	折射率	溶解性				
							水	醇	醚	苯	其他

三、主要试剂规格及用量

名　称	规　格	用量/(g 或 mL)	物质的量

四、仪器装置图

五、操作步骤

六、实验记录

时　间	操　作	现　象	备　注

七、结果

产物名称_____   物理状态_____

产量/g		产率/%	熔（沸点）		折射率				
理论	实际		文献值	实测值	文献值	实测值			

八、讨论

教师签名：   成绩：   批改日期：

实验报告

实验名称_____

班级_____ 姓名_____ 学号_____

实验时间_____ 实验地点_____ 指导教师_____

一、主副反应方程式

二、主要试剂及主副产物的物理常数

名 称	分子量	性 状	熔点	沸点	比重	折射率	溶解性				
							水	醇	醚	苯	其他

三、主要试剂规格及用量

名 称	规 格	用量/(g 或 mL)	物质的量

四、仪器装置图

五、操作步骤

六、实验记录

时　间	操　　作	现　　象	备　注

七、结果

产物名称＿＿＿＿＿＿＿＿＿＿＿　　　物理状态＿＿＿＿＿＿＿＿＿＿＿

产量/g		产率/%	熔（沸点）		折射率				
理论	实际		文献值	实测值	文献值	实测值			

八、讨论

教师签名：　　　　　　　成绩：　　　　　　　批改日期：

实验报告

实验名称_____

班级_____ 姓名_____ 学号_____

实验时间_____ 实验地点_____ 指导教师_____

一、主副反应方程式

二、主要试剂及主副产物的物理常数

名　称	分子量	性　状	熔点	沸点	比重	折射率	溶解性				
							水	醇	醚	苯	其他

三、主要试剂规格及用量

名　称	规　格	用量/(g 或 mL)	物质的量

四、仪器装置图

五、操作步骤

六、实验记录

时 间	操 作	现 象	备 注

七、结果

产物名称＿＿＿＿＿＿＿＿＿＿＿　　　　　物理状态＿＿＿＿＿＿＿＿＿＿＿

产量/g		产率/%	熔（沸点）		折射率				
理论	实际		文献值	实测值	文献值	实测值			

八、讨论

教师签名：　　　　　　成绩：　　　　　　批改日期：

实验报告

实验名称_____

班级_____ 姓名_____ 学号_____

实验时间_____ 实验地点_____ 指导教师_____

一、主副反应方程式

二、主要试剂及主副产物的物理常数

名　称	分子量	性　状	熔点	沸点	比重	折射率	溶解性				
							水	醇	醚	苯	其他

三、主要试剂规格及用量

名　称	规　格	用量/(g 或 mL)	物质的量

四、仪器装置图

五、操作步骤

六、实验记录

时　间	操　　作	现　　象	备　注

七、结果

产物名称＿＿＿＿＿＿＿＿＿＿　　　　物理状态＿＿＿＿＿＿＿＿＿＿

产量/g		产率/%	熔（沸点）		折射率				
理论	实际		文献值	实测值	文献值	实测值			

八、讨论

教师签名：　　　　　　成绩：　　　　　　批改日期：

实验报告

实验名称_____

班级_____姓名_____学号_____

实验时间_____实验地点_____指导教师_____

预习及原始数据记录

实验名称_____

班级_____ 姓名_____ 学号_____

实验时间_____ 实验地点_____ 指导教师_____

_____
_____
_____
_____
_____
_____
_____
_____
_____
_____
_____
_____
_____
_____
_____
_____
_____
_____
_____
_____
_____
_____
_____

实验报告

实验名称_____

班级_____ 姓名_____ 学号_____

实验时间_____ 实验地点_____ 指导教师_____

预习及原始数据记录

实验名称＿＿＿＿＿＿＿＿＿＿＿＿＿＿＿＿＿＿＿＿＿＿＿＿＿＿＿＿＿＿＿

班级＿＿＿＿＿＿＿＿＿＿　姓名＿＿＿＿＿＿＿＿＿＿　学号＿＿＿＿＿＿＿＿

实验时间＿＿＿＿＿＿＿＿　实验地点＿＿＿＿＿＿＿　指导教师＿＿＿＿＿＿

实验报告

实验名称＿＿＿＿＿＿＿＿＿＿＿＿＿＿＿＿＿＿＿＿＿＿＿＿＿＿＿＿＿＿

班级＿＿＿＿＿＿＿＿＿＿＿　姓名＿＿＿＿＿＿＿＿＿＿＿　学号＿＿＿＿＿＿＿＿＿

实验时间＿＿＿＿＿＿＿＿＿　实验地点＿＿＿＿＿＿＿＿＿指导教师＿＿＿＿＿＿＿＿

教师签名：　　　　　　　成绩：　　　　　　批改日期：

预习及原始数据记录

实验名称_____

班级_____姓名_____学号_____

实验时间_____实验地点_____指导教师_____

实验报告

实验名称_____

班级_____ 姓名_____ 学号_____

实验时间_____实验地点_____指导教师_____

_____

_____

_____

_____

_____

_____

_____

_____

_____

_____

_____

_____

_____

_____

_____

_____

_____

_____

_____

_____

_____

_____

预习及原始数据记录

实验名称＿＿＿＿＿＿＿＿＿＿＿＿＿＿＿＿＿＿＿＿＿＿＿＿＿＿＿＿＿＿＿＿＿＿＿

班级＿＿＿＿＿＿＿＿＿＿＿　姓名＿＿＿＿＿＿＿＿＿＿　学号＿＿＿＿＿＿＿＿＿＿

实验时间＿＿＿＿＿＿＿＿＿　实验地点＿＿＿＿＿＿＿＿　指导教师＿＿＿＿＿＿＿＿

实验报告

实验名称_____

班级_____ 姓名_____ 学号_____

实验时间_____ 实验地点_____ 指导教师_____

_____

_____

_____

_____

_____

_____

_____

_____

_____

_____

_____

_____

_____

_____

_____

_____

_____

_____

_____

_____

_____

_____

_____

教师签名：　　　　　　　成绩：　　　　　　　批改日期：

预习及原始数据记录

实验名称＿＿＿＿＿＿＿＿＿＿＿＿＿＿＿＿＿＿＿＿＿＿＿＿＿＿＿＿＿＿＿＿＿

班级＿＿＿＿＿＿＿＿＿＿＿＿姓名＿＿＿＿＿＿＿＿＿＿＿学号＿＿＿＿＿＿＿＿＿＿＿

实验时间＿＿＿＿＿＿＿＿＿实验地点＿＿＿＿＿＿＿＿指导教师＿＿＿＿＿＿＿＿

实验报告

实验名称_____

班级_____ 姓名_____ 学号_____

实验时间_____ 实验地点_____ 指导教师_____

教师签名：　　　　　　成绩：　　　　　　批改日期：

预习及原始数据记录

实验名称_____

班级_____ 姓名_____ 学号_____

实验时间_____ 实验地点_____ 指导教师_____

_____
_____
_____
_____
_____
_____
_____
_____
_____
_____
_____
_____
_____
_____
_____
_____
_____
_____
_____
_____
_____
_____
_____
_____
_____
_____
_____

实验报告

实验名称_____

班级_____ 姓名_____ 学号_____

实验时间_____ 实验地点_____ 指导教师_____

教师签名：　　　　　成绩：　　　　　批改日期：

预习及原始数据记录

实验名称_____

班级_____ 姓名_____ 学号_____

实验时间_____ 实验地点_____ 指导教师_____

_____

_____

_____

_____

_____

_____

_____

_____

_____

_____

_____

_____

_____

_____

_____

_____

_____

_____

_____

_____

_____

_____

_____

实验报告

实验名称_____

班级_____ 姓名_____ 学号_____

实验时间_____ 实验地点_____ 指导教师_____

教师签名：　　　　　　成绩：　　　　　　批改日期：

预习及原始数据记录

实验名称_____

班级_____ 姓名_____ 学号_____

实验时间_____ 实验地点_____ 指导教师_____

_____

_____

_____

_____

_____

_____

_____

_____

_____

_____

_____

_____

_____

_____

_____

_____

_____

_____

_____

_____

_____

_____

实验报告

实验名称＿＿＿＿＿＿＿＿＿＿＿＿＿＿＿＿＿＿＿＿＿＿＿＿＿＿＿＿＿＿

班级＿＿＿＿＿＿＿＿＿＿　姓名＿＿＿＿＿＿＿＿＿＿　学号＿＿＿＿＿＿＿＿＿＿

实验时间＿＿＿＿＿＿＿＿＿　实验地点＿＿＿＿＿＿＿＿＿　指导教师＿＿＿＿＿＿＿＿＿

教师签名：　　　　　成绩：　　　　　批改日期：

预习及原始数据记录

实验名称_____

班级_____ 姓名_____学号_____

实验时间_____实验地点_____指导教师_____

实验报告

实验名称_____

班级_____姓名_____学号_____

实验时间_____实验地点_____指导教师_____

_____

_____

_____

_____

_____

_____

_____

_____

_____

_____

_____

_____

_____

_____

_____

_____

_____

_____

_____

_____

_____

_____

教师签名：　　　　　　成绩：　　　　　　批改日期：

预习及原始数据记录

实验名称＿＿＿＿＿＿＿＿＿＿＿＿＿＿＿＿＿＿＿＿＿＿＿＿＿＿＿＿＿＿＿

班级＿＿＿＿＿＿＿＿＿＿　姓名＿＿＿＿＿＿＿＿＿＿　学号＿＿＿＿＿＿＿＿＿＿

实验时间＿＿＿＿＿＿＿＿　实验地点＿＿＿＿＿＿＿　指导教师＿＿＿＿＿＿＿

实验报告

实验名称_____

班级_____ 姓名_____ 学号_____

实验时间_____ 实验地点_____ 指导教师_____

教师签名：　　　　　　　成绩：　　　　　　　批改日期：

预习及原始数据记录

实验名称_____

班级_____ 姓名_____ 学号_____

实验时间_____ 实验地点_____ 指导教师_____

实验报告

实验名称_____

班级_____ 姓名_____ 学号_____

实验时间_____ 实验地点_____ 指导教师_____

教师签名：　　　　　　　成绩：　　　　　　　批改日期：

预习及原始数据记录

实验名称_____

班级_____ 姓名_____ 学号_____

实验时间_____ 实验地点_____ 指导教师_____

ISBN 978-7-122-27102-0

定价: 35.00 元